计算机类技能型理实一体化新形态系列

C语言程序设计

（微课版）

主　编　肖　川　郑美珠
　　　　杨洪军

清华大学出版社
北京

内 容 简 介

本书以培养计算机专业学生的系统化编程思维与工程实践能力为核心目标，结合 C 语言的基础性与前沿应用场景，系统构建从语法基础到复杂项目开发的完整知识体系。在夯实传统 C 语言编程技能的基础上，本书创新性引入人工智能工具链与跨领域案例，帮助读者理解 C 语言在新时代技术生态中的独特价值，具备以工程思维解决实际问题的能力，为后续专业学习与职业发展奠定坚实基础。

本书共 12 章，内容循序渐进、层次分明。按基础语法、控制结构、函数、数据结构、文件操作、现代工具和 AI 应用的逻辑顺序展开，并提供了涵盖大部分知识点的微课视频。本书内容全面、条理清晰、实例丰富、实用性强，主要供高等院校计算机和相关专业的学生使用。

本书封面贴有清华大学出版社防伪标签，无标签者不得销售。

版权所有，侵权必究。举报：010-62782989，beiqinquan@tup.tsinghua.edu.cn。

图书在版编目（CIP）数据

C 语言程序设计：微课版 / 肖川，郑美珠，杨洪军主编.
北京 ：清华大学出版社，2025. 8. -- （计算机类技能型理实
一体化新形态系列）. -- ISBN 978-7-302-69804-3

Ⅰ. TP312.8

中国国家版本馆 CIP 数据核字第 2025R3F086 号

责任编辑：李慧恬
封面设计：刘代书　钟明哲
责任校对：郭雅洁
责任印制：沈　露

出版发行：清华大学出版社
　　　　网　　　址：https://www.tup.com.cn，https://www.wqxuetang.com
　　　　地　　　址：北京清华大学学研大厦 A 座　　　邮　　编：100084
　　　　社 总 机：010-83470000　　　　　　　　邮　　购：010-62786544
　　　　投稿与读者服务：010-62776969，c-service@tup.tsinghua.edu.cn
　　　　质量反馈：010-62772015，zhiliang@tup.tsinghua.edu.cn
　　　　课件下载：https://www.tup.com.cn，010-83470410
印 装 者：三河市龙大印装有限公司
经　　销：全国新华书店
开　　本：185mm×260mm　　　印　张：21.25　　　字　数：487 千字
版　　次：2025 年 8 月第 1 版　　　　　　　印　次：2025 年 8 月第 1 次印刷
定　　价：59.80 元

产品编号：111748-01

前言

在数字化时代背景下,编程技能已成为开启科技创新之门的关键。C 语言作为一门历史悠久且具有深远影响力的编程语言,在计算机科学领域中占据着举足轻重的地位。

C 语言的应用范围极为广泛,其在操作系统(如 Windows、Linux)及各类嵌入式系统(如智能手机、智能家居设备)中扮演着不可或缺的角色。在游戏开发领域,C 语言同样发挥着关键作用,它能够实现高效的图形渲染和游戏逻辑处理。此外,在科学计算、金融领域等,C 语言也有广泛的应用,为复杂的数值计算和数据处理提供了强大的支持。

本书旨在为读者全面系统地介绍 C 语言程序设计,主要内容涵盖以下几个方面。

第 1 章概述了计算机语言的演进以及 C 语言的发展历程,阐述了 C 语言的特点,并使读者初步了解 C 语言的编程环境及其相关流程。

第 2、3 章从基础语法入手,详细讲解 C 语言的基本数据类型、常量和变量的定义及使用、运算符的运用、数据的输入/输出等。让读者对 C 语言的基本构成要素有清晰的认识,为后续的学习打下坚实的基础。

第 4、5 章深入阐述控制结构,包括选择结构(如 if 语句、switch 语句等)和循环结构(如 while 语句、do...while 语句、for 语句等)。通过大量实例,帮助读者掌握如何运用这些控制结构来实现程序的逻辑流程控制。

第 6、8、9 章涉及数组、指针、结构体等重要的数据结构,帮助读者处理大规模数据和复杂的数据关系,实现更强大的程序功能。

第 7 章介绍了函数的定义、调用和参数传递等知识,让读者学会将复杂的问题分解为一个个独立的函数模块,提高程序的可读性、可维护性和可扩展性。

第 10 章对文件操作有专门的讲解,包括文件的打开、关闭、读/写等操作,能够实现数据的持久化存储与读取。

第 11 章介绍了使用现在比较火爆的 DeepSeek 和 Trae 等工具赋能 C 语言的方法。

第 12 章论述了人工智能的基础知识,并通过案例说明了 C 语言在人工智能领域中的应用。

在学习编程的过程中,读者可以采用以下方法来更好地掌握C语言。

(1) 多实践。编程是一门实践性很强的学科,只有通过不断地编写代码,才能真正理解和掌握C语言的各种概念和技巧。每学习一个新的知识点,都要尝试自己动手编写一些小程序来巩固所学内容。

(2) 勤思考。在编程过程中,遇到问题不要急于寻求答案,要先自己思考,分析问题产生的原因和可能的解决方法,这样可以培养自己的独立思考能力和解决问题的能力。

(3) 善总结。学习过程中,要定期总结所学的知识,将零散的知识点整理成体系,加深对C语言的整体理解。同时,总结自己在编程中遇到的问题和解决方法,以便在今后遇到类似问题时能够快速解决。

(4) 多交流。加入编程社区或者与同学、老师交流,分享自己的学习经验和心得,同时也可以从他人那里学到新的知识和技巧。

(5) 善于使用AI工具。在编程学习过程中,善于利用AI工具可以极大地提升学习效率和质量。AI工具如智能代码补全、语法检查、代码优化建议等,可以帮助我们快速定位和解决编程中的常见问题。同时,一些AI驱动的在线编程教育平台还提供了个性化的学习路径和资源推荐。

在编写本书的过程中,注重理论与实践相结合,书中的每个知识点均配有精心设计的示例代码,以辅助读者更好地掌握编程技巧。同时,书中还设置了大量练习题和实践项目,旨在通过实际操作巩固所学知识,提升解决问题的能力。此外,本书还注重培养读者的编程思维和创新能力。通过对经典案例的深入分析和拓展,旨在激发读者的创造力,使其能够独立思考并设计出高效、优雅的程序。

本书各章节编写分工如下:烟台南山学院金燕老师负责第1、2章的编写,吕莉平老师负责第3、4章的编写,柳丹阳老师负责第5、6章的编写,郑美珠老师负责第7、8章的编写,杨洪军老师负责第9、10章的编写,本书的编者共同负责第11、12章的编写。曲阜师范大学李桂青老师负责各章课后习题的编写。烟台南山学院肖川教授负责全书的统稿工作,并主审了全书。南山控股李石师等其他老师也为本书的编写付出了辛勤的劳动,在此一并表示衷心的感谢。

为便于教学,本书提供了丰富的配套资源,包括教学大纲、教学课件、电子教案、程序源代码、习题答案和知识点的微课视频。鉴于作者水平有限,书中难免存在不足之处,敬请读者及各位专家指教。

编 者

2025年1月

目　录

第1章 初识C语言——编程探索之旅的崭新起点

在科技日新月异的当代社会,编程已成为连接现实与数字世界的神奇纽带,它不仅推动了科技的进步,更深刻地改变了我们的生活方式。而在众多编程语言中,C语言如同一颗璀璨的明珠,以其简洁、高效、灵活的特性,赢得了无数编程爱好者的青睐,成为他们踏入编程世界的首选语言。

从本章开始,我们将正式踏上C语言的学习之旅,这不仅是一次对编程技能的探索,而且是一场关于逻辑思维、问题解决能力的全面提升。C语言作为计算机科学领域的基础语言之一,自其诞生以来,就以其强大的功能和广泛的应用领域,在系统级编程、嵌入式开发、游戏开发等多个领域发挥着举足轻重的作用。它不仅是学习其他高级编程语言的桥梁,更是深入理解计算机底层工作原理的钥匙。这种对计算机底层原理的深刻认知,将使我们未来面对复杂系统时具备独特的调试和优化视野。让我们携手并进,共同踏上这段充满探索与发现的C语言学习之旅。

1.1 计算机语言

计算机语言是指用于人与计算机之间通信的语言,是人与计算机之间传递信息的媒介,因为它是用来进行程序设计的,所以又称程序设计语言或者编程语言。

计算机语言在诞生的短短几十年里,经过了一个从低级到高级的演变过程。具体地说,它经历了机器语言、汇编语言、高级语言3个阶段。

1. 机器语言

机器语言是一种用二进制代码表示的、计算机能直接识别和执行的机器指令的集合,它是计算机的设计者通过计算机的硬件结构赋予计算机的操作功能。机器语言是第一代计算机语言。

计算机使用的是由0和1组成的二进制数,在计算机诞生之初,人们只能用计算机语言对计算机发出指令,即写出一串串由0和1组成的指令序列交由计算机执行,这种计算机认识的语言,就是机器语言。

一段表示两个整数相加的机器指令如下所示:

```
0001 1111 1110 1111
0010 0100 0000 1111
```

0001 1111 1110 1111

0010 0100 0001 1111

0001 0000 0100 0000

0001 0001 0100 0001

0011 0010 0000 0001

0010 0100 0010 0010

0001 1111 0100 0010

0010 1111 1111 1111

0000 0000 0000 0000

用机器语言编写程序,编程人员要首先熟记所用计算机的全部指令代码和代码的含义。编写程序时,程序员需要自己处理每条指令以及每一数据的存储分配和输入/输出,还要记住编程过程中每步所使用的工作单元处在何种状态,这是一件十分烦琐的工作。而且,编出的程序全是二进制的指令代码,直观性差又容易出错,并且修改起来也比较困难。此外,不同型号的计算机的机器语言是不相通的,按一种计算机的机器指令编制的程序不能在另一种计算机上执行,所以,在一台计算机上执行的程序要想在另一台计算机上执行,必须另编程序,造成重复工作。但机器语言由于可以被计算机直接识别而不需要进行任何翻译,其运算效率是所有语言中最高的。

2. 汇编语言

为了克服机器语言难读、难编、难记和易出错的缺点,人们就用与代码指令实际含义相近的英文缩写词、字母和数字等符号来取代指令代码(如用 ADD 表示运算符号"+"的机器代码),于是就产生了汇编语言。所以说,汇编语言是一种用助记符表示的仍然面向机器的计算机语言。汇编语言亦称符号语言。汇编语言由于采用了助记符来编写程序,比用机器语言的二进制代码编程要方便些,在一定程度上简化了编程过程。汇编语言的特点是用符号代替了机器指令代码。而且助记符与指令代码一一对应,基本保留了机器语言的灵活性。使用汇编语言能面向机器并较好地发挥机器的特性,得到质量较高的程序。

使用汇编语言编写实现两个整数相加的程序,具体代码与说明如表1.1所示。

表 1.1　汇编具体代码与说明

代　　码	说　　明
LOAD RF Keyboard	从键盘获取数据,存到寄存器 F 中
STORE Number1 RF	把寄存器 F 中的数据存入 Number1
LOAD RF Keyboard	从键盘获取数据,存到寄存器 F 中
STORE Number2 RF	把寄存器 F 中的数据存入 Number2
LOAD R0 Number1	把 Number1 中的内容存入寄存器 0
LOAD R1 Number2	把 Number2 中的内容存入寄存器 1

代　码	说　明
ADD1 R2 R0 R1	把寄存器 0 和寄存器 1 中内容相加,结果存入寄存器 2
STORE Result R2	把寄存器 2 中的内容存入 Result
LOAD RF Result	把 Result 中的值存入寄存器 F
STORE Monitor RF	把寄存器 F 中的值输出到显示器
HALT	停止

由于汇编语言中使用了助记符,将用汇编语言编制的程序送入计算机后,计算机不能像对用机器语言编写的程序一样直接识别和执行,必须通过预先放入计算机的“汇编程序”的加工和翻译,汇编语言才能变成能够被计算机识别和处理的二进制代码程序。用汇编语言等非机器语言书写好的符号程序称为源程序,运行时汇编程序要将源程序翻译成目标程序。目标程序是机器语言程序,它一经被安置在内存的预定位置上,就能被计算机的 CPU 处理和执行。

汇编语言像机器指令一样,是硬件操作的控制信息,因而仍然是面向机器的语言,使用起来比较烦琐费时,通用性也差。汇编语言是低级语言。但是,汇编语言可以用来编制系统软件和过程控制软件,其目标程序占用内存空间少,运行速度快,有着高级语言不可替代的优势。

3. 高级语言

无论是汇编语言还是机器语言都是面向硬件的具体操作,语言对机器的过分依赖要求使用者必须对硬件结构及其工作原理都十分熟悉,这对于非计算机专业人员是难以做到的,对计算机的推广应用是不利的。计算机事业的发展,促使人们去寻求一些与人类自然语言相接近且能为计算机所接受的语意确定、规则明确、自然直观和通用易学的计算机语言。这种与自然语言相近并为计算机所接受和执行的计算机语言称为高级语言。高级语言是面向用户的语言。无论是何种机型的计算机,只要配备上相应的高级语言的编译或解释程序,则用该高级语言编写的程序就可以通用。常见的高级语言有 C、C++、Java、Python、JavaScript、PHP、Basic、C♯ 等。例如,C 语言中,实现两个整数相加的代码具体如下:

```
# include < stdio.h >
int main( )
{
    int a,b,c;
    scanf("%d,%d",&a,&b);
    c=a+b;
    printf("%d",c);
    return 0;
}
```

1.2 C语言发展历史

C语言的原型为 ALGOL 60 语言（也称为 A 语言）。

1963 年，剑桥大学将 ALGOL 60 语言发展成为 CPL 语言。

1967 年，剑桥大学的马丁·理查兹（Matin Richards）对 CPL 语言进行了简化，出现了 BCPL 语言。

1970 年，美国贝尔实验室的肯·汤普森（Ken Thompson）对 BCPL 进行了修改，并为它起了一个有趣的名字——"B 语言"。意思是将 CPL 语言"煮干"，提炼出它的精华，并且他用 B 语言写了第一个 UNIX 操作系统。

1972 年，美国贝尔实验室的丹尼斯·麦卡利斯泰尔·里奇（D. M. Ritchie）在 B 语言的基础上设计出了一种新的语言，他取了 BCPL 的第二个字母作为这种语言的名字，这就是 C 语言。

1978 年由美国贝尔实验室正式发表了 C 语言。同时由布莱恩·W. 克尼汉（B. W. Kernighan）和丹尼斯·麦卡利斯泰尔·里奇合著了 *The C Programming Language* 一书，并在附录中提供了 C 语言参考手册，这本书成为以后广泛使用的 C 语言的基础，被人们称作非官方的 C 语言标准。

1983 年由美国国家标准协会（American National Standards Institute）在此基础上制定了一个 C 语言标准，通常称为 ANSI C。

1989 年，ANSI 发布了第一个完整的 C 语言标准——ANSI X3. 159-1989，简称 C89，不过人们也习惯称其为 ANSI C。

1990 年，国际标准化组织 ISO（International Organization for Standards）接受了 89 ANSI C 为 ISO C 的标准（ISO 9899-1990）。

1994 年，ISO 修订了 C 语言的标准。

1995 年，ISO 对 C90 做了一些修订，即"1995 基准增补 1（ISO/IEC/9899/AMD1：1995）"。

1999 年，ISO 又对 C 语言标准进行修订，在基本保留原来 C 语言特征的基础上，针对新增的需要，增加了一些功能，命名为 ISO/IEC9899：1999。

2001 年和 2004 年先后进行了两次技术修正。

2011 年 12 月 8 日，ISO 正式公布 C 语言新的国际标准草案——ISO/IEC 9899：2011，即 C11。

2018 年 6 月，ISO 发布了 ISO/IEC9899：2018，简称 C18（或 C17）。C18 标准没有引入新的语言特性，只对 C11 进行了补充与修正。

2022 年 9 月 3 日，ISO 于 Open Standards（计算机标准开放组织）网站上发布了新的 C 语言标准定稿，称为 ISO/IEC 9899：2023，简称 C23。

目前流行的 C 语言编译系统大多是以 ANSI C 为基础进行开发的，但不同版本的 C 编译系统所实现的语言功能和语法规则又略有差别。

1.3　C 语言的特点

C 语言是作为描述系统的语言而设计的,但随着其日益广泛的应用,特别是 20 世纪 80 年代以后各种计算机 C 语言的普及,它已经成为众多程序员最喜爱的语言,它的使用几乎覆盖了计算机的所有领域,包括操作系统、编译程序、数据库管理程序、CAD、过程控制、图形图像处理等。

随着人工智能技术的快速发展,C 语言在这一领域展现了其独特的价值。虽然 Python 等高级语言在人工智能开发中更为常见,但 C 语言凭借其高效的性能和底层控制能力,在人工智能算法的底层实现、嵌入式系统开发以及高性能计算中仍然发挥着重要作用。例如,许多深度学习框架的核心模块和性能关键部分都使用 C 语言进行优化,以提升计算效率。此外,C 语言在机器人控制、自动驾驶系统以及边缘计算等人工智能相关领域中也得到了广泛应用。因此,C 语言不仅在传统领域占据重要地位,在人工智能这一前沿技术领域同样具有不可替代的优势。

C 语言之所以如此成功是有原因的。

(1) C 语言简洁、紧凑,使用方便、灵活。ANSI C 一共只有 32 个关键字,如下所示。

auto	break	case	char	const	continue	default
do	double	else	enum	extern	float	for
goto	if	int	long	register	return	short
signed	static	sizof	struct	switch	typedef	union
unsigned	void	volatile	while			

(2) 运算符丰富。共有 34 种。C 语言把括号、赋值、逗号等都作为运算符处理。从而使 C 语言的运算类型极为丰富,可以实现其他高级语言难以实现的运算。

(3) 数据结构类型丰富。C 语言的数据类型有整型、实型、字符型、数组类型、指针类型、结构体类型、共用体(联合)类型等,能用来实现复杂的数据结构(链表、栈、队列、树、图)的运算。

(4) 具有结构化的控制语句。9 种控制语句可以实现结构化的程序设计,C 程序由若干程序文件组成,一个程序文件由若干函数构成。用函数作为程序的模块,便于按模块化的方式组织程序,层次清晰,易于调试和维护。

(5) 语法限制不太严格,程序设计自由度大。一般的高级语言语法检查比较严,能检查出几乎所有的语法错误,而 C 语言允许程序员有较大的自由度,因此放宽了语法检查。

(6) C 语言允许直接访问物理地址,能进行位(bit)操作,能实现汇编语言的大部分功能,可以直接对硬件进行操作。因此有人把它称为中级语言。

C 语言允许直接访问物理地址的特性,在人工智能领域具有重要的应用价值。这一特性使得 C 语言能够直接与硬件交互,从而在需要高效资源管理和实时性能的场景中发挥关键作用。例如,在嵌入式人工智能和边缘计算中,C 语言可以直接操作硬件资源,优化内存和计算单元的使用,确保 AI 算法在资源受限的设备(如智能传感器、自动驾驶系统)上高效运行。此外,C 语言通过直接访问物理地址,能够更好地支持硬件加速器(如GPU、FPGA)的底层编程,从而加速深度学习模型的训练和推理过程。在实时性要求较高的应用(如机器人控制、计算机视觉)中,C 语言的这一特性确保了算法能够快速响应并处理数据。因此,C 语言直接访问物理地址的能力,使其在人工智能的底层实现、性能优化和硬件交互中扮演了不可替代的角色。

（7）生成目标代码质量高,程序执行效率高,可移植性好。C 语言在不同机器上的编译程序,86%的代码是公共的,所以 C 语言的编译程序便于移植。在一个环境中用 C 语言编写的程序,不改动或稍加改动就可移植到另一个完全不同的环境中运行。

C 语言的高效性使其成为深度学习框架底层优化的首选语言,许多主流框架(如TensorFlow、PyTorch)的核心计算模块使用 C 语言编写,以实现高效的矩阵运算和并行计算,从而加速神经网络的训练和推理过程。这种高效性不仅体现在计算速度上,还体现在对硬件资源的精细控制上,使得 C 语言能够充分发挥现代计算设备的性能潜力。此外,C 语言的可移植性使得基于其开发的 AI 算法能够轻松移植到不同硬件平台和操作系统中,这为人工智能技术的广泛应用提供了极大的灵活性。特别是在嵌入式人工智能和边缘计算领域,C 语言编写的轻量级 AI 模型能够在资源受限的设备(如智能传感器、自动驾驶系统)上高效运行,满足实时性和低功耗的需求。

1.4　第一个 C 语言程序

【例】　在屏幕上显示如下内容：
欢迎你走进 C 语言的世界！

```
#include<stdio.h>          //编译预处理命令
int main()                 //主函数
{
    printf("欢迎你走进C语言的世界!\n");   //输出语句
    return 0;
}
```

第一个 C 语言程序

运行结果：

欢迎你走进C语言的世界！

那么,怎样来实现这个程序呢？

下面先演示如何使用 Microsoft Visual C++ 6.0 实现。

（1）首先启动 Microsoft Visual C++ 6.0(简称 VC 6.0),如图 1.1 所示。

（2）选择"新建"→"工程"→Win32 Console Application 命令,设置工程的名字和位置,单击"确定"按钮,如图 1.2 所示。

（3）选择"An empty project."单选按钮,然后单击"完成"按钮,如图 1.3 所示。

6

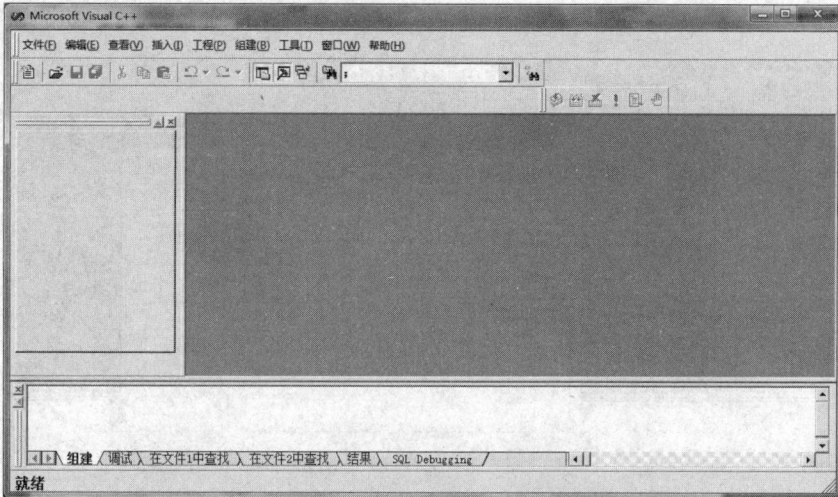

图 1.1　启动 VC 6.0

图 1.2　新建工程

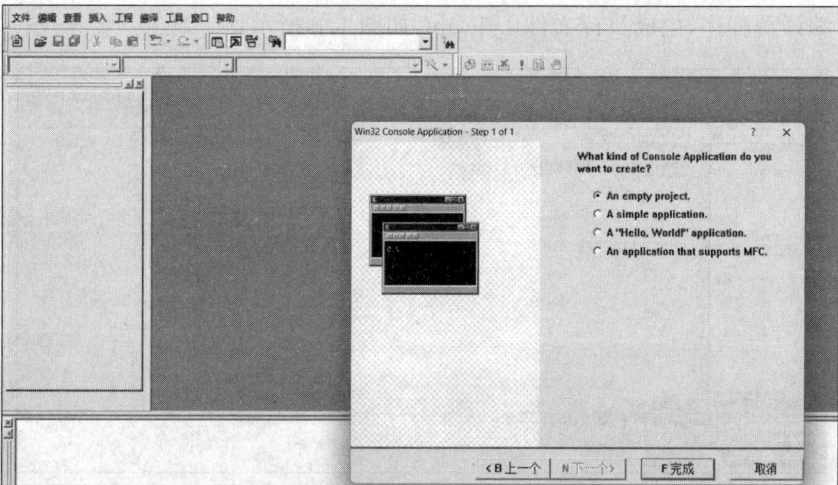

图 1.3　选择"An empty project."单选按钮

（4）选择"新建"→"文件"→C++ Source File 命令，将文件命名为 1_1，如图 1.4 所示。

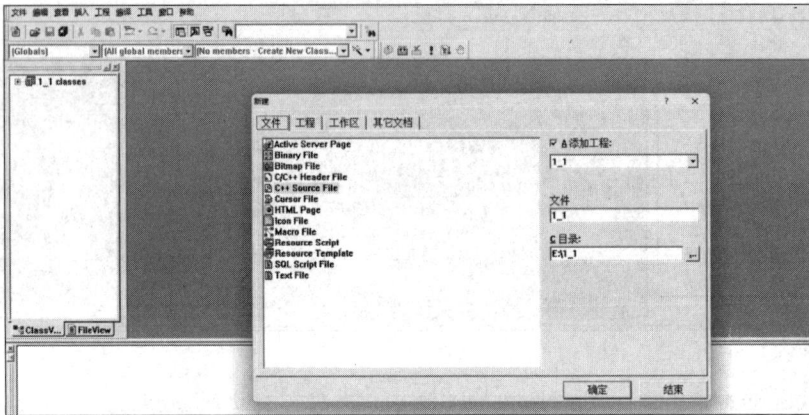

图 1.4　新建源文件

（5）在新建文件里输入源程序，如图 1.5 所示。

图 1.5　输入源程序

（6）编译源程序，生成目标文件 1_1.obj，如图 1.6 所示。

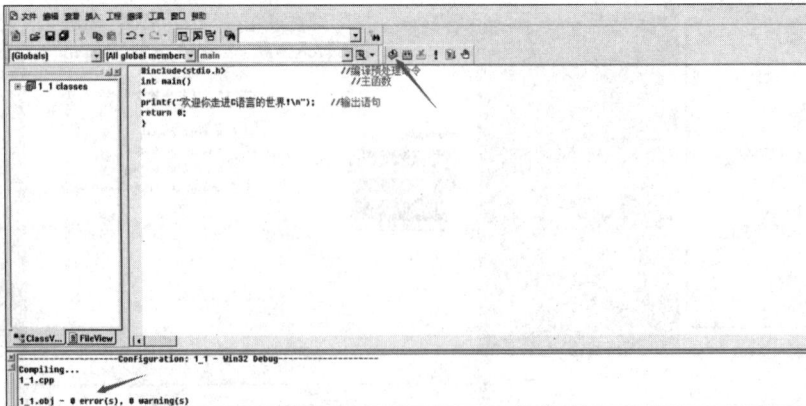

图 1.6　编译源程序

（7）生成 exe 文件，如图 1.7 所示。

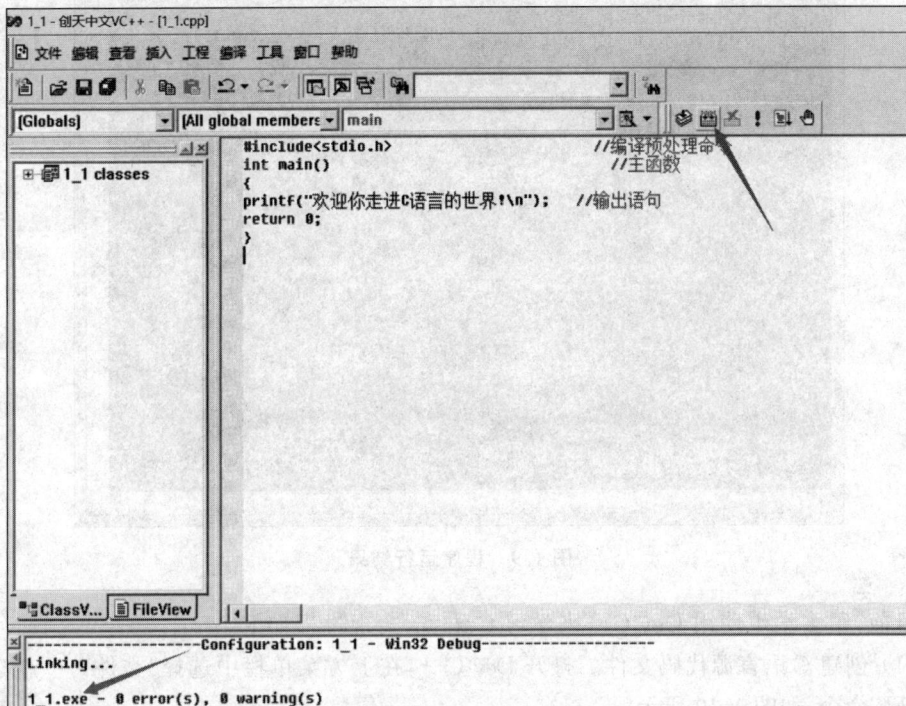

图 1.7　生成 exe 文件

（8）运行程序，查看运行结果，如图 1.8、图 1.9 所示。

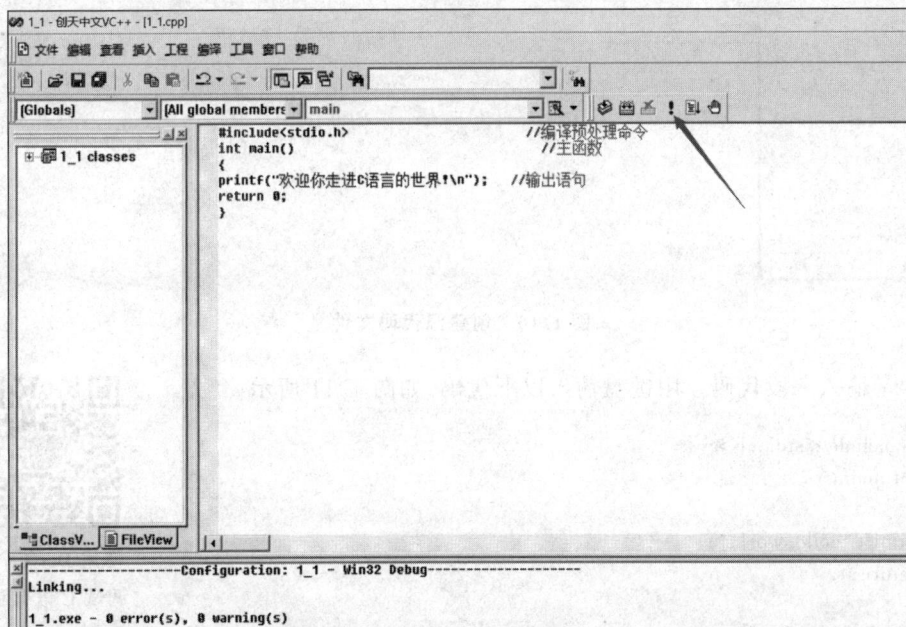

图 1.8　运行程序

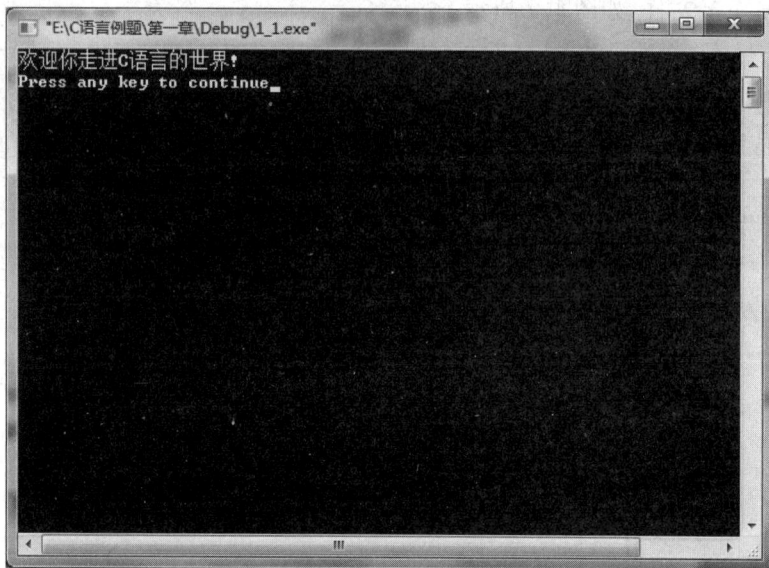

图 1.9　程序运行结果

目前，很多学生使用 Dev C++来学习 C 语言，实现过程如下。

（1）创建 C 语言源代码文件。打开 Dev C++，在上方菜单栏中选择"文件"→"新建"→"源代码"命令，如图 1.10 所示。

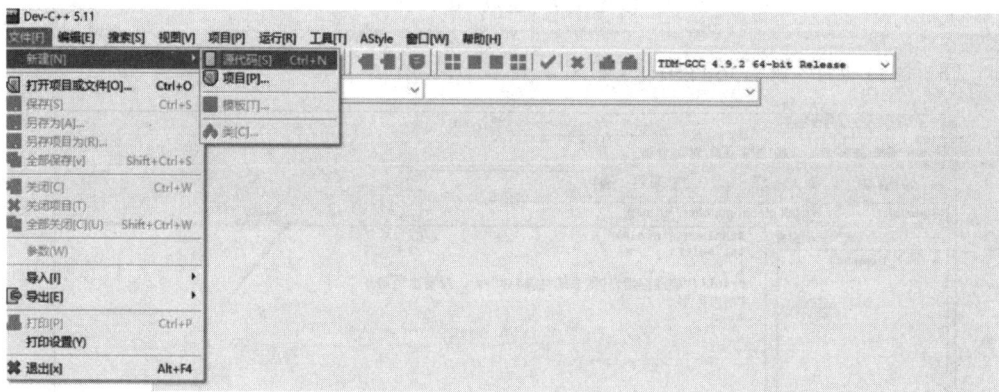

图 1.10　创建源代码文件

（2）输入一段代码。用键盘输入以下代码，如图 1.11 所示。

```
#include < stdio.h >
int main( )
{
printf("hello,world");
return 0;
}
```

使用 Dev C++来
调试 C 语言程序

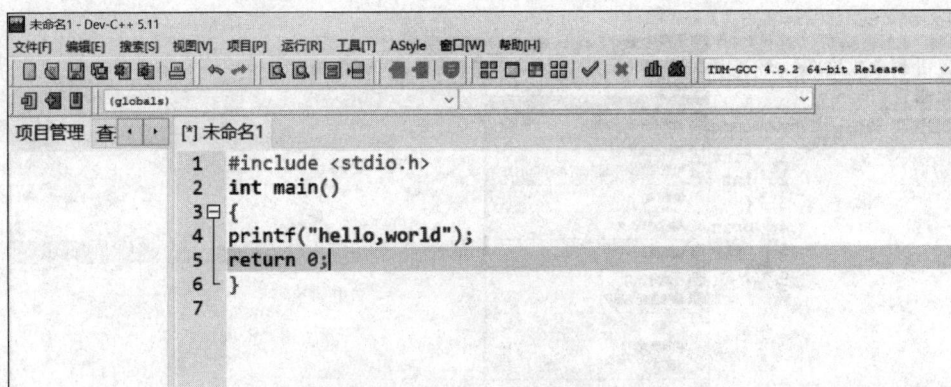

图 1.11 输入代码

（3）文件保存。保存到自定义的目录下，给这个 C 语言程序取名为 helloworld. c，后缀为. c，说明此文件为 C 语言程序文件，如图 1.12 所示。

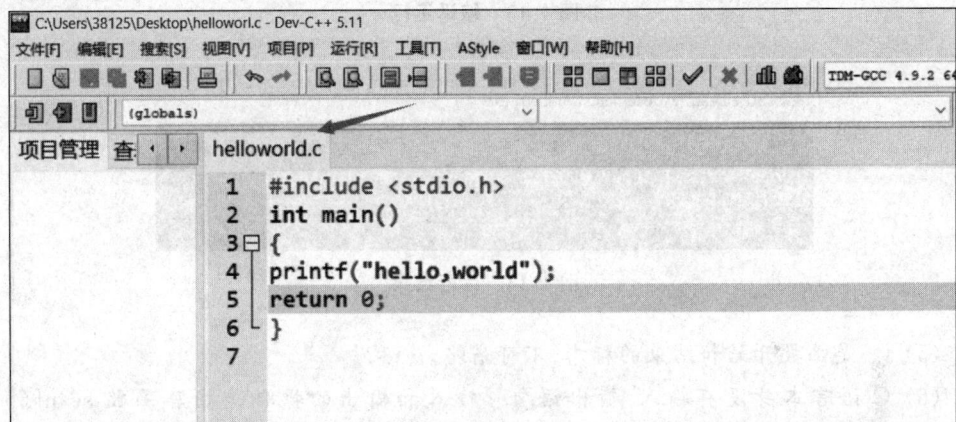

图 1.12 保存为后缀为. c 的文件

（4）编译运行。选择"运行"→"编译运行"命令。为什么要编译运行呢？比如，Windows 的可执行文件后缀为. exe，所以把 C 语言文件编译为可执行的. exe 文件，这样才能在 Windows 下执行，如图 1.13 所示。

（5）查看运行结果。运行结果如图 1.14 所示。

可以发现，在 helloworld. c 的文件夹下面多了一个 helloworld. exe，这个就是编译链接后生成的可执行文件，一般计算机在关闭杀毒软件后就能执行它了。

说明：

（1）函数是程序的基本组成单位，一个程序可由一个或多个函数组成。

（2）一个程序有且仅有一个 main()函数（主函数）。

（3）一个 C 语言程序总是从 main()函数开始执行，而不论 main()函数在整个程序中的位置如何。

（4）每条 C 语言语句均以分号结束。

11

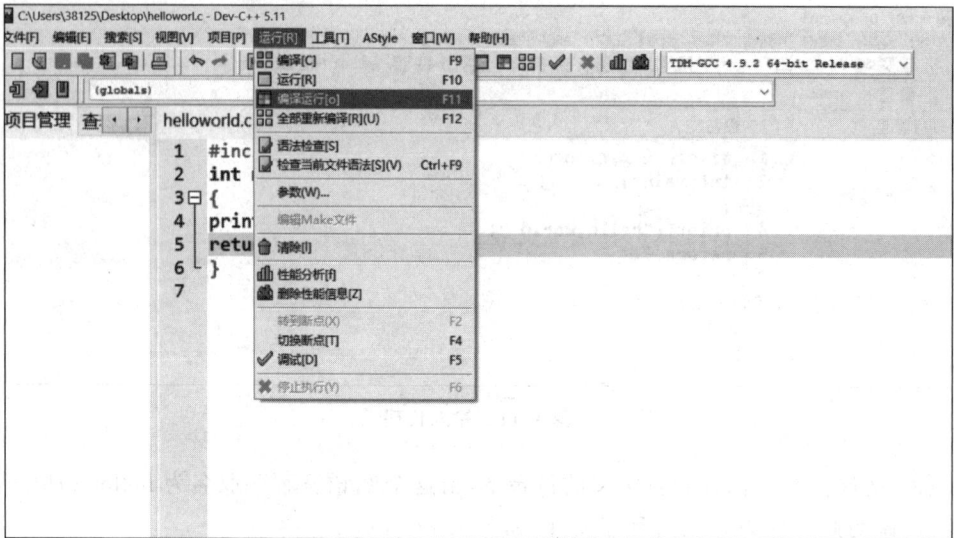

图 1.13 编译运行

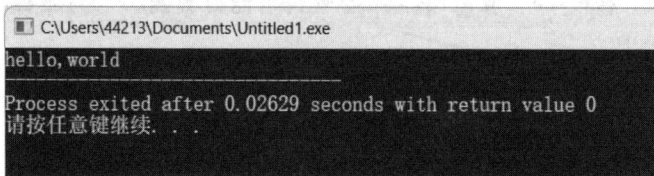

图 1.14 运行结果

（5）{ }是函数开始和结束的标志，不可省略。

（6）C语言本身没有输入/输出语句。输入和输出的操作是由库函数 scanf()和 printf()等函数来完成的。printf()函数的作用是将指定的内容输出到屏幕上。

（7）可以对源程序加上必要的注释，以增加程序的可读性。/ * … * /用于多行注释，//用于单行注释。

（8）为避免遗漏必须成对使用符号，如注释符号、函数体的起止标识符（大括号）、圆括号等。在输入时，可连续输入这些起止标识符，然后通过在其中进行插入来完成内容的编辑。

（9）一个C语言源程序可以由一个或多个源文件组成。

1.5 C语言程序开发步骤

开发一个C语言程序大体可以分为编辑、编译、链接、运行 4 个步骤，如图 1.15 所示。

（1）编辑。编辑就是创建、修改 C语言源程序并把它输入计算机的过程。C语言的源程序是以文本文件的形式存储在磁盘上的，其后缀名为.c。C语言源程序文件的编辑

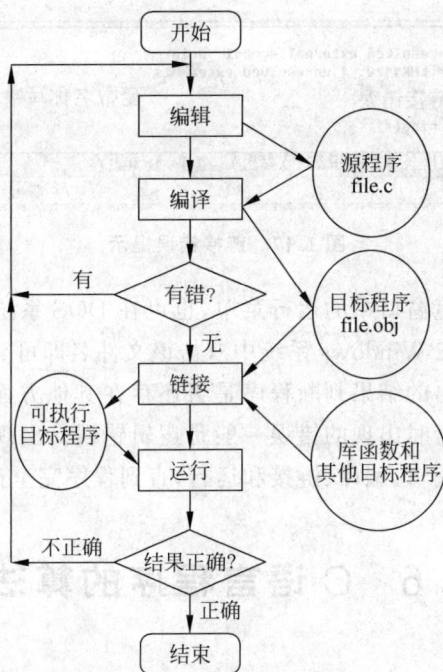

图 1.15　C 语言程序开发流程

可以用任何文本编辑器来完成(记事本、Word 等),一般用编译器本身集成的编辑器进行编辑。

(2) 编译。将源程序翻译成计算机能识别的二进制代码文件的过程就称为编译,这个工作由 C 语言编译器完成。编译程序会对源程序进行语法检查,如无错误则会生成目标代码并对代码进行优化,最后生成与源程序文件同名的目标文件(后缀名为.obj)。

编译前一般先要进行预处理,譬如进行宏代换、包含其他文件等。

如果源程序中出现错误,编译器一般会指出错误的种类及位置,此时就要返回到第(1)步编辑修改源文件,然后重新编译,如图 1.16 所示。

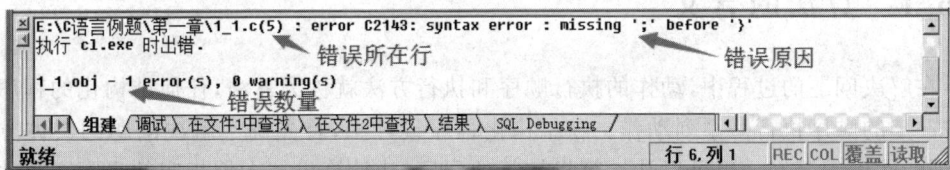

图 1.16　编译错误提示

(3) 链接。编译形成的目标代码还不能在计算机上直接运行,必须将其与库文件进行链接处理,这个过程由链接程序自动进行,链接后就会生成可执行文件(后缀名为.exe)。如果链接出错,同样需要返回到第(1)步编辑修改源程序,直到正确为止,如图 1.17 所示。

(4) 运行。一个 C 语言源程序经过编译、链接后就生成了可执行文件。要运行此文

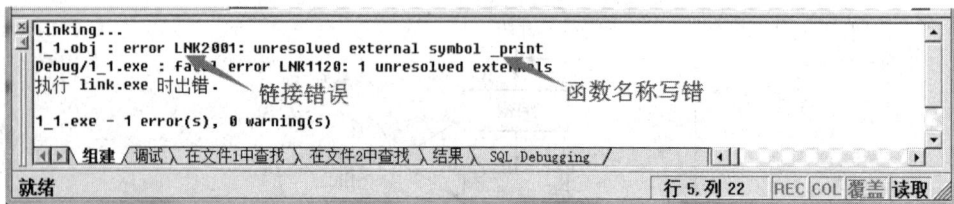

图 1.17 链接错误提示

件,可以通过集成开发环境窗口中的运行菜单,也可在 DOS 系统的命令行窗口输入文件名后再按 Enter 键,或者在 Windows 系统中双击该文件名即可。

程序运行后,根据输出的结果判断程序是否还存在其他方面的错误。编译时产生的错误属于语法错误,而运行时出现的错误一般是逻辑错误。出现逻辑错误时需要修改该程序的原算法,重新进行编辑、编译、链接和运行,直到程序完全正确为止。

1.6　C 语言程序的算法

著名的计算机科学家尼克劳斯·沃思(Nikiklaus Wirth)提出过一个关于程序的公式:

$$程序＝数据结构＋算法$$

也就是说,一个程序应该包括以下两方面的内容。

(1) 数据结构——对数据的描述。各种数据类型和数据的组织形式就是最简单的数据结构。

(2) 算法——对操作的描述。

然而,只有这些还不够。为了得到一个高效的、清晰的和正确的程序,还应当采用结构化程序设计方法进行程序设计。C 语言就是一种优秀的结构化程序设计语言。

1.6.1　算法的含义

在解决问题的过程中,动作的执行顺序和执行方法就称为算法,任何结构化的程序都是按一定的顺序执行一系列动作。在结构化程序设计中,首先确定解决问题的具体方法和步骤,然后编制好一组可以让计算机执行的程序,让计算机按人们指定的步骤有效地工作。这些具体的方法和步骤,就是解决问题的算法。根据指定的算法,编写出计算机可执行的命令序列,就是编制程序。

由此可见,程序设计的关键之一是解决问题的方法与步骤,即算法,算法本身可以用不同的程序语言来描述。学习程序设计语言的重点,就是要掌握分析问题及解决问题的方法,锻炼分析、分解、最终归纳整理出算法的能力。而程序设计语言的语法是工具,是算法的具体体现。所以在 C 语言的学习中,一方面应熟练掌握该语言的语法,因为它是算法实现的基础;另一方面必须认识到算法的重要性,加强思维训练,以写出正确的程序。

例如,求 $1×2×3×4×5$。

可以用最原始的方法进行求解。

(1) 先求 1 乘以 2,得到结果 2。

(2) 将步骤(1)得到的乘积 2 再乘以 3,得到结果 6。

(3) 将 6 再乘以 4,得到 24。

(4) 将 24 再乘以 5,得到 120。这就是最后的结果。

这样的算法虽然是正确的,但太烦琐。如果要求 $1×2×\cdots×1000$,则要写 999 个步骤,显然是不可取的,而且每次都要直接使用上一步骤的具体运算结果(如 2、6、24 等)也不方便,应当找到一种通用的表示方法。

不妨这样考虑:设置两个变量,一个变量代表被乘数,另一个变量代表乘数。不另设变量存放乘积结果,而是直接将每一步骤的乘积放在被乘数变量中。今设变量 t 为被乘数,变量 i 为乘数。用循环算法来求结果。可以将算法改写如下。

(1) 令 t＝1,或写成 1⇒t(表示将 1 存放在变量 t 中)。

(2) 令 i＝2,或写成 2⇒i(表示将 2 存放在变量 i 中)。

(3) 使 t 与 i 相乘,乘积仍放在变量 t 中,可表示为 t＊i⇒t。

(4) 使 i 的值加 1,即 i＋1⇒i。

(5) 如果 i 不大于 5,返回重新执行步骤(3)及其后的步骤(4)和步骤(5);否则,算法结束。最后得到的 t 值就是 5! 的值。

请读者仔细分析这个算法能否得到预期的结果。显然这个算法比前面列出的算法简练。

如果将题目改为求 $1×3×5×7×9×11$。算法只需做很少的改动。

(1) 1⇒t

(2) 3⇒i

(3) t＊i⇒t

(4) i＋2⇒i

(5) 若 i≤11,返回步骤(3);否则结束。

其中,步骤(5)也可以表示为

(5) 若 i＞11,则结束;否则返回步骤(3)。

上面两种写法的作用是相同的。

可以看出用这种方法表示的算法具有一般性、通用性和灵活性。步骤(3)～步骤(5)组成一个循环,在满足某个条件(i≤11)时,反复多次执行步骤(3)～步骤(5),直到某一次执行步骤(5)时,发现乘数 i 已超过事先指定的数值(11)而不返回步骤(3)为止。此时算法结束,变量 t 的值就是所求结果。

由于计算机是高速运算的自动机器,实现循环是轻而易举的,所有计算机高级语言中都有实现循环的语句,因此,上述算法不仅是正确的,而且是计算机能方便实现的。

1.6.2　算法的特点

并非任意的操作步骤序列都能成为算法。一个算法应该具有以下特点。

（1）有穷性：一个算法所包含的操作步骤必须是有限的。

（2）确定性：算法中每一个步骤的含义必须是明确的，不能有二义性。

（3）无输入或有多个输入：数据是程序加工和处理的对象，如果算法中的数据是程序自带的，而不是来自计算机外部，则可以没有输入操作；否则，算法必须包括输入操作步骤。

（4）有一个或多个输出：通过输出了解算法执行的情况及最后的结果。

（5）有效性：算法中的每一个步骤都应当是可以被执行的，并能得到确定的结果。

1.6.3　算法的描述

为了表示一个算法，可以用不同的方法。常用的方法有自然语言、流程图、N-S 流程图、伪代码、计算机语言等。

1. 用自然语言表示算法

所谓自然语言，就是日常生活中的语言。它可以是汉语、英语、日语等，一般用于描述一些简单的问题、步骤，可以使算法通俗、简单易懂。下面通过具体实例来介绍自然语言。例如，任意输入 3 个数，求这 3 个数中的最大数。

（1）定义 4 个变量，分别为 x、y、z 以及 max。

（2）输入大小不同的 3 个数，分别赋给 x、y、z。

（3）判断 x 是否大于 y，如果大于 y，则将 x 的值赋给 max；否则将 y 的值赋给 max。

（4）判断 max 是否大于 z，如果大于 z，则执行步骤（5）；否则将 z 的值赋给 max。

（5）将 max 的值输出。

自然语言最大的优点就是容易理解，适用于比较简单的问题。对于比较复杂的问题或者在描述包括分支或循环的算法时一般会很冗长，所以不用自然语言描述、表示算法，避免出现二义性。

2. 用流程图表示算法

1）传统流程图

流程图是一种传统的算法描述方法，它用不同的几何图来代表不同性质的操作，用流程线来指示算法的执行方向。用流程图表示的算法简单直观，容易转换成相应的程序语言。

几种常用的流程图符号如图 1.18 所示。

其中，起止框是用来标识算法开始和结束的；判断框的作用是对一个给定的条件进行判断，并根据给定的条件是否成立来决定如何执行后面的操作；连接点是将画在不同地方的流程线连接起来。下面通过具体实例来介绍传统流程图的使用。例如，要求

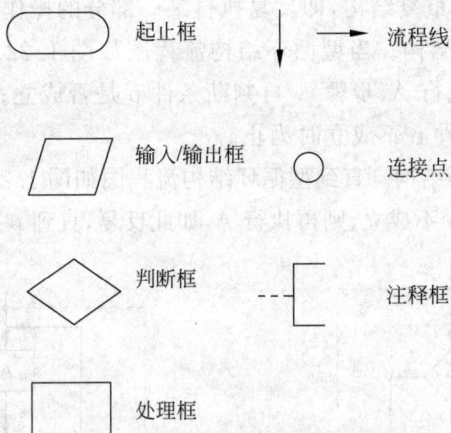

图 1.18　常用的流程图符号

$1 \times 2 \times 3 \times 4 \times 5$，用传统流程图表示算法如图 1.19 所示。

2）3 种基本结构和改进流程图

1966 年，Bohra 和 Jacopinni 提出 3 种基本结构。经过研究发现，任何复杂的算法都可以由顺序结构、选择结构和循环结构这 3 种基本结构组成，这 3 种基本结构之间可以并列、相互包含，但不允许交叉，不允许从一个结构直接转到另一个结构的内部。

（1）顺序结构。顺序结构是 3 种基本结构中最为简单的结构，由按顺序排列的语句组成，运行时按语句出现的先后顺序执行，如图 1.20 所示，先执行语句 A，再执行语句 B。

（2）选择结构。通过对条件的判断后进行分支，满足条件就执行语句，不满足就不执行。如图 1.21 所示，选择结构不可能同时执行 A、B 框；A，B 两框可以有一个是空的；无论走哪条路径，都要经过 b 点脱离本结构。

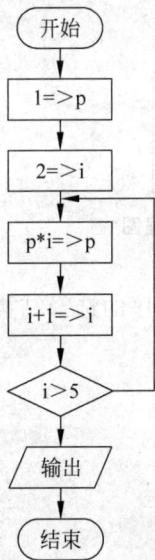

图 1.19　传统流程图　　　　图 1.20　顺序结构流程图　　　　图 1.21　选择结构流程图

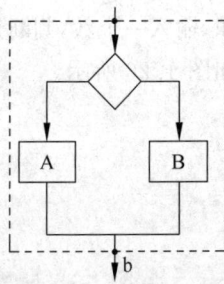

17

（3）循环结构。又称重复结构，即反复执行某一部分的操作。有两种循环结构。

① 当（while）型循环结构。当型循环结构流程图如图 1.22 所示，先判断所给条件 p 是否成立，若 p 成立，则执行 A（步骤）；再判断条件 p 是否成立；若 p 成立，则又执行 A，如此反复，直到某一次条件 p 不成立时为止。

② 直到（until）型循环结构。直到型循环结构流程图如图 1.23 所示，先执行 A，再判断所给条件 p 是否成立，若 p 不成立，则再执行 A，如此反复，直到 p 成立，该循环过程结束。

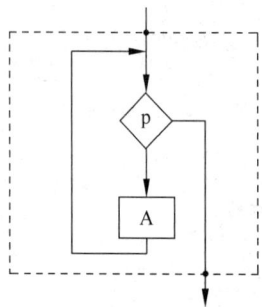

图 1.22　当型循环结构流程图　　　图 1.23　直到型循环结构流程图

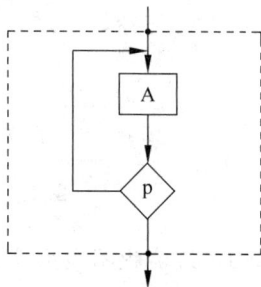

3. 用 N-S 流程图表示算法

既然任何算法都是由前面介绍的 3 种结构组成的，那么各基本结构之间的流程线就成了多余的了。N-S 流程图［1973 年由美国人 I. 纳斯（I. Nassi）和 B. 施内德曼（B. Shneiderman）共同提出，故以他们名字的首字母命名］去掉了原来的所有流程线，将全部的算法写在一个矩形框内。它也是算法的一种结构化描述方法，同样也有 3 种基本结构。

（1）顺序结构 N-S 流程图如图 1.24 所示。

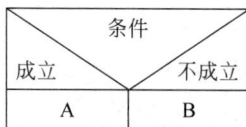

（2）选择结构 N-S 流程图如图 1.25 所示。

图 1.24　顺序结构 N-S 流程图　　　图 1.25　选择结构 N-S 流程图

例如，输入一个数，判断该数是否是偶数，并给出相应提示。此程序的选择结构的 N-S 流程图如图 1.26 所示。

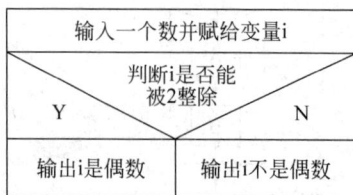

图 1.26　判断是否是偶数的 N-S 流程图

（3）循环结构。

① 当型循环结构 N-S 流程图如图 1.27 所示。

例如，求 1～100 内（包括 1 和 100）所有整数之和的当型循环 N-S 流程图如图 1.28 所示。

i=1;sum=0
i<=100
sum=sum+i;
i++;
输出sum的值

当P为真
A

图 1.27　当型循环结构 N-S
流程图（条件在前）

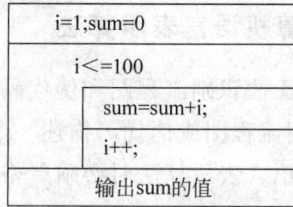

图 1.28　求 1～100 累加和的当型
循环 N-S 流程图

② 直到型循环结构 N-S 流程图如图 1.29 所示。

例如，求 1～100 内（包括 1 和 100）所有整数之和的直到型循环 N-S 流程图如图 1.30 所示。

i=1;sum=0
sum=sum+i;
i++;
i>100
输出sum的值

A
直到P为真

图 1.29　直到型循环结构 N-S
流程图（条件在后）

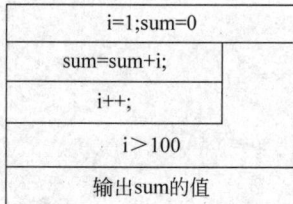

图 1.30　求 1～100 累加和的直到型
循环 N-S 流程图

4. 用伪代码表示算法

伪代码是用介于自然语言和计算机语言之间的文字和符号来描述算法。它采用某一程序设计语言的基本语法，如操作指令，可以结合自然语言来设计，而且它不用符号，书写方便，没有固定的语法和格式，具有很大的随意性，便于向程序过渡。

用伪代码描述求 $1×2×3×4×5$ 的算法。

```
begin                          //算法开始
    1=> p
    2=> I
    while i≤5
    {
        p * i=> p
        i+1=> I
    }
    print p
end                            //算法结束
```

19

伪代码虽然不是一种实际的编程语言，但表达能力上类似编程语言，同时避免了描述技术细节带来的麻烦，所以伪代码更适合描述算法，故被称作"算法语言"或"第一语言"。

要根据算法的规模和组成特点来选择不同的算法描述方式，这样能够更清晰直接地对算法进行表示。

5．用计算机语言表示算法

计算机是无法识别流程图和伪代码的，只有用计算机语言编写的程序才能被计算机执行，因此在用流程图或伪代码描述一个算法后，还要将它转换成计算机语言程序。

用计算机语言表示算法时必须严格遵循所用语言的语法规则，这是和伪代码不同的地方。

下面通过一个例子来介绍如何用计算机语言表示算法。

用 C 语言表示求 $1 \times 2 \times 3 \times 4 \times 5$。

```
#include <stdio.h>
int main()
{
    int i,p;
    p=1;
    i=2;
    while(i<=5)
        {
            p=p*i;
            i=i+1;
        }
    printf("%d\n",p);
    return 0;
}
```

职业素养小故事

尼克劳斯·沃思是瑞士著名计算机科学家，被誉为"Pascal 之父"。他于 1934 年出生于瑞士，1963 年获得加州大学伯克利分校博士学位，后任教于斯坦福大学和苏黎世联邦理工学院。沃思设计了多种编程语言，包括 Pascal、Modula-2 和 Oberon，并提出了"算法＋数据结构＝程序"的经典公式，深刻影响了计算机科学教育。

沃思的职业素养体现在他对简洁与效率的极致追求中。一次，一位同事抱怨程序运行速度太慢，沃思却笑着说："软件变慢的速度比硬件变快的速度更快。"这句话后来被称为"沃思定律"，提醒开发者关注代码质量而非依赖硬件性能。在设计 Pascal 语言时，他始终坚持"简单性是可靠性的前提"，拒绝添加复杂功能，专注于让语言易于学习和使用。这种对简洁的执着不仅影响了编程语言的发展，也体现了他作为科学家的职业素养——追求本质，拒绝浮华。

　　沃思的故事告诉我们，职业素养不仅体现在技术能力上，更在于对工作的态度与价值观。他的坚持与专注为后来的程序员树立了榜样。

第 1 章课后习题

第 2 章　数据类型和运算符——C 语言编程的基石与工具

在 C 语言的世界里,数据类型和运算符是构建程序大厦的基石与工具。它们如同建筑师手中的砖瓦和工具,缺少了它们,再宏伟的建筑也只能停留在图纸上。

数据类型是 C 语言编程的基础,它们定义了程序中可以使用的各种数据。从简单的整型、浮点型,到复杂的结构体、联合体,数据类型为程序提供了丰富的数据存储方式。了解并熟练掌握这些数据类型是编写高效、稳定程序的关键。

而运算符则是 C 语言中用于执行各种运算的工具。它们如同数学中的加减乘除,但功能却远不止于此。赋值运算符、比较运算符、逻辑运算符……每一种运算符都有其独特的作用和用法。通过巧妙地组合这些运算符,我们可以实现各种复杂的逻辑判断和运算操作。

在这一章里,我们将深入探讨 C 语言的数据类型和运算符。我们将从基本的数据类型开始,逐步介绍它们的定义、用法以及注意事项。随后,我们将转向运算符的学习,详细讲解各种运算符的语法、优先级以及结合性。通过大量的实例和练习,你将逐步掌握这些基础知识,为后续的程序编写打下坚实的基础。

通过本章的学习,你将更加深入地理解 C 语言的数据类型和运算符,学会如何根据实际需求选择合适的数据类型和运算符来编写程序。这将为你后续学习更高级的编程技术和解决更复杂的编程问题提供有力的支持。

让我们一同踏上这段充满挑战与收获的旅程,用数据类型和运算符这把钥匙打开通往 C 语言编程世界的大门。

2.1　标　识　符

2.1.1　C 语言的字符集

字符是组成语言的最基本的元素。C 语言字符集由字母、数字、空白符、标点和特殊字符组成。在字符常量、字符串常量和注释中还可以使用汉字或其他可表示的图形符号。

(1) 字母。

① 小写字母:a~z,共 26 个。

② 大写字母:A~Z,共 26 个。

（2）数字。

包括 0、1、2、3、4、5、6、7、8、9,共 10 个。

（3）空白符。

空格符、制表符、换行符等统称为空白符。空白符只在字符常量和字符串常量中起作用。在其他地方出现时,只起间隔作用,编译程序对它们忽略不计。在程序中适当的地方使用空白符将增加程序的清晰性和可读性。

（4）标点和特殊字符。

① 标点:逗号(,)、分号(;)、方括号([])、大括号({})等。

② 特殊字符:加号(+)、减号(-)、百分号(%)、乘号(*)等。

2.1.2　关键字

关键字是由 C 语言规定的具有特定意义的字符串,通常也称为保留字,主要用于构成语句,进行存储类型和数据类型定义。32 个关键字可以分为以下几类。

（1）数据类型关键字(12 个)。

① char:声明字符型变量或函数。

② short:声明短整型变量或函数。

③ int:声明整型变量或函数。

④ long:声明长整型变量或函数。

⑤ signed:声明有符号类型变量或函数。

⑥ unsigned:声明无符号类型变量或函数。

⑦ float:声明浮点型变量或函数。

⑧ double:声明双精度变量或函数。

⑨ struct:声明结构体变量或函数。

⑩ union:声明共用体(联合)数据类型。

⑪ enum:声明枚举类型。

⑫ void:声明函数无返回值或无参数,声明无类型指针。

（2）控制语句关键字(12 个)。

循环控制(5 个)。

① for:一种循环语句。

② do:循环语句的循环体。

③ while:循环语句的循环条件。

④ break:跳出当前循环。

⑤ continue:结束当前循环,开始下一轮循环。

条件语句(3 个)。

① if:条件语句。

② else:条件语句否定分支。

③ goto:无条件跳转语句。

开关语句(3 个)。

① switch：用于开关语句。

② case：开关语句分支。

③ default：开关语句中的"其他"分支。

返回语句(1 个)。

return：函数返回语句(可以带参数，也可不带参数)。

(3) 存储类型关键字(5 个)。

① auto：声明自动变量，一般不使用。

② extern：声明变量是在其他文件中声明。

③ register：声明寄存器变量。

④ static：声明静态变量。

⑤ typedef：用以给数据类型取别名(但是该关键字被分到存储关键字分类中，虽然看起来没什么相关性)。

注意：在 C 语言中，存储类型关键字在使用时只能存在一个，不能共存。

(4) 其他关键字(3 个)。

① const：声明只读变量。

② sizeof：计算数据类型长度。

③ volatile：说明变量在程序执行中可被隐含地改变。

2.1.3　标识符

标识符就是用来标识变量名、符号常量名、函数名、类型名、文件名等的有效字符序列。

标识符命名规则如下。

(1) 标识符只能是由字母(A～Z,a～z)、数字(0～9)、下画线(_)组成的字符串，并且其第一个字符必须是字母或下画线。

以下标识符是合法的：

a，x，x3，BOOK_1，sum5，_x

以下标识符是非法的：

```
3s                         //以数字开头
s * T                      //出现非法字符 *
－3x                       //以减号开头
Good bye                   //中间留有空格
```

(2) 在标识符中，要注意大小写字母是有区别的。例如，BOOK 和 book 是两个不同的标识符。

(3) 标识符虽然可由程序员随意定义，但标识符是用于标识某个量的符号。因此，命名应尽量有相应的意义，以便于阅读理解，做到"见名知意"。通常应选择能表示数据含义的英文单词(或缩写)作变量名,或汉语拼音字头作变量名。例如,name/xm(姓名)、sex/xb(性别)、age/nl(年龄)、salary/gz(工资)。

(4)用户自己定义标识符的时候,尽量不使用下画线开头。因为编译器预留的名字大多是以下画线开头的,容易造成命名冲突。

(5)不能使用关键字作为用户自定义的标识符。

(6)标识符中尽量避免使用容易混淆的字符。比如,小写字母 l、数字 1 以及大写字母 I,还有字母 O 和数字 0 都是比较容易混淆的。

2.2　数 据 类 型

许多人总爱形象地把计算机程序与做菜用的菜谱做个类比。确实如此,菜谱中规定了厨师烹饪的步骤,就好像计算机程序中一条条指令规定了计算机应怎样运行。菜谱中的指令总是把各种食品原料当作自己操作的对象,而计算机中要被处理的对象就是数据。

图 2.1 给出了 C 语言中所能处理的各种数据类型。

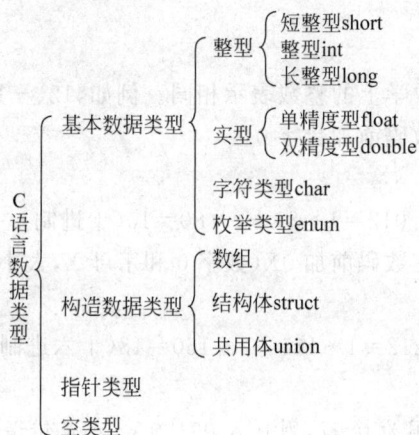

```
                                    ┌ 短整型short
                          ┌ 整型  ┤  整型int
                          │        └ 长整型long
            ┌ 基本数据类型┤ 实型 ┌ 单精度型float
            │             │      └ 双精度型double
C           │             │ 字符类型char
语           │             └ 枚举类型enum
言           │             ┌ 数组
数          ┤ 构造数据类型┤ 结构体struct
据           │             └ 共用体union
类           │
型           ├ 指针类型
            └ 空类型
```

图 2.1　C 语言数据类型

从图 2.1 中可以看出,C 语言数据类型可分为基本数据类型、构造数据类型、指针类型、空类型四大类。

(1)基本数据类型:基本数据类型最主要的特点是,其值不可以再分解为其他类型。

(2)构造数据类型:构造数据类型是根据已定义的一个或多个数据类型用构造的方法来定义的。也就是说,一个构造类型的值可以分解成若干个"成员"或"元素"。每个"成员"都是一个基本数据类型或又是一个构造类型。

(3)指针类型:指针是一种特殊又具有重要作用的数据类型。其值用来表示某个变量在内存储器中的地址。

(4)空类型:在调用函数值时,通常应向调用者返回一个函数值。这个返回的函数值具有一定的数据类型,应在函数定义及函数说明中给予说明。例如,在数学中经常用到的求平方根函数 sqrt 定义中,函数头为"double sqrt(double x);",其中 double 类型说明符即表示该函数的返回值为双精度浮点型。但是,也有一类函数被调用后并不需要向调用者返回函数值,这种函数可以定义为"空类型",其类型说明符为 void,在后面函数中还要详细介绍。

在本章中,我们先介绍基本数据类型中的整型和字符类型。其余类型在以后各章中陆续介绍。

2.3 常量和变量

2.3.1 常量

在程序运行过程中,其值不能被改变的量就称为常量,常量一般从其字面形式即可判断,这种常量称为字面常量或直接常量,主要有 4 种基本常量:整型常量、实型常量、字符常量和字符串常量。还有一种表现形式不同的常量:符号常量。

1. 整型常量

(1) 十进制形式:与数学上的整数表示相同。例如,12、-100、0。

(2) 八进制形式:在数码前加数字 0。

例如:

$$012=1*8^1+2*8^0=10(十进制)$$

(3) 十六进制形式:在数码前加 0X(数字 0 和字母 X,大小写均可)。

例如:

$$0x12=1*16^1+2*16^0=18(十六进制)$$

注意:

(1) 八进制的数码范围为 0~7,则 018、091、0A2 都是错误的数据表示方法。

(2) 十六进制的数码除了数字 0~9 外,还使用英文字母 a~f(或 A~F)表示 10~15。如 0x1e、0Xabcdef、0x1000,但 0X2defg、0x100L 都是错误的。

2. 实型常量

(1) 十进制形式:由数字和小数点组成(必须有小数点)。例如,.123、123.、123.0、0.0。

(2) 指数形式:由十进制小数、e(或 E)、十进制数整数三部分组成。例如,12.3e3 或 12.3E3 都代表 $12.3*10^3$。

注意: 字母 e 之前必须有数字,e 后面的指数必须为整数。

(3) 规范化的指数表示形式。

一个实数可以有多种指数表示形式,如 123.456 可表示为 123.456e0、12.3456e1、1.23456e2、0.123456e3 等。规范化的指数表示形式是指字母 e 之前的小数部分中,小数点左边有且只能有一位非零的数字。

3. 字符常量

(1) 定义: 用一对单引号括起来的单个字符称为字符常量。例如,'a'、'+'、'0'。

(2) 转义字符: C 语言还允许使用一种特殊形式的字符常量,转义字符以反斜杠"\"开头,后跟一个或几个字符。转义字符具有特定的含义,不同于字符原有的意义,故称"转义"字符。比如,在 1.4 节例题中用到的\n 就是一个转义字符,它的作用是换行。转义字符主要用来表示那些用一般字符不便于表示的控制代码。常用的转义字符如表 2.1 所示。

表 2.1　常用转义字符

字符形式	含　义	ASCII 码值(十进制)
\n	换行(LF),将当前位置移到下一行开头	10
\t	水平制表(HT),跳到下一个制表位	9
\b	退格(BS),将当前位置移到前一列	8
\r	回车(CR),将当前位置移到本行开头	13
\a	响铃(BEL),喇叭发出"滴"的一声	7
\\	反斜杠字符\	92
\'	单引号字符'	39
\"	双引号字符"	34
\ddd	1~3 位八进制数所代表的字符	
\xhh	1 或 2 位十六进制数所代表的字符	

广义地讲,C 语言字符集中的任何一个字符均可用转义字符来表示。表 2.1 中的\ddd 和\xhh 正是为此而提出的。ddd 和 hh 分别为八进制和十六进制的 ASCII 码。例如,\101 表示字母 A,\102 表示字母 B,\134 表示反斜杠,\x41 表示字母 A 等。

【例 2-1】　转义字符的使用。

```
#include < stdio.h >
int main()
{
    printf(" ab c\tde\rf\n");
    printf("\101\x42\tL\bM\n");
    return 0;
}
```

转义字符的使用

运行结果:

```
f ab  c de
AB    M
```

4. 字符串常量

字符串常量是由一对双引号括起的字符序列。例如,"World"、"C program"、"$12.5"等都是合法的字符串常量。

字符串常量和字符常量是不同的量。它们之间主要有以下区别。

27

（1）字符常量由单引号括起来，字符串常量由双引号括起来。

（2）字符常量只能是单个字符，字符串常量则可以含一个或多个字符。

（3）字符常量占 1 字节的内存空间。字符串常量占的内存字节数等于字符串中字节数加 1。增加的 1 字节中存放字符'\0'（ASCII 码为 0）。这是字符串结束的标志。

例如，字符串"C program"在内存中的存储为

C		p	r	o	g	r	a	m	\0

字符常量'a'和字符串常量"a"是不同的。

a

a	\0

5. 符号常量

在 C 语言中，可以用一个标识符来表示一个常量，称为符号常量。

符号常量在使用之前必须先定义，其一般形式为

＃define 标识符 常量

其功能是把该标识符定义为其后的常量值。习惯上用大写字母表示符号常量的标识符，用小写字母表示变量标识符，以示区别。

【例 2-2】 符号常量的使用。

```
# include < stdio.h >            /* 编译预处理命令 */
# define PI 3.14159              /* 定义符号常量 PI 代表 3.14159 */
int main()                       /* 主函数 */
{
    float area;                  /* 定义程序中用到的变量 */
    area = 10 * 10 * PI;         /* 计算半径为 10 的圆的面积 */
    printf("半径为 10 的圆的面积为%f\n", area);    /* 输出圆的面积 */
    return 0;
}
```

符号常量的使用

运行结果：

半径为10的圆的面积为314.158997

注意：

（1）符号常量一旦定义，在其作用域内不能被改变，不能再被重新赋值。

（2）使用符号常量的好处是：含义清楚，能做到"一改全改"。

2.3.2　变量

在程序运行中，其值可以改变的量就称为变量。每个变量都具有三个要素，如图 2.2 所示。

（1）变量名：每个变量都必须有一个名字，用以相互区分。变量的命名要遵循标识

符的命名规则。

（2）变量类型：不同类型变量在内存中所占的存储单元大小
不同。

（3）变量值：变量代表计算机内存中的某一存储单元，该存
储单元中存放的数据就是变量的值。在程序中是通过变量名来
引用变量值的。

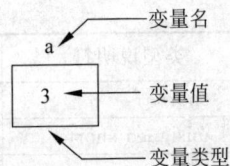

图 2.2　变量三要素

变量的使用应"先定义，后使用"。这样做有以下好处。

（1）凡未被事先定义的，不能作为变量名，这样能保证程序中变量名的使用正确。

（2）每一个变量被指定为一种确定数据类型，在编译时就能为其分配相应的存储
单元。

（3）指定每一个变量属于一种类型，便于在编译时据此检查该变量所进行的运算是
否合法。

变量的定义形式如下：

类型标识符　变量名列表；

2.3.3　整型变量

在 C 程序中，用于存放整型数据的变量称为整型变量。

1. 整型变量的分类

整型变量用关键字 int 说明，如"int i，j，k；"，说明了 3 个整型变量 i、j 和 k。除了基
本 int 型外，还可以在 int 前加上修饰符来改变 int 型的意义，修饰符如下：

- signed（有符号）；
- unsigned（无符号）；
- long（长型）；
- short（短型）。

由于整型的默认形式是有符号的，所以可以不用 signed，加上修饰符后，整型变量的
形式如下：

- short int 可简写为 short；
- long int 可简写为 long；
- unsigned int 可简写为 unsigned；
- unsigned short int 可简写为 unsigned short；
- unsigned long int 可简写为 unsigned long。

2. 整型变量的存储

整型数据在内存中是以二进制的形式存储的，不同类型的变量在内存当中所占的字
节数不同，其对应的取值范围也有所不同，如表 2.2 所示。

29

表 2.2　整型变量的取值范围

类型说明符	取值范围	字节数
short	$-32768\sim32767$，即$-2^{15}\sim(2^{15}-1)$	2
unsigned short	$0\sim65535$，即 $0\sim(2^{16}-1)$	2
int	$-2147483648\sim2147483647$，即$-2^{31}\sim(2^{31}-1)$	4
unsigned	$0\sim4294967295$，即 $0\sim(2^{32}-1)$	4
long	$-2147483648\sim2147483647$，即$-2^{31}\sim(2^{31}-1)$	4
unsigned long	$0\sim4294967295$，即 $0\sim(2^{32}-1)$	4

有符号整数的第一位为符号位，正数为 0，负数为 1。各种无符号类型变量所占的内存空间字节数与相应的有符号类型量相同。但由于省去了符号位，故不能表示负数。

有符号整数是以补码表示的。

（1）正数的补码和原码相同。

（2）负数的补码：将该数的绝对值的二进制形式按位取反再加 1。

例如，求 -10 的补码。

10 的原码：

| 0 | 0 | 0 | 0 | 0 | 0 | 0 | 0 | 0 | 0 | 0 | 0 | 1 | 0 | 1 | 0 |

取反：

| 1 | 1 | 1 | 1 | 1 | 1 | 1 | 1 | 1 | 1 | 1 | 1 | 0 | 1 | 0 | 1 |

再加 1，得到 -10 的补码：

| 1 | 1 | 1 | 1 | 1 | 1 | 1 | 1 | 1 | 1 | 1 | 1 | 0 | 1 | 1 | 0 |

3. 整型变量的定义

变量定义的一般形式为

类型说明符　变量名标识符，变量名标识符，…；

例如：

```
int a,b,c;                    //a、b、c 为整型变量
long x,y;                     //x、y 为长整型变量
unsigned m,n;                 //m、n 为无符号整型变量
```

在书写变量定义时，应注意以下几点。

（1）允许在一个类型说明符后定义多个相同类型的变量。各变量名之间用逗号间隔。类型说明符与变量名之间至少用一个空格间隔。

（2）最后一个变量名之后必须以"；"号结尾。

（3）变量定义必须放在变量使用之前。一般放在函数体的开头部分。

【例 2-3】　整型变量的定义与使用。

```
#include <stdio.h>
```

```
int main()
{
    int x,y,m,n;                               /* 定义有符号整型变量 */
    unsigned int ui;                           /* 定义无符号整型变量 */
    x=10;y=-14;ui=20;
    m=x+y;                                     /* 两个有符号整型变量求和 */
    n=y+ui;                                    /* 有符号和无符号整型变量求和 */
    printf("x+y = %d, y+ui = %d\n", m,n);
    return 0;
}
```

整型变量的
定义与使用

运行结果：

`x+y =-4, y+ui =6`

从程序中可以看到：不同类型的量可以参与运算并相互赋值。其中的类型转换是由编译系统自动完成的。有关类型转换的规则将在以后介绍。

思考题：短整型变量的最大值是 32767，如果对它加 1 会得到什么结果呢？试着自己编写一个程序看看结果是什么。（可以用补码知识来解释整型数据的溢出。）

2.3.4　实型变量

1. 实型变量的分类

实型变量分为单精度（float）型、双精度（double）型和长双精度（long double）型 3 类。单精度型占 4 字节（32 位）内存空间，其数值范围为 3.4E-38～3.4E+38，只能提供 7 位有效数字；双精度型占 8 字节（64 位）内存空间，其数值范围为 1.7E-308～1.7E+308，可提供 16 位有效数字。具体如表 2.3 所示。

表 2.3　实型变量的取值范围

类型说明符	比特数（字节数）	有效数字	数的范围
float	32(4)	6～7	$10^{-37}\sim10^{38}$
double	64(8)	15～16	$10^{-307}\sim10^{308}$
long double	128(16)	18～19	$10^{-4931}\sim10^{4932}$

2. 实型变量的存储

实型数据一般占 4 字节（32 位）内存空间。按指数形式存储。实数 3.14159 在内存中的存放形式如下：

+	.314159	1
数符	小数部分	指数

（1）小数部分占的位（bit）数越多，数的有效数字越多，精度越高。

（2）指数部分占的位数越多，则能表示的数值范围越大。

不同系统中，两部分所占位数也不同，大家了解其存储方式即可。

3. 实型变量的定义

实型变量定义的格式和书写规则与整型相同。
例如：

```
float x,y;                          //x、y 为单精度实型变量
double a,b,c;                       //a、b、c 为双精度实型变量
```

4. 实型数据的舍入误差

由于实型变量是由有限的存储单元组成的，因此能提供的有效数字总是有限的，如下例。

【例 2-4】 实型数据的舍入误差。

```
#include <stdio.h>
int main()
{
    float a,b;
    a=123456.789e5;
    b=a+20;
    printf("%f\n",a);
    printf("%f\n",b);
    return 0;
}
```

实型数据的
舍入误差

运行结果：

```
12345678848.000000
12345678848.000000
```

将"float a,b;"改成"double a,b;"。

运行结果：

```
12345678900.000000
12345678920.000000
```

2.3.5 字符型变量

1. 字符型变量的定义

字符变量用来存储字符常量，即单个字符。

字符变量的类型说明符是 char。字符变量类型定义的格式和书写规则都与整型变量相同。例如：

```
char a,b;                           //a、b 为字符型变量
```

2. 字符型变量的存储

每个字符变量被分配 1 字节的内存空间,因此只能存放 1 字符。字符值是以 ASCII 码的形式存放在变量的内存单元之中的。

例如,'a'的十进制 ASCII 码是 97,'b'的十进制 ASCII 码是 98。给字符变量 c1、c2 赋予'a'和'b'值:

c1='a';c2='b';

实际上是在 c1、c2 两个单元内存放 97 和 98 的二进制代码。

c1:

0	1	1	0	0	0	0	1

c2:

0	1	1	0	0	0	1	0

所以也可以把它们看作整型变量。C 语言允许对整型变量赋予字符值,也允许对字符变量赋予整型值。在输出时,允许把字符变量按整型变量输出,也允许把整型变量按字符变量输出。

整型变量为 4 字节变量,字符变量为单字节变量,当整型变量按字符型变量处理时,只有低 8 位参与处理。字符型变量的取值范围如表 2.4 所示。

表 2.4 字符型变量的取值范围

类型说明符	字节数	取 值 范 围
char	1	−128~127
unsigned char	1	0~255

【例 2-5】 向字符变量赋予整数。

```
# include < stdio. h >
int main()
{
    char c1,c2;
    c1='a';
    c2=98;
    printf("%c,%c\n",c1,c2);
    printf("%d,%d\n",c1,c2);
    return 0;
}
```

向字符变量
赋予整数

运行结果:

```
a,b
97,98
```

本程序中定义 c1、c2 为字符型,但在赋值语句中赋予整型值,也可以赋予字符型值。

从结果看，c1、c2值的输出形式取决于printf函数格式串中的格式符，当格式符为%c时，对应输出的变量值为字符；当格式符为%d时，对应输出的变量值为整数。

【例2-6】 大小写字母转换。

```
# include < stdio.h >
int main()
{
    char c1,c2;
    c1='A';
    c2='b';
    c1=c1+32;
    c2=c2-32;
    printf("%c,%c\n%d,%d\n",c1,c2,c1,c2);
    return 0;
}
```

大小写字母转换

运行结果：

```
a,B
97,66
```

本例中，c1、c2被说明为字符变量并赋予字符值，C语言允许字符变量参与数值运算，即用字符的ASCII码参与运算。由于大小写字母的ASCII码相差32，因此小写字母减去32后就转换成大写字母，大写字母加上32后就转换成小写字母，然后分别以整型和字符型输出。

2.3.6 变量初始化

在程序中常常需要对变量赋初值，以便使用变量。在定义变量的同时给变量赋予初值的方法称为初始化。在变量定义中赋初值的一般形式为

类型说明符 变量1=值1,变量2=值2,…；

例如：

```
int a=3;
int b,c=5;
float x=3.2,y=3,z=0.75;
char ch1='K',ch2='P';
```

变量初始化

应注意，在定义中不允许连续赋值，如"int a=b=c=5;"是不合法的。

【例2-7】 变量初始化。

```
# include < stdio.h >
int main()
{
    int a=3,b,c=5;              /* 定义整型变量a、b、c,a初始化为3,c初始化为5 */
    b=a+c;
    printf("a=%d,b=%d,c=%d\n",a,b,c);
```

```
        return 0;
}
```

运行结果：

a=3,b=8,c=5

2.3.7　各类数值型数据之间的混合运算

C 语言规定不同类型的数据需要转换成同一类型后才可进行计算，在整型、实型和字符型数据之间通过类型转换便可以进行混合运算。

数据类型转换有两种形式，即隐式类型转换和显式类型转换。

（1）所谓隐式类型转换，就是在编译时由编译程序按照一定规则自动完成，而不需人为干预。因此，在表达式中如果有不同类型的数据参与同一运算，编译器就在编译时自动按照规定的规则将其转换为相同的数据类型。C 语言规定的转换规则是由低级向高级转换。例如，如果一个操作符带有两个类型不同的操作数，那么在操作之前应先将较低的类型转换为较高的类型，然后进行运算，运算结果是较高的类型。如图 2.3 所示为数据类型转换示意图（注意图中给出的只是转换方向，不是转换过程）。

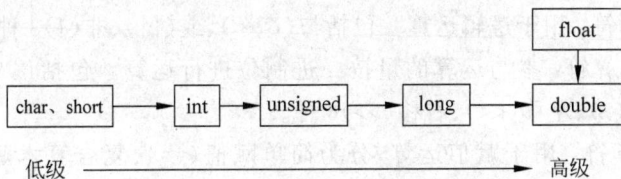

图 2.3　数据类型转换示意图

（2）显式类型转换又叫强制类型转换，强制类型转换是通过类型转换运算来实现的。其一般形式为

(类型说明符)　(表达式)

其功能是把表达式的运算结果强制转换成类型说明符所表示的类型。

例如：

```
(float) a            //把 a 转换为实型
(int)(x＋y)           //把 x＋y 的结果转换为整型
```

注意：在使用强制转换时应关注以下问题。

（1）类型说明符和表达式都必须加括号（单个变量可以不加括号），如把(int)(x＋y)写成(int)x＋y，则成了把 x 转换成 int 型之后再与 y 相加了。

（2）无论是强制类型转换还是隐式类型转换，都只是为了本次运算的需要而对变量的数据长度进行的临时性转换，而不改变数据说明时对该变量定义的类型。

2.4　运算符和表达式

C语言中运算符和表达式数量之多,在高级语言中是少见的,正是丰富的运算符和表达式使C语言功能十分完善。这也是C语言的主要特点之一。

C语言的运算符不仅具有不同的优先级,而且还有一个特点,就是它的结合性。在表达式中,各运算量参与运算的先后顺序不仅要遵守运算符优先级别的规定,还要受运算符结合性的制约,以便确定是自左向右进行运算还是自右向左进行运算。

2.4.1　C语言运算符简介

C语言的运算符可分为以下几类。

(1) 算术运算符:用于各类数值运算。包括加(＋)、减(－)、乘(＊)、除(/)、求余(或称模运算,％)、自增(＋＋)、自减(－－)共7种。

(2) 关系运算符:用于比较运算。包括大于(＞)、小于(＜)、等于(＝＝)、大于或等于(＞＝)、小于或等于(＜＝)和不等于(!＝)6种。

(3) 逻辑运算符:用于逻辑运算。包括与(＆＆)、或(||)、非(!)3种。

(4) 位操作运算符:参与运算的量按二进制位进行运算。包括位与(＆)、位或(|)、位非(～)、位异或(^)、左移(<<)、右移(>>)6种。

(5) 赋值运算符:用于赋值运算,分为简单赋值(＝)、复合算术赋值(＋＝、－＝、＊＝、/＝、％＝)和复合位运算赋值(＆＝、|＝、^＝、>>＝、<<＝)3类共11种。

(6) 条件运算符:这是C语言中唯一一个三目运算符,用于条件求值(?:)。

(7) 逗号运算符:用于把若干表达式组合成一个表达式(,)。

(8) 指针运算符:用于取内容(＊)和取地址(＆)2种运算。

(9) 求字节数运算符:用于计算数据类型所占的字节数(sizeof)。

(10) 特殊运算符:有括号()、下标[]、成员(→,.)等几种。

2.4.2　算术运算符

1. 基本的算术运算符

(1) 加法运算符"＋":加法运算符为双目运算符,即应有两个量参与加法运算。如a＋b、4＋8等,具有左结合性。

(2) 减法运算符"－":减法运算符为双目运算符,具有左结合性。但"－"也可作求负运算,此时为单目运算,如－x、－5等,具有右结合性。

(3) 乘法运算符"＊":双目运算符,具有左结合性。

(4) 除法运算符"/":双目运算符,具有左结合性。参与运算量均为整型时,结果也为整型,采取"向零取整",舍去小数,只保留整数。如果运算量中有一个是实型,则结果为双精度实型。

比如,5/2 的结果为 2,是一个整数,小数全部舍去。而 5.0/2 的结果为 2.5,由于有实数参与运算,因此结果也为实型。

(5) 求余运算符(模运算符)"%":双目运算符,具有左结合性。要求参与运算的量均为整型。求余运算的结果等于两数相除后的余数。

比如,5%2 的结果为 1,8%3 的结果为 2,2%5 的结果为 2。大家考虑一下−5%2、5%−2、−5%−2 的结果是多少呢? 根据这些结果,我们能得出什么结论呢?

2. 算术表达式和运算符的优先级和结合性

表达式是由常量、变量、函数和运算符组合起来的式子。一个表达式有一个值及其类型,它们等于计算表达式所得结果的值和类型。表达式求值按运算符的优先级和结合性规定的顺序进行(先按运算符的优先级高低次序执行,如果在一个操作数两侧的运算符的优先级相同,则按 C 语言规定的结合进行)。单个的常量、变量、函数可以看作表达式的特例。

算术表达式是由算术运算符和括号连接起来的式子。

(1) 算术表达式:用算术运算符和括号将运算对象(也称操作数)连接起来的、符合 C 语法规则的式子。

以下是算术表达式的例子:

```
a+b
(a*2)/c
(x+r)*8-(a+b)/7
sin(x)+sin(y)
```

(2) 运算符的优先级:C 语言中,运算符的运算优先级共分为 15 级。1 级最高,15 级最低。在表达式中,优先级较高的先于优先级较低的进行运算。而在一个运算量两侧的运算符优先级相同时,则按运算符的结合性所规定的结合方向处理。

(3) 运算符的结合性:C 语言中各运算符的结合性分为两种,即左结合性(自左至右)和右结合性(自右至左)。例如,算术运算符的结合性是自左至右,即先左后右。如有表达式 x−y+z,则 y 应先与"−"号结合,执行 x−y 运算,然后执行+z 的运算。这种自左至右的结合方向就称为"左结合性"。而自右至左的结合方向称为"右结合性"。最典型的右结合性运算符是赋值运算符,在后面讲到赋值运算符的时候我们再讨论。C 语言运算符的结合性可以这样来记忆,即所有的单目运算符都是右结合性,双目运算符中除了赋值运算符之外,其他的都是左结合性。

3. 自增、自减运算符++、−−

功能:自增运算使单个变量的值增 1,自减运算使单个变量的值减 1。

自增、自减运算符都有两种用法。

(1) 前置运算:运算符放在变量之前,++变量、−−变量。

先使变量的值增（或减）1，然后以变化后的值参与其他运算，即先增减、后运算。

（2）后置运算：运算符放在变量之后，变量++、变量--。

变量先参与其他运算，然后使变量的值增（或减）1，即先运算、后增减。

【例 2-8】 自增、自减运算演示。

```
#include<stdio.h>
int main()
{
    int x=6, y;
    printf("x=%d\n",x);                /* 输出 x 的初值 */
    y = ++x;                           /* 前置运算 */
    printf("y=++x: x=%d,y=%d\n",x,y);
    y=x--;                             /* 后置运算 */
    printf("y=x--: x=%d,y=%d\n",x,y);
    return 0;
}
```

自增、自减运算

运行结果：

```
x=6
y=++x:  x=7,y=7
y=x--:  x=6,y=7
```

在本例中，x 的初值为 6，执行 y=++x 时，先对变量 x 的值进行增 1，使 x 的值变为 7，然后将 x 的值赋给 y，所以 y 的值也是 7。y=++x 这条语句等价于 x=x+1、y=x 两条语句。执行 y=x-- 时，先取变量 x 的值进行赋值运算，所以 y 的值是 7，然后对变量 x 进行减 1，使 x 的值变为 6。y=x-- 这条语句等价于 y=x、x=x-1。从程序运行结果可以看出，前置和后置运算对于变量 x 的值没有影响，影响的是表达式的结果。

说明：

（1）自增、自减运算常用于循环语句中。

（2）自增、自减运算符不能用于常量和表达式。

例如，5++、--(a+b) 等都是非法的。

（3）在表达式中，连续使同一变量进行自增或自减运算很容易出错，所以最好避免这种用法。

2.4.3 赋值运算符和赋值表达式

1. 赋值运算符

赋值运算符"="的作用是将一个表达式的值赋给一个变量。赋值运算符的一般形式为

变量=表达式

例如，x=5 的作用是将 5 放到变量 x 的存储单元中，也就是使变量 x 的值变为 5。

用赋值运算符将变量和表达式连接起来的式子就是赋值表达式。赋值表达式的左边

只能是变量,用来表示存放数据的存储单元。赋值表达式的左边不能是常量和表达式,如 a+b=5 和 5=a 都是错误的表示方式,赋值运算符是不同于数学中的等号的。

赋值表达式的值就是被赋值变量的值。

例如,a=5 这个赋值表达式中,变量 a 的值 5 就是它的值。

因此 a=b=c=5 可理解为 a=(b=(c=5))(赋值运算符的右结合性)。

在赋值运算符"="之前加上其他双目运算符可构成复合赋值运算符。C 语言中共有 10 种复合赋值运算符,分别是 +=、-=、*=、/=、%=、<<=、>>=、&=、^=、|=。

构成复合赋值表达式的一般形式为

变量 复合赋值运算符 表达式

它等价于

变量=变量 运算符 表达式

例如:

```
a+=5                    //等价于 a=a+5
x*=y+7                  //等价于 x=x*(y+7)
r%=p                    //等价于 r=r%p
```

假设 a 的初值为 3,请计算表达式 a+=a-=a*a 的值。你得到的值是不是-3 呢? (请正确理解赋值运算符的作用。)

2. 赋值中的类型转换

当赋值运算符两边的运算类型不同时,将要发生类型转换,转换的规则是:把赋值运算符右侧表达式的类型转换为左侧变量的类型。具体规定如下:

(1) 实型赋予整型变量,舍去小数部分。前面的例子已经说明了这种情况。

(2) 整型赋予实型变量,数值不变,但将以浮点形式存放,即增加小数部分(小数部分的值为 0)。

(3) 字符型赋予整型变量,由于字符型占 1 字节,而整型占 4 字节,故将字符的 ASCII 码值放到整型变量的低 8 位中,高 8 位为 0。整型赋予字符型变量,只把低 8 位赋予字符变量。

【例 2-9】　赋值中的类型转换。

```
#include<stdio.h>
int main()
{
    int a;
    float x;
    char c1;
    a=123.78;
    x=123;
    c1=353;
    printf("%d,%f,%c\n",a,x,c1);
```

赋值中的类型转换

```
    return 0;
}
```

运行结果：

```
123,123.000000, a
```

2.4.4　逗号运算符和逗号表达式

逗号运算符是"，"，作为操作符时，它可以把多个表达式连接起来，如 a＋5,b－3 就是一个逗号表达式。

逗号表达式的求值过程是从左到右，逐个求表达式的值，最后整个表达式的值取最右一个表达式的值，所以逗号运算符也叫顺序求值运算符。

【例 2-10】　逗号表达式。

```
#include <stdio.h>
int main()
{
    int x,y=7;
    float z=4;
    x=(y=y+6,y/z);
    printf("x=%d\n",x);
    return 0;
}
```

逗号表达式

运行结果：

```
x=3
```

说明：

（1）并不是在所有出现逗号的地方都组成逗号表达式，如在变量说明中，函数参数表中逗号只是用作各变量之间的间隔符。

（2）程序中使用逗号表达式，通常是要分别求逗号表达式内各表达式的值，并不一定要求整个逗号表达式的值。

（3）逗号表达式常用于 for 语句中。

2.5　宏　定　义

#define 指令定义一个标识符来代表一个字符串，在源程序中发现该标识符时，都用该字符串替换，以形成新的源程序。这种标识符称为宏名，将程序中出现与宏名相同的标识符替换为字符串的过程称为宏替换。宏替换的操作是在预编译时进行的。宏定义分为两种：不带参数的宏定义和带参数的宏定义。

2.5.1　不带参数的宏定义

C 语言中无参宏定义的一般形式为

♯define 标识符 字符串

其中的♯表示这是一条预处理命令。凡是以♯开头的均为预处理命令。define 为宏定义命令。"标识符"为所定义的宏名。"字符串"可以是常数、表达式、格式串等。

例如：

♯define M (a+b)

它的作用是指定标识符 M 来代替表达式"(a+b)"。在编写源程序时,所有的"(a+b)"都可由 M 代替,而对源程序作编译时,将先由预处理程序进行宏代换,即用"(a+b)"表达式去置换所有的宏名 M,然后进行编译。

```
♯include<stdio.h>
♯define M (a+b)
int main()
{
    int s,a,b;
    printf("input number a&b:");
    scanf("%d%d",&a,&b);
    s=M*M;
    printf("s=%d\n",s);
}
```

上例程序中首先进行宏定义,定义 M 来替代表达式"(a+b)",在 s=M*M 中作了宏调用。在预处理时经宏展开后该语句变为：S=(a+b)*(a+b)。但要注意的是,在宏定义中表达式"(a+b)"两边的括号不能少,否则会发生错误。

如当作以下定义后：♯define M (a)+(b),在宏展开时将得到下述语句：s=(a)+(b)*(a)+(b)。

对于宏定义还要说明以下几点。

(1) 宏定义是用宏名来表示一个字符串,在宏展开时又以该字符串取代宏名,这只是一种简单的代换,字符串中可以包含任何字符,可以是常数,也可以是表达式,预处理程序对它不作任何检查。如有错误,只能在编译已被宏展开后的源程序时发现。

(2) 宏定义不是说明或语句,在行末不必加分号,如加上分号则连分号也一起置换。

(3) 宏定义作用域为从宏定义命令开始到源程序结束。如要终止其作用域,可使用♯undef 命令。

2.5.2　带参数的宏定义

C 语言允许宏带有参数。在宏定义中的参数称为形式参数,在宏调用中的参数称为实际参数。对带参数的宏,在调用中,不仅要宏展开,而且要用实参去代换形参。

带参宏定义的一般形式为

＃define 宏名(形参表) 字符串

在字符串中含有各个形参。带参宏调用的一般形式为

宏名(形参表)

例如：

```
#define M(y) ((y)*(y)+3*(y))     //宏定义
k=M(5);                          //宏调用
```

在宏调用时，用实参 5 去代替形参 y，经预处理宏展开后的语句为 k＝5＊5＋3＊5。

```
#include <stdio.h>
#define MAX(a,b) ((a>b)?(a):(b))
int main()
{
    int x,y,max;
    printf("input two numbers:\n");
    scanf("%d%d",&x,&y);
    max=MAX(x,y);
    printf("max=%d\n",max);
    return 0;
}
```

上例程序的第二行进行带参宏定义，用宏名 MAX 表示条件表达式"(a＞b)?a:b"，形参 a、b 均出现在条件表达式中。程序中 max＝MAX(x,y)为宏调用，实参 x、y 将代换形参 a、b。宏展开后该语句为"max＝(x＞y)?x:y"，用于计算 x、y 中的较大值。

2.6　常　见　错　误

（1）书写标识符时，忽略了大小写字母的区别。

```
#include <stdio.h>
int main()
{
    int a=5;
    printf("%d",A);
    return 0;
}
```

编译程序把 a 和 A 认为是两个不同的变量名，而显示出错信息。C 语言认为大写字母和小写字母是两个不同的字符。习惯上，符号常量名用大写字母表示，变量名用小写字母表示，以增加可读性。

（2）忽略了变量的类型，进行了不合法的运算。

```
# include < stdio. h >
int main()
{
    float a,b;
    printf("%d",a%b);
    return 0;
}
```

%是求余运算,得到 a/b 的整余数。整型变量 a 和 b 可以进行求余运算,而实型变量则不允许进行"求余"运算。

（3）将字符常量与字符串常量混淆。

```
char c;
c="a";
```

这里就混淆了字符常量与字符串常量,字符常量是由一对单引号括起来的单个字符,字符串常量是一对双引号括起来的字符序列。C 语言规定以'\0'作字符串结束标志,它是由系统自动加上的,所以字符串"a"实际上包含两个字符: 'a'和'\0',而把它赋给一个字符变量是错误的。

（4）忘记加分号。

分号是 C 语言语句中不可缺少的一部分,语句末尾必须有分号。

```
a=1
b=2
```

编译时,编译程序在 a=1 后面没发现分号,就把下一行 b=2 也作为上一行语句的一部分,就会出现语法错误。改错时,有时在被指出有错的一行中未发现错误,就需要看上一行是否漏掉了分号。

（5）忘记定义变量。例如:

```
# include < stdio. h >
int main()
{
    y = 2 ;
    printf("%d\n", x + y);
    return 0;
}
```

这个程序编译时系统会指出错误:变量 x 和 y 没有定义。C 语言规定,所有变量在使用之前都必须定义。

（6）变量没有赋值就引用。例如:

```
# include < stdio. h >
int main()
{
    int x, y, z;
    z=x+y ;
    printf("%d\n",z);
```

```
    return 0;
}
```

这个程序在编译时会给出警告，告诉你变量 x、y 没有赋值就使用了。如果要执行这个程序，输出将是一个不确定的值，在程序中变量应该先赋值再引用。

职业素养小故事

1972 年，C 语言之父丹尼斯·麦卡利斯泰尔·里奇调试 UNIX 内核时，发现文件系统频繁崩溃。追踪发现，团队成员误用 int 存储指针地址，在 16 位向 32 位系统迁移时，截断高位数据引发野指针乱飞。里奇敲着电传打字机警告："指针不是数字游戏，类型是内存的契约！"

更讽刺的是，某段代码为"优化性能"用 ＊ p＋＋ ＝ ＊ q＋＋ ＜＜ 4，运算符优先级与副作用叠加，导致目录树结构被篡改。里奇连夜重构：严格区分整数与指针类型，规范位运算符使用，并发明 void ＊ 作为通用指针。系统稳定后，贝尔实验室流传起他的箴言："运算符是语法的标点，数据类型是逻辑的语法。"

这段往事揭示：在语言设计层面，数据类型的严谨定义是数字文明的基石，运算符的清晰语义是代码世界的语法。程序员的每个选择都在为人类与计算机的对话书写词典。

第 2 章课后习题

第 3 章 数据的输入/输出——C 语言程序的交互桥梁

在 C 语言的世界里,输入和输出是程序与外界进行交互的重要桥梁。它们如同人与人之间的对话,让程序能够接收用户的指令和数据,并将处理结果反馈给用户。

输入操作让程序能够获取用户或其他数据源提供的信息。无论是从键盘输入的数字、字符,还是从文件中读取的数据,输入操作都是程序获取所需信息的关键步骤。通过输入操作,程序可以动态地接收用户输入的数据,并根据这些数据执行相应的逻辑判断和运算操作。

而输出操作则是程序将处理结果展示给用户或保存到其他数据源的过程。无论是打印到屏幕上的文本信息,还是写入文件中的二进制数据,输出操作都是程序与外界进行信息交换的重要途径。通过输出操作,程序可以将处理结果直观地展示给用户,帮助用户了解程序的运行状态和结果。

在这一章里,我们将详细介绍 C 语言的输入和输出操作。我们将从基本的输入/输出函数开始,逐步介绍它们的语法、用法以及注意事项。通过大量的实例和练习,你将学会如何编写能够接收用户输入并输出处理结果的程序。

通过本章的学习,你将更加深入地理解 C 语言的输入和输出操作,掌握如何根据实际需求编写能够与外界进行交互的程序。这将为你后续学习更高级的编程技术和解决更复杂的编程问题提供有力的支持。

让我们一同探索输入和输出的奥秘,用 C 语言编写出能够与用户进行友好交互的程序,让程序成为我们生活中的得力助手。

3.1 C 语言语句的分类

和其他高级语言一样,C 语言的语句用来向计算机系统发出操作指令。一个语句经编译后产生若干条机器指令。一个实际的程序应当包含若干语句,C 语言的语句都是用来完成一定操作任务的。

C 语言的语句分为以下 5 类。

(1) 控制语句。完成一定的控制功能。C 语言只有 9 种控制语句,具体如下:

① if( )…else	//条件语句
② for( )	//循环语句
③ while( )	//循环语句
④ do…while( )	//循环语句

⑤ continue   //结束本次循环语句
⑥ break   //中止执行 switch 或循环语句
⑦ switch   //多分支选择语句
⑧ goto   //无条件转向语句
⑨ return   //函数返回语句

（2）函数调用语句。由一个函数调用加一个分号构成一个语句。其一般形式是

函数名(参数列表);

例如：

printf("this is a c statement.");

这条语句是调用 C 语言函数库中的格式输出函数 printf()，加上分号以构成一条输出语句。

（3）表达式语句。由一个表达式构成一个语句，最典型的是由赋值表达式构成一个赋值语句。例如，a＝3 是一个赋值表达式，"a＝3;"是一个赋值语句。

可以看到在一个表达式的最后加一个分号就成了一个语句。一个语句必须在最后出现分号，分号是语句中不可缺少的一部分。例如：

i＝i+1   //是表达式，不是语句
i＝i+1;   //是语句

任何表达式都可以加上分号而成为语句，例如"i++;"是一个语句，作用是使 i 值加 1。又如"x+y;"也是一个语句，其作用是完成 x+y 的操作，它是合法的，但是并不把 x+y 的值赋给另一个变量，所以它并无实际意义。

表达式能构成语句是 C 语言的一个重要特色。

（4）空语句。下面是一个空语句：

;

即只有一个分号的语句，它什么也不做。有时用于流程转向点，或循环语句中的循环体（循环体是空语句，表示循环体什么也不做）。

（5）复合语句。可以用{}把一些语句括起来从而成为复合语句，又称分程序。下面是一个复合语句：

```
{
    z＝x+y;
    t＝z/100;
    printf("%f",t);
}
```

注意：复合语句中最后一个语句中最后的分号不能忽略不写。

C 语言允许一行写几个语句，也允许将一个语句拆开写在几行上，书写格式无固定要求。

3.2　程序的三种基本结构

　　为了提高程序设计的质量和效率,现在普遍采用结构化程序设计方法。结构化程序由若干个基本结构组成。每一个基本结构可以包含一个或若干个语句。结构化程序包含 3 种基本结构,可以使程序易于设计、理解和调试修改,能够提高设计和维护程序工作的效率。

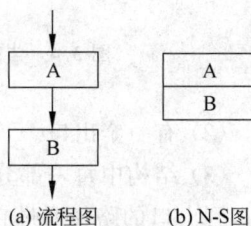

(a) 流程图　　　(b) N-S图

图 3.1　顺序结构

　　(1) 顺序结构如图 3.1 所示。先执行 A 操作,再执行 B 操作,两者是顺序执行的关系。

　　(2) 选择结构如图 3.2 所示。p 代表一个条件,当 p 条件成立(或称为"真")时执行 A,否则执行 B。注意只能执行 A 或 B。选择结构只会有一个代码块被执行。

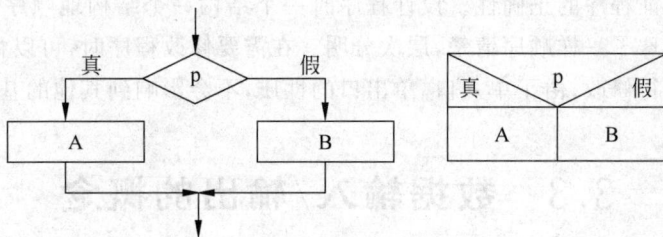

图 3.2　选择结构

　　选择结构中还有另外一种结构,即多分支选择结构,如图 3.3 所示。

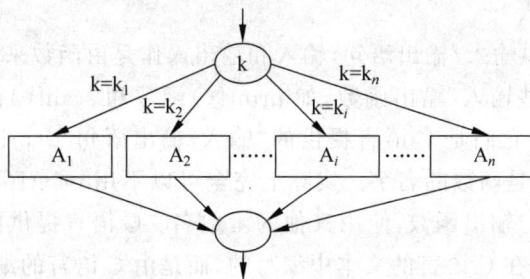

图 3.3　多分支选择结构

　　(3) 循环结构有两种类型。

　　① 当型循环结构如图 3.4 所示。当 p 条件成立("真")时,反复执行 A 操作。直到 p 为"假"时才停止循环。

　　② 直到型循环结构如图 3.5 所示。先执行 A 操作,再判断 p 是否为"假",若 p 为"假",再执行 A,如此反复,直到 p 为"真"为止。

　　可以看到,三种基本结构都具有以下特点。

　　(1) 有一个入口。

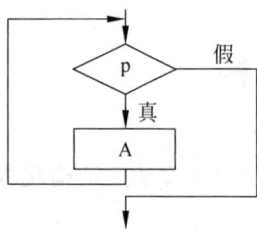

图 3.4　当型循环结构　　　　　　　图 3.5　直到型循环结构

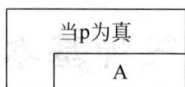

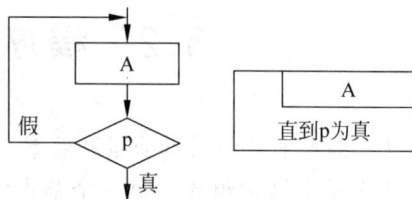

（2）有一个出口。

（3）结构中每一部分都应当有被执行到的机会，也就是说，每一部分都应当有一条从入口到出口的路径通过它。

（4）没有死循环（无终止的循环）。

结构化程序要求每一种基本结构具有单入口和单出口的性质是十分重要的，这是为了便于保证和验证程序的正确性。设计程序时一个结构一个结构地顺序写下来，整个程序结构如同一串珠子一样顺序清楚，层次分明。在需要修改程序时，可以将某一基本结构单独孤立出来进行修改，由于单入口、单出口的性质，不会影响到其他的基本结构。

3.3　数据输入/输出的概念

所谓输入/输出，是以计算机主机为主体而言的。从计算机向外部输出设备（如显示屏、打印机、磁盘等）输出数据称为"输出"，从外部向输入设备（如键盘、磁盘、光盘、扫描仪等）输入数据称为"输入"。

C语言本身不提供输入/输出语句，输入和输出操作是由函数来实现的。在C语言标准函数库中提供了一些输入/输出函数，如 printf() 函数和 scanf() 函数。读者在使用它们时，千万不要误认为它们是C语言提供的"输入/输出语句"。printf() 和 scanf() 不是C语言的关键字，而只是函数的名字。实际上完全可以不用 printf() 和 scanf() 这两个名字，而另外编两个输入/输出函数，使用其他的函数名。C语言提供的函数以库的形式存放在系统中，它们不是在C语言的文本中编写的，而是由C语言的编译器提供的。

由于C语言编译系统与C语言函数库是分别进行设计的，因此不同的计算机系统所提供函数的数量、名字和功能是不完全相同的。不过，对于有些通用的函数［如 printf() 和 scanf()等］，各种计算机系统都提供，成为各种计算机系统的标准函数。

C语言函数库中有一批"标准输入/输出函数"，它是以标准的输入/输出设备（一般为终端设备）为输入/输出对象的。其中有：putchar()，getchar()，printf()，scanf()，puts()，gets()。后文将介绍前面4个最基本的输入/输出函数。

在使用C语言库函数时，要用预编译命令 ♯include 将有关的"头文件"包含到用户源文件中。在头文件中包含了其用到的函数有关的信息。例如，使用标准输入/输出库函数时，要用到 stdio.h 文件。文件后缀.h 是 header 的缩写，♯include 命令都是放在程序的

开头,因此这类文件被称为"头文件"。在调用标准输入/输出库函数时,文件开头应有以下预编译命令:

```
#include <stdio.h>
```

或

```
#include "stdio.h"
```

stdio.h 是 standard input & output 的缩写。考虑到 printf()和 scanf()函数使用频繁,系统允许在使用这两个函数时不加 #include 命令。

3.4　字符输入/输出函数

3.4.1　字符输出函数 putchar()函数

putchar()函数的作用是向终端输出一个字符,如"putchar(c);"是将变量 c 的值以字符的形式输出。c 可以是字符型变量或整型变量。

【例 3-1】　输出单个字符。

```c
#include <stdio.h>
int main()
{
    char a,b,c;
    a='C';b='A';c='T';
    putchar(a);                 //输出变量 a 的值,是一个字符
    putchar(b);                 //输出变量 b 的值,是一个字符
    putchar(c);                 //输出变量 c 的值,是一个字符
    return 0;
}
```

运行结果:

```
CAT
```

可以输出常量,如:

```c
putchar('A')                    //输出字符'A'
putchar('b')                    //输出字符'b'
```

可以输出控制字符,如:

```c
putchar('\n')                   //输出一个换行符,使输出的当前位置移到下一行的开头
putchar('\t')                   //输出一个水平制表符,使输出的当前位置移到下一个制表位的开头
```

可以输出其他转义字符,如:

```
putchar('\101')                        //输出字符'A'
putchar('\'')                          //输出单引号字符
putchar('\015')                        //输出回车,不换行,使输出的当前位置移到本行开头
```

可以输出数字,如:

```
putchar(97)                            //输出字符'a'
putchar(353)                           //大家想一下这个会输出什么
```

3.4.2 字符输入函数 getchar()函数

getchar()函数的作用是从终端(或系统隐含指定的输入设备)输入一个字符。getchar()函数没有参数,其一般形式为

getchar();

通常把输入的字符赋予一个字符变量,从而构成赋值语句,如:

```
char c;
c=getchar();
```

【例 3-2】 输入单个字符。

```
#include<stdio.h>
int main()
{
    char c1,c2;
    c1=getchar();          //输入单个字符
    c2=getchar();
    putchar(c1);           //输出单个字符
    putchar(c2);
    return 0;
}
```

输入单个字符

运行结果:

```
AB
AB
```

在运行时,如果从键盘输入字符 A 和字符 B 并按 Enter 键,就会在屏幕上看到输出的字符 A 和 B。这里要注意一下,输入的字符 AB 是连续的,字符 A 和字符 B 之间无须空格。大家也可以尝试一下输入 A B(AB 中间有空格),看一下输出结果有什么不同。

使用 getchar()函数时还应注意几个问题。

(1) 调用函数 getchar()时,程序执行被中断,等待用户从键盘输入数据。当用户输入字符并按 Enter 键以后,程序继续运行。若用户输入字符后未按 Enter 键,则输入的内容一直保留在键盘缓冲区中,只有用户按 Enter 键后,字符输入函数 getchar()才进行处理。

（2）getchar()函数只能接收单个字符,输入多于一个字符时,只接收第一个字符。

（3）无论输入的是英文字母或标点符号还是数字,都是作为字符输入。空格、Enter、Tab 键都能作为有效字符输入。

（4）程序最后两行可用下面一行代替:

```
putchar(getchar());
```

3.5　格式输入/输出函数

3.5.1　格式输出函数 printf()

前面章节中我们已经多次用过 printf()函数,它的作用是按用户指定的格式向终端(或系统隐含指定的输出设备)输出若干个任意类型的数据。

1. printf()函数的一般格式

printf()函数的一般格式为:

printf(格式控制字符串,输出列表)

格式控制字符串中包含两种信息。

（1）格式说明:%格式字符,用于说明指定数据的输出格式。格式说明总是由"%"字符开始的。

（2）普通字符或转义序列:需要原样输出的字符。

输出列表:要输出的数据(可以没有,也可以是表达式,多个输出时以","分隔)。下面的 printf()函数都是合法的:

```
(1) printf("This is a test.\n");
            └────┬────┘ └─┬─┘
             普通字符串  转义字符

(2) printf("a=%f b=%5d\n", a, a+3);
            └──────┬──────┘  └─┬─┘
            普通字符+      输出列表,中
            格式说明       间用逗号隔开
```

注意:"格式控制字符串"中的格式字符,必须与"输出列表"中输出项的数据类型一致,否则会引起输出错误。

2. 格式字符

对不同类型的数据要采用不同的格式字符。常用的有以下几种格式字符。

（1）d 格式符:以带符号的十进制整数形式输出。有以下几种用法。

① %d,按整型数据的实际长度输出。例如:

```
printf("%d",123);              //输出结果为 123
```

② %md,m 为指定的输出字段的最小宽度。如果数据的位数小于 m,则左端补以空格；若大于 m,则按实际位数输出。例如：

printf("%5d,%5d",a,b);

若 a=123,b=123456,则输出结果为

□□123,123456   //□表示空格

③ %-md,m 为指定的输出字段的最小宽度。如果数据的位数小于 m,则右端补以空格；若大于 m,则按实际位数输出。例如：

printf("%-5d,%-5d",a,b);

若 a=123,b=123456,则输出结果为

123 □□,123456   //□表示空格

（2）o 格式符：以无符号八进制数形式输出整数。将内存单元中的各位的值(0 或 1)按八进制形式输出,符号位也一起作为八进制数的一部分输出。例如：

int a=-1;
printf("%d,%o",a,a);

输出结果为-1,37777777777。

（3）x 格式符：以无符号十六进制数形式输出整数。将内存单元中的各位的值(0 或 1)按十六进制形式输出,符号位也一起作为十六进制数的一部分输出。例如：

int a=-1;
printf("%d,%x",a,a);

输出结果为-1,ffffffff。

（4）u 格式符：用来输出 unsigned 型数据,即无符号数,以十进制形式输出。

一个有符号整数(int 型)可以用%u 格式输出;反之,一个 unsigned 型数据可以用%d 格式输出。

【例 3-3】 整型数据的输出。

```
#include <stdio.h>
int main()
{
    int a=16;
    printf("以带符号的十进制数形式输出整数：a=%d\n",a);
    printf("以无符号八进制数形式输出整数：a=%o\n",a);
    printf("以无符号十六进制数形式输出整数：a=%x\n",a);
    printf("以无符号的十进制数形式输出整数：a=%u\n",a);
    return 0;
}
```

整型数据的输出

运行结果：

```
以带符号的十进制数形式输出整数：a=16
以无符号八进制数形式输出整数：a=20
以无符号十六进制数形式输出整数：a=10
以无符号的十进制数形式输出整数：a=16
```

（5）c 格式符：用来输出一个字符。一个在 0～255 范围内的整型数据可以用%c 格式形式输出，一个 char 型数据可以用%d 格式输出。例如：

printf("%4c,%c\n",'A', 65);

（6）s 格式符：用来输出一个字符串。%s 表示按实际长度输出。例如：

printf("%s"," china");

① %ms：m 为指定的输出宽度。如果串长小于 m，则左端补空格；否则按实际长度输出。

② %-ms：如果串长小于 m，则右端补空格。

③ %m.ns：输出占 m 列，但只取串中左端 n 个字符。输出在 m 列的右侧，左补空格。

④ %-m.ns：输出占 m 列，但只取串中左端 n 个字符。输出在 m 列的左侧，右补空格。

例如：

printf("%3s,%7.2s,%.4s,%-5.3s\n","student","student","student","student");

输出结果：

student,□□□□□st,stud,stu□□

（7）f 格式符：以小数形式输出一个实数。

① %f：整数部分全部输出，并输出 6 位小数。

② %m.nf：指定输出的数据共占 m 列，其中有 n 位小数。如果数值长度小于 m，则左端补空格。

③ %-m.nf：指定输出的数据共占 m 列，其中有 n 位小数。如果数值长度小于 m，则右端补空格。

注意：不是所有的数字都是有效数字。

【例 3-4】 实型数据以小数形式输出。

```c
# include < stdio. h>
int main()
{
    float f=3.14;
    printf("%f,%10f,%7.2f,%-7.2f,%.2f \n",f,f,f,f,f);
    return 0;
}
```

实型数据以
小数形式输出

运行结果：

```
3.140000,  3.140000,  3.14,3.14  ,3.14
```

（8）e 格式符：以指数形式输出实数。

① %e：不指定输出数据所占宽度和数字部分的小数位数。数值按规范化指数形式输出。例如：

```
printf("%e",12.3456);
```

输出结果：

```
1.234560e+001
```

② %m.ne 和%-m.ne：指定输出的数据共占 m 列，n 是指小数部分的小数位数。

【例 3-5】 实型数据以指数形式输出。

```
#include <stdio.h>
int main()
{
    double num = 31.4159;
    printf("%e\n", num);          //默认输出
    printf("%10e\n", num);        //宽度为10,右对齐
    printf("%10.2e\n", num);      //宽度为10,右对齐,小数点后保留2位
    printf("%-10.2e\n", num);     //宽度为10,左对齐,小数点后保留2位
    return 0;
}
```

运行结果：

```
3.141590e+001
3.141590e+001
3.14e+001
3.14e+001
```

（9）g 格式符：用来输出实数，根据数值的大小自动选 f 或 e 格式（选占用宽度小的一种）输出实数，而且不输出无意义的零。例如：

```
float   f=123.456;
printf("%f,%e,%g",f,f,f);
```

输出结果：

```
123.456000,1.234560e+002,123.456
```

printf()函数中所用格式字符说明如表 3.1 所示。

表 3.1   printf()函数中所用格式字符说明

格式字符	说　　明
d、i	以带符号的十进制形式输出整数
o	以八进制无符号形式输出整数

续表

格式字符	说　　明
x、X	以十六进制无符号形式输出整数
u	以无符号十进制形式输出整数
c	以字符形式输出,只输出一个字符
s	输出字符串
f	以小数形式输出实数
E、e	以指数形式输出实数
G、g	选用%f或%e中宽度较短的一种格式

说明:

(1) 格式控制中的格式说明符,必须按从左到右的顺序,与输出项表中的每个数据一一对应,否则出错。

例如,下面使用格式是错误的。

printf("str=%s, f=%d, i=%f\n", "Internet", 1.0 / 2.0, 3 + 3, "CHINA");

(2) 格式字符 x、e、g 可以用小写字母,也可以用大写字母。使用大写字母时,输出数据中包含的字母也大写。除了 x、e、g 格式字符外,其他格式字符必须用小写字母。例如,%f 不能写成%F。

(3) 格式字符紧跟在"%"后面就作为格式字符,否则将作为普通字符使用(原样输出)。例如,"printf("c=%c, f=%f\n", c, f);"中的第一个 c 和 f 都是普通字符。

(4) 可以用连续两个%来输出%。例如:

printf("%f%%",1.0/3);

输出结果:

0.333333%

3.5.2　格式输入函数 scanf()

scanf()函数也是一个标准库函数,其作用是接收用户从标准设备输入的若干个数据(可以是不同的数据类型),并送给指定的变量所分配的内存单元中。

1. scanf()函数的一般格式

scanf()函数的一般格式为

scanf(格式控制字符串,地址列表)

(1) 格式控制字符串。格式控制字符串包含格式说明符和普通字符。

格式说明符与 printf()函数中的格式说明符作用相似,普通字符在输入有效数据时,必须原样一起输入。

55

（2）地址列表。由若干个地址组成的列表。可以是变量的首地址，也可以是字符数组名或指针变量。

变量地址的表示方法：& 变量名，其中"&"是地址运算符。

2. 格式字符

scanf()函数中所用格式字符说明如表 3.2 所示。

表 3.2　scanf()函数中所用格式字符说明

格 式 字 符	说　　明
d、i	用来输入十进制整数
o	用来输入无符号八进制整数
x、X	用来输入无符号十六进制整数
u	用来输入无符号十进制整数
c	用来输入一个字符
s	用来输入字符串，送到字符数组中，以非空白字符开始，以第一个空白字符结束
f	用来输入实数，小数、指数都可以
E、e、G、g	与 f 作用相同，可互换

scanf()函数中所用修饰字符说明如表 3.3 所示。

表 3.3　scanf()函数中所用修饰字符说明

字　　符	说　　明
空白字符	包括空格、制表符、换行符。它们将被忽略，但也会导致 scanf 抛弃掉输入中遇到的所有空白字符，直至遇到非空白字符
普通字符	遇到除字符%外的非空白字符，scanf()将它与输入中的下一个非空白字符匹配，字符相同则匹配成功。这里有可能出现匹配失败的情况
l	用于输入 double 型数据
域宽	指定输入数据所占宽度，域宽为正整数
*	表示本输入项在读入对应的数据后不赋给相应的变量

3. 数据输入操作

（1）如果相邻 2 个格式说明符之间没有其他字符分隔，则在相应的 2 个输入数据之间至少用一个空白字符分开，然后输入下一个数据。

例如，"int d1,d2; scanf("%d%d",&d1,&d2);"正确的输入操作为

123□456↙
123 Tab 456↙
123↙
456↙

注意：使用"↙"符号表示按 Enter 键操作，在输入数据操作中的作用是通知系统输入操作结束。

(2) 格式控制字符串中出现的普通字符,务必原样输入。

例如:

scanf("%d,%d",&d1,&d2);

正确的输入操作为

123,456✓

例如:

scanf("d1=%d,d2=%d\n",&d1,&d2);

正确的输入操作为

d1=123,d2=456\n✓

(3) 使用格式说明符%c 输入单个字符时,空格和转义字符均作为有效字符被输入。

例如:

scanf("%c%c%c",&c1,&c2,&c3);

假设输入:

a□bc✓

则系统将字母'a'赋给 ch1,空格'□'赋给 ch2,字母'b'赋给 ch3。

执行:

printf("%c %c %c\n",c1,c2,c3);

运行结果:

a□b

思考:如果输入为 656667,输出结果是什么?

(4) 可以指定输入数据所占列数,系统自动截取所需数据。例如:

scanf("%3d%3d",&a,&b);

输入:

12345678

运行结果:

a=123,b=456

说明:

(1) 格式控制后面应是变量地址,而不应是变量名。例如:

scanf("%d,%d",a,b);

运行时输入数据之后会出现错误。

（2）输入数据时，不能规定精度。例如：

scanf("%7.2f",&a);

不能通过输入 1234567 企图使 a 的值为 12345.67。

（3）用 scanf() 函数进行数据输入时，遇到以下情况时系统认为该数据结束。

① 遇到空格、Enter 键或 Tab 键。

② 遇到输入域宽度。

③ 遇到非法输入。例如，在输入数值数据时，遇到字母等非数值符号（数值符号仅由数字字符 0～9、小数点和正负号构成）。

scanf("%d",&a);

输入数值：

234a12↙

则变量 a 的数值为 234。

3.6 程序举例

【例 3-6】 从键盘输入身高以及体重，输出对应的 BMI（身体质量指数，计算方法为体重除以身高的平方，单位为千克/米²），结果保留 2 位小数。

```
#include <stdio.h>
int main()
{
    float height, weight, bmi;
    printf("请输入你的身高(单位为米): ");
    scanf("%f", &height);
    printf("请输入你的体重(单位为千克): ");
    scanf("%f", &weight);
    bmi = weight / (height * height);
    printf("你的BMI为: %.2f\n", bmi);
    return 0;
}
```

输出 BMI

运行结果：

```
请输入你的身高(单位为米): 1.63
请输入你的体重(单位为千克): 45
你的BMI为: 16.94
```

【例 3-7】 输入一个三角形的底和高，输出对应的三角形面积，输出结果保留 1 位小数。

```
#include <stdio.h>
int main()
```

```
{
    float area, base, height;
    printf("请输入三角形的底和高: ");
    scanf("%f %f", &base, &height);
    area = 0.5 * base * height;
    printf("三角形的面积是: %.1f\n", area);
    return 0;
}
```

输出三角形面积

运行结果:

```
请输入三角形的底和高: 2.0 3.0
三角形的面积是: 3.0
```

【例 3-8】 从键盘输入一个小写字母,输出对应的大写字母及大写字母的 ASCII 码值。

解题思路:在 ASCII 码中,小写字母与对应的大写字母的 ASCII 码值相差 32。也就是说,如果我们得到一个小写字母的 ASCII 码值,将其减去 32 就可以得到对应的大写字母的 ASCII 码值。

```
#include <stdio.h>
int main()
{
    char c1,c2;
    printf("请输入一个小写字母: ");
    scanf("%c", &c1);
    c2=c1-32;                    //小写字母转换为大写字母
    printf("%c,%d\n",c2, c2);
    return 0;
}
```

输出对应的大写字母及大写字母的 ASCII 码值

运行结果:

```
请输入一个小写字母: a
A, 65
```

3.7 常 见 错 误

(1) 输入变量时忘记加地址运算符“&”。

```
int a,b;
scanf("%d%d",a,b);
```

这是不合法的。scanf()函数的作用是:按照 a、b 在内存的地址将 a、b 的值存进去。“&a”是指 a 在内存中的地址。

（2）输入数据的方式与要求不符。

① scanf("%d%d",&a,&b);

输入时,不能用逗号作两个数据间的分隔符。例如,下面输入不合法：

3,4

输入数据时,在两个数据之间以一个或多个空格间隔,也可用 Enter 键、跳格键 Tab。

② scanf("%d,%d",&a,&b);

C 语言规定：如果在"格式控制字符串"中除了格式说明以外还有其他字符,则在输入数据时应输入与这些字符相同的字符。例如,下面输入是合法的：

3,4

此时不用逗号而用空格或其他字符是不对的。又如：

scanf("a=%d,b=%d",&a,&b);

应用以下形式输入：

a=3,b=4

（3）输入字符的格式与要求不一致。

在用%c 格式输入字符时,"空格字符"和"转义字符"都作为有效字符输入。

scanf("%c%c%c",&c1,&c2,&c3);

例如,输入 a b c,则将字符"a"送给 c1,字符" "送给 c2,字符"b"送给 c3,因为%c 只要求读入一个字符,后面不需要用空格作为两个字符的间隔。

（4）输入/输出的数据类型与所用格式说明符不一致。

例如,a 已定义为整型,b 定义为实型。

a=3;b=4.5;
printf("%f%d\n",a,b);

编译时不给出出错信息,但运行结果将与原意不符。这种错误尤其需要注意。

（5）输入数据时,企图规定精度。

scanf("%7.2f",&a);

这样做是不合法的,输入数据时不能规定精度。

（6）在 scanf()中加入"\n"。

许多初学者受 printf()影响,总是把输入写成"scanf("%d\n",&a);",实际上这不是一个错误,但在执行时,输入数据并按 Enter 键后,程序仍不继续运行,再次按 Enter 键后程序才会运行。这是因为在 scanf()的控制字符串中,所有非格式转换字符和非空格字符在输入时都需要一个相同的字符作为匹配,这样就要多按一次 Enter 键,虽然不能算是真正的错误,却带来许多麻烦。

（7）多加分号。

```
{
  z = x + y;
  t = z / 100;
  printf( "%f", t );
};
```

上面代码中，大括号}后面的分号";"是合法的 C 语言语句，但是毫无必要。

职业素养小故事

丹尼斯·麦卡利斯泰尔·里奇是 C 语言之父和 UNIX 之父，他在计算机领域的贡献影响深远。1967 年，里奇进入贝尔实验室，凭借着对计算机的热爱和扎实的学术基础，他在系统软件研究方面取得了巨大成就。

里奇非常注重团队合作和知识传承。他与布莱恩·科尔尼干一起出版了 *The C Programming Language*，这本书成为 C 语言方面最权威的教材之一，为无数计算机学习者提供了宝贵的知识财富。在他的成长历程中，挚友肯·汤普森对他影响很大，他们共同致力于 UNIX 操作系统和 C 语言的开发，两人相互学习、相互促进，共同推动了计算机技术的进步。

第 3 章课后习题

第4章 选择结构——C语言程序的决策核心

在 C 语言编程的征途中,选择结构无疑是程序决策的核心所在,它赋予了程序智慧,使其能够根据不同的条件执行不同的代码路径,从而实现对复杂问题的灵活处理。

选择结构,顾名思义,就是根据给定的条件来选择执行哪一段代码。在 C 语言中,这主要通过 if 语句、switch 语句来实现。这些语句构成了一个强大的条件判断机制,让程序能够像人一样进行思考和决策。

在这一章里,我们将深入剖析 C 语言的选择结构。我们将从 if 语句的基本用法开始,逐步介绍 else 和 else if 语句,以及如何使用嵌套 if 语句来处理更复杂的条件判断,最后学习多分支选择 switch 语句。通过大量的实例和练习,你将学会如何根据实际需求构建出灵活多样的选择结构,使程序能够根据不同的条件做出正确的决策。

通过本章的学习,你将更加深刻地理解 C 语言的选择结构,掌握如何编写能够根据条件进行智能决策的程序。这将为你后续学习循环结构、函数等更高级的编程技术打下坚实的基础,同时也将为你解决复杂编程问题提供有力的支持。让我们一同走进选择结构的奇妙世界,用 C 语言编写出更加智能、高效的程序。

4.1 关系运算

所谓"关系运算",实际上就是"比较运算",即将两个数据进行比较,判定两个数据是否符合给定的关系。例如,a > b 中的">"表示一个大于关系运算。如果 a 的值是 5,b 的值是 3,则大于关系运算">"的结果为"真",即条件成立;如果 a 的值是 2,b 的值是 3,则大于关系运算">"的结果为"假",即条件不成立。

4.1.1 关系运算符及优先级

在 C 语言中有以下关系运算符:

< (小于)

<= (小于或等于)

> (大于) ⎫
⎬ 优先级相同(高)
>= (大于或等于) ⎭

== (等于) ⎫
⎬ 优先级相同(低)
!= (不等于) ⎭

关系运算符都是双目运算符,其结合性均为左结合。关系运算符用于比较两个数据之间的关系,并返回布尔值。

关系运算符的优先级低于算术运算符,高于赋值运算符,如图 4.1 所示。

$$算术运算符 \qquad (高)$$

$$关系运算符$$

$$赋值运算符 \qquad (低)$$

图 4.1　关系运算符优先级

4.1.2　关系表达式

所谓关系表达式,是指用关系运算符将两个表达式连接起来,进行关系运算的式子。

例如,下面的关系表达式都是合法的:

```
c>a+b              //c>(a+b)
a>b!=c             //(a>b)!=c
a==b<c             //a==(b<c)
a=b>c              //a=(b>c)
```

关系表达式的值是一个逻辑值,即非真即假的值。例如,关系表达式 a > b 的值将取决于 a 与 b 的具体值,但只可能是真或假两种情况之一。

C 语言中没有专门的逻辑型数据,而是用 0 表示假,用 1 表示真。

因此,若 a=3,b=2,则 a > b 的值为 1,而 8 < 5 的值为 0。

【例 4-1】 关系表达式的计算。

```c
#include<stdio.h>
int main()
{
    int a=2,b,c;
    b=c=a++;
    printf("%d ",(a>b)==(c=a-2));
    a=b==c;
    printf("%d ",a);
    printf("%d\n",a++>=++b-c--);
    return 0;
}
```

运行结果:

```
1 0 0
```

程序执行赋值语句"b=c=a++;"后,得到 c=2,b=2,a=3。第一个 printf() 输出的是关系表达式 (a>b)==(c=a-2) 的值。该表达式中 a>b 的计算结果是 1,c=a-2

的计算结果是1(注意 c=a-2 是赋值表达式)，经过 1==1 的比较后，可知该关系表达式的值是 1。执行赋值语句"a=b==c;"时，由于"=="的优先级高于"="，故先进行 b==c 比较，然后将比较的结果赋给变量 a。由于 b=2，c=1，故 b==c 的值为 0，从而得到 a=0。第三个 printf() 中的输出项是关系表达式 a++>=++b-c--，即比较 0>=3-1，得到结果为 0。程序运行后输出为

```
1 0 0
```

注意：

关系表达式的值是 1 或 0，所以关系表达式的值还可以参与其他种类的运算，如算术运算、赋值运算等。例如，a=4，b=3，c=2，则 a>b>c 的值是什么？

4.2　逻　辑　运　算

关系表达式只能描述单一条件，如 a>b。如果需要描述 a>b 且 b>c，就要借助于逻辑表达式了。

4.2.1　逻辑运算符及优先级

C 语言中提供了 3 种逻辑运算符：

			或运算	（低）
&&	与运算	
!	非运算	（高）

与运算符"&&"和或运算符"||"均为双目运算符。具有左结合性。非运算符"!"为单目运算符，具有右结合性。逻辑运算符和其他运算符优先级的关系如图 4.2 所示。

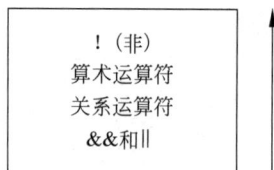

```
! （非）
算术运算符
关系运算符
&&和||
```

图 4.2　逻辑运算符和其他运算符优先级的关系

4.2.2　逻辑表达式

逻辑表达式是指用逻辑运算符将 1 个或多个表达式连接起来，进行逻辑运算的式子。在 C 语言中，用逻辑表达式可以表示多个条件的组合。例如，a>b&&x>y，a==b||x==y。

逻辑运算的值如表 4.1 所示。

表 4.1 逻辑运算的值

a	b	!a	!b	a&&b	a‖b
真	真	假	假	真	真
真	假	假	真	假	真
假	真	真	假	假	真
假	假	真	真	假	假

C 语言中用整数 1 来表示"逻辑真",用 0 来表示"逻辑假"。但在判断一个数据的"真"或"假"时,是以 0 和非 0 为根据:如果为 0,则判定为"逻辑假";如果为非 0,则判定为"逻辑真"。

逻辑运算的值在 C 语言中的表示如表 4.2 所示。

表 4.2 逻辑运算的值在 C 语言中的表示

a	b	!a	!b	a&&b	a‖b
非 0	非 0	0	0	1	1
非 0	0	0	1	0	1
0	非 0	1	0	0	1
0	0	1	1	0	0

例如,a=4,b=5,则

```
!a                          //值为 0
a&&b                        //值为 1
a‖b                         //值为 1
!a‖b                        //值为 1
4&&0‖2                      //值为 1
5>3&&2‖8<4-!0 值为 1
```

注意:

(1) 逻辑表达式在求解时,并非所有的表达式都会被执行,只有在必须执行下一个表达式才能求出整个表达式的解时,才会执行该表达式。

a&&b&&c   //只有在表达式 a 的值为真时,才会判别表达式 b 的值;只有在表达式 a、b 的值都为真时,才会判别表达式 c 的值
a‖b‖c   //只有在表达式 a 的值为假时,才会判别表达式 b 的值;只有在表达式 a、b 都为假时,才会判别表达式 c 的值

例如,m=2,则 n=3;执行表达式(m=0)&&(n=0)后 m、n 的值分别是多少?

(2) 通过逻辑表达式,可以表示一个复杂的条件。

例如,数学表达式 a>b>c,转换为 C 语言表达式为 a>b&&b>c。

例如,可以用逻辑表达式来判别某一年份是否为闰年。

闰年是要满足下面两个条件之一:

① 被 4 整除,但不能被 100 整除;

② 能被 400 整除。

这时可以用一个逻辑表达式来表示：

(year%4==0&&year%100!=0)||(year%400==0)

当 year 为某一整数值时，如果能够令上述表达式的值为真(1)，则 year 为闰年；否则 year 为非闰年。

也可以加一个"!"用来判别非闰年。

!((year%4==0&&year%100!=0)||(year%400==0))

4.3 if 语 句

4.3.1 if 语句的三种基本形式

1. 单分支选择 if 语句

基本格式如下：

if(表达式) 语句

例如：

if(a>b) printf("%d\n",x);

执行过程：如果表达式的值为真(非 0)，则执行后面的语句；否则不执行该语句。if 语句如图 4.3 所示。

【例 4-2】 判断一个数是否为偶数。先从键盘输入一个整数，存放在变量 num 中。如果该数为偶数，即 num%2==0，屏幕显示该数为偶数，然后结束程序运行；否则直接结束运行。

```
#include<stdio.h>
int main()
{
    int num;
    printf("请输入一个整数：");
    scanf("%d",&num);
    if(num%2==0)
    printf("该数为偶数");
    return 0;
}
```

图 4.3 if 语句

判断一个数是否为偶数

运行结果：

请输入一个整数：2
该数为偶数

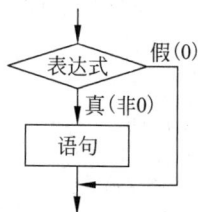

程序中输入一个整数,如果该数为偶数,则输出"该数为偶数";如果该数不是偶数则不作任何操作。

【例 4-3】　从键盘输入两个整数,将其按照从大到小的顺序输出。

解题思路:可以使用一个临时变量来实现交换两个整数。

```c
#include <stdio.h>
int main()
{
    int x,y,t;
    printf("请输入两个整数:");
    scanf("%d%d",&x,&y);
    if (x < y)
    {
        t=x;
        x=y;
        y=t;
    }
    printf("%d,%d\n",x,y);
    return 0;
}
```

按照从大到小的
顺序输出两个数

运行结果:

```
请输入两个整数:2 3
3,2
```

两个数据的交换过程可参考图 4.4。

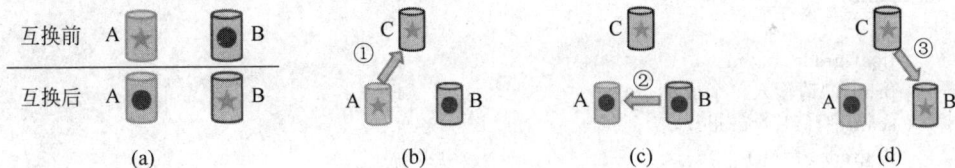

图 4.4　两个数据的交换过程

2. 双分支选择 if...else 语句

基本格式如下:

if(表达式) 语句 1
else 语句 2

执行过程:如果表达式的值为真(非 0),则执行 if 后面的语句 1;否则执行 else 后面的语句 2。具体如图 4.5 所示。

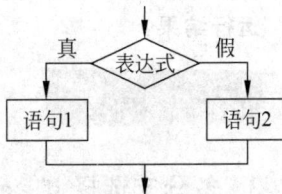

图 4.5　if...else 语句

【例 4-4】　从键盘输入两个整数,求出两者中的较大值。

```
# include < stdio.h >
int main()
{
    int a,b,max;
    printf("\n");
    printf("请输入两个整数:");
    scanf("%d%d",&a,&b);
    if(a > b)
        max=a;
    else
        max=b;
    printf("较大值是%d\n",max);
    printf("\n");
    return 0;
}
```

求两个数中
的较大值

运行结果：

请输入两个整数:2 3
较大值是3

程序中输入两个整数 a、b，判断 a＞b 是否成立，如果成立则执行 if 后的语句，将 a 的值赋给 max；否则执行 else 后面的语句，将 b 的值赋给 max，最后输出较小值 max。

【例 4-5】 从键盘上输入一个成绩 grade，判断其是否及格。如果成绩大于或等于 60，则成绩及格；否则成绩不及格。

```
# include < stdio.h >
int main()
{
    float grade;
    printf("请输入一个成绩:");
    scanf("%f",&grade);
    if(grade >=60)
        printf("成绩及格");
    else
        printf("成绩不及格");
    return 0;
}
```

运行结果：

请输入一个成绩:80
成绩及格

3. 多分支选择 if…else if…else…语句

基本格式如下：

if(表达式 1)
        语句 1;

```
else if(表达式 2)
    语句 2;
else if(表达式 3)
    语句 3;
    …
else if(表达式 m)
    语句 m;
else
    语句 n;
```

执行过程：如果表达式 1 的值为真(非 0)，则执行 if 后面的语句 1，否则判断表达式 2 是否为真，为真则执行语句 2，否则判断表达式 3，以此类推，如果所有表达式都不成立，则执行语句 n，如图 4.6 所示。

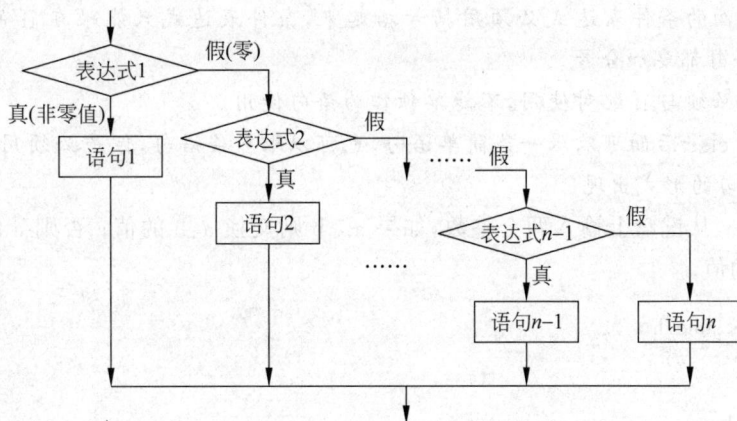

图 4.6　if…else if…else…语句

【例 4-6】 从键盘上输入一个整数，判断该数是正数、负数还是 0。

```
#include<stdio.h>
int main()
{
    int num;
    printf("请输入一个整数: ");
    scanf("%d", &num);
    if(num>0)
        printf("该数为正数");
    else if(num<0)
        printf("该数为负数");
    else
        printf("该数为 0");
    return 0;
}
```

判断整数是正数、负数还是 0

运行结果：

```
请输入一个整数: 2
该数为正数
```

程序中输入整数 num，首先判断 num>0 是否成立，成立则输出"该数为正数"，不成立则判断 num<0 是否成立，成立则输出"该数为负数"，不成立则输出"该数为 0"。

注意：

（1）if 后面所跟表达式可以是任何形式的表达式。比较常见的是关系表达式和逻辑表达式，除此之外也可以是算术表达式、赋值表达式，甚至可以是一个变量、一个常量。

例如：

```
if(x=1) printf("%d\n",x);        //注意与"if(x==1) printf("%d\n",x);"的区别
if(x) printf("%d\n",x);          //根据 x 的取值来判断是否执行输出语句
if(1) printf("%d\n",x);          //条件成立，执行输出语句
if(0) printf("%d\n",x);          //条件不成立，执行 else 语句
```

（2）if 后面的条件表达式必须用括号括起来，条件表达式只能跟在 if 的后面，if 和 else 后面的语句都要加分号。

（3）else 必须与 if 配对使用，不能单独作为语句使用。

（4）if 和 else 后面可以跟一条简单语句，也可以跟多条语句，但是必须用大括号括起来，以复合语句的形式出现。

【例 4-7】 从键盘上输入两个整数，如果 a>b 则交换 a、b 的值；否则 a 的值加 2，然后输出 a、b 的值。

```c
#include<stdio.h>
int main()
{
    int a,b,t;
    printf("请输入两个整数 a,b:");
    scanf("%d,%d",&a,&b);
    if(a>b)
    {
        t=a;
        a=b;
        b=t;
    }
    else
        a=a+2;
    printf("%d,%d",a,b);
    return 0;
}
```

运行结果：

```
请输入两个整数a,b:3,7
5,7
```

可以试着将"if(a>b)"后面的大括号{}去掉，变成"if(a>b) t=a;a=b;b=t;"，在编译的时候会出现语法错误 illegal else without matching if。因为 if 后面跟了 3 条语句，但没有以复合语句的形式出现，系统判定 if 语句为第一种形式"if(a>b)t=a;"，所以 else 就成了单独使用的语句，出现语法错误。将 if 语句修改为"if(a>b) {t=a;a=b;b=t;}"，则

编译通过。试着输入 3、2,看看输出结果是什么? 自己分析一下原因。

4.3.2　if 语句的嵌套

if 语句嵌套指的是在一个 if 语句的代码块内,再包含一个或多个 if 语句。这种结构允许程序根据多个条件进行更复杂的决策。嵌套 if 语句可以帮助实现更细致的条件分支,使得程序能够根据不同的条件组合执行不同的代码块。

if 语句嵌套的几种基本形式如下。

(1) 形式 1。

if (表达式 1)

　　　　if (表达式 2)

　　　　　　语句 1

　　　　else

　　　　　　语句 2 　　if 语句内嵌 if 语句

(2) 形式 2。

if (表达式 1)

　　　　语句 1

else

　　　　if(表达式 2)

　　　　　　语句 2

　　　　else

　　　　　　语句 3 　　else 语句内嵌 if 语句

(3) 形式 3。

if (表达式 1)

　　　　if (表达式 2)　　语句 1

　　　　else　　　　　　语句 2 　　if 语句内嵌 if 语句

else

　　　　if(表达式 3)　　语句 3

　　　　else　　　　　　语句 4 　　else 语句内嵌 if 语句

也可以通过大括号{}来改变 if、else 之间的对应关系。

例如:

```
if(a!=b)
{
    if(a>b)
        printf("a>b");
}
else
    printf("a=b");                        //else 与第一个 if 配对,执行条件为 a==b
```

【**例 4-8**】　在例 4-6 的基础上增加新的功能:输入一个整数,如果该数是正数,则进一步判断该数是奇数还是偶数。

71

```
#include<stdio.h>
int main()
{
    int num;
    printf("请输入一个整数：");
    scanf("%d",&num);
    if(num>0)
    {
        printf("该数为正数\n");
        if(num%2==0)
            printf("该数为偶数");
        else
            printf("该数为奇数");
    }
    else if(num<0)
        printf("该数为负数");
    else
        printf("该数为0");
    return 0;
}
```

运行结果：

```
请输入一个整数：3
该数为正数
该数为奇数
```

【例 4-9】 输入任意三个整数，求三个数中的最大值。

解题思路：先求出前两个数的较大值，再跟第三个数比较以得到最大值。

```
#include<stdio.h>
int main()
{
    int a,b,c;
    scanf("%d,%d,%d",&a,&b,&c);
    if (a>b)
        if(a>c)
            printf("最大值是%d\n",a);
        else
            printf("最大值是%d\n",c);
    else
        if(b>c)
            printf("最大值是%d\n", b);
        else
            printf("最大值是%d\n", c);
    return 0;
}
```

求三个数中
的最大值

运行结果：

```
请输入三个整数：3,7,5
最大值是7
```

程序中输入 a、b、c 的值 3、7、5,因为 a 的值是 3,小于 b 的值 7,所以执行 else 后面的语句。因为 b 的值是 7,大于 c 的值 5,所以输出最大值 7。

4.3.3　条件运算符

在 C 语言中,条件运算符(也称为三元运算符)是一个简洁的 if...else 语句的替代形式,用于根据条件表达式的真假来选择两个值中的一个。它连接三个运算量,一般形式为

表达式 1?表达式 2:表达式 3

条件表达式的执行过程:先求解表达式 1,若为真(非 0)则把表达式 2 的值作为整个表达式的值,若为假则把表达式 3 的值作为整个表达式的值。

例如:

if(a>b) max=a;
else max=b;

可用条件表达式写为

max=(a>b)?a:b;

说明:

(1) 条件运算符的优先级高于赋值运算符,低于关系运算符和算术运算符。

max=(x>y)?x:y;

可以写成

max=x>y?x:y;

(2) 条件运算符的结合方向是自右至左。

例如:

a>b?a:c>d?c:d

应理解为

a>b?a:(c>d?c:d)

(3) 条件表达式中,3 个表达式的类型可以互不相同,此时表达式的值的类型为表达式 2、表达式 3 中较高的类型。

例如:

x>y?1.0:1.5　　　　　　　　//当 x≤y 时,表达式的值为 1.5;当 x>y 时,值为 1.0

条件表达式的本质也是一个值,因此它也可以出现在值可以出现的任何地方。如语句"printf("%d\n", a>b?a:b);"用来输出 a、b 中较大者。

【例 4-10】　从键盘接收一个整数并存放在 num 中,如果该数是奇数,则将该数加 1;如果该数是偶数,则不作变化。

```
#include<stdio.h>
int main()
{
    int num;
    printf("请输入一个整数: ");
    scanf("%d",&num);
    num=(num%2==1)?num+1:num;
    printf("%d",num);
    return 0;
}
```

运行结果：

```
请输入一个整数: 2
2
```

4.4　switch 语句

在前面我们曾讲过,if...else if...else...结构提供了一种多分支选择的功能,这种结构的问题在实际中是经常遇到的,为此 C 语言还专门提供了一种用于多分支选择结构的switch 语句,它用于根据不同的条件执行不同的代码块。

switch 语句的一般形式如下：

switch(表达式)
{
**　　case 常量表达式 1: 语句 1**
**　　case 常量表达式 2: 语句 2**
**　　　　......**
**　　case 常量表达式 *n*: 语句 *n***
**　　default: 语句 *n*＋1**
}

switch 语句的执行过程如图 4.7 所示。先计算表达式的值：如果其值与某个常量表达式的值相匹配,就执行那个 case 语句后的语句序列；如果表达式的值与所有列举的常

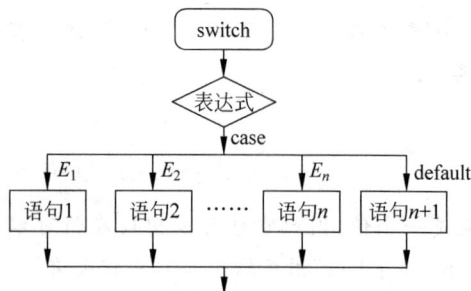

图 4.7　switch 语句的执行过程

量都不相同,则执行 default 后的语句序列。

【例 4-11】　从键盘输入 1~7 内的一个数字,对应输出该数字对应星期几的英文单词。

```
# include < stdio. h >
int main()
{
    int a;
    printf ("input integer number:");
    scanf("%d",&a);
    switch (a)
    {
        case 1: printf("Monday\n");
        case 2: printf("Tuesday\n");
        case 3: printf("Wednesday\n");
        case 4: printf ("Thursday\n");
        case 5: printf("Friday\n");
        case 6: printf("Saturday\n");
        case 7: printf("Sunday\n");
        default: printf("error\n");
    }
    return 0;
}
```

输出数字对应星期几的英文单词

运行结果:

```
input integer number:6
Saturday
Sunday
error
```

从运行结果可以看到,当输入 6 之后,执行 case 6 后面的输出语句,但同时也输出了 case 7 和 default 后面的输出语句。为什么会出现这种情况呢? 在 switch 语句中,"case 常量表达式"只相当于一个语句标号,表达式的值和某标号相等则转向该标号执行,但不能在执行完该标号的语句后自动跳出整个 switch 语句,所以出现了继续执行后面所有 case 语句的情况。这是与前面介绍的 if 语句完全不同的,应特别注意。

为了避免上述情况,C 语言还提供了一种 break 语句,专门用于跳出 switch 语句。修改例 4-11 的程序,在每一个 case 语句之后增加 break 语句,使每一次执行之后均可跳出 switch 语句,从而避免输出不应有的结果。

修改之后的程序如下:

```
# include < stdio. h >
int main()
{
    int a;
    printf ("input integer number:");
    scanf("%d",&a);
    switch (a)
```

75

```
    {
        case 1: printf("Monday\n"); break;
        case 2: printf("Tuesday\n"); break;
        case 3: printf("Wednesday\n"); break;
        case 4: printf ("Thursday\n"); break;
        case 5: printf("Friday\n"); break;
        case 6: printf("Saturday\n"); break;
        case 7: printf("Sunday\n"); break;
        default: printf("error\n");
    }
    return 0;
}
```

运行结果：

```
input integer number:6
Saturday
```

【例 4-12】 编写一个简单计算器程序，可根据输入的运算符，对两个整数进行加、减、乘、除运算。

输入格式：在一行中依次输入操作数 1、运算符、操作数 2，其间以 1 个空格分隔。操作数的数据类型为整型，运算符类型为字符型。

输出格式：当运算符为＋、－、*、/时，在一行输出相应的运算结果。若输入的是非法符号（即除了加、减、乘、除 4 种运算符以外的其他符号），则输出 ERROR。

```
#include<stdio.h>
int main()
{
    int num1,num2,result,lab=1;
    char op;
    scanf("%d %c %d",&num1,&op,&num2);
    switch (op)
    {
        case '+': result=num1+num2; break;
        case '-': result=num1-num2; break;
        case '*': result=num1 * num2; break;
        case '/': if(num2==0) lab=0;
                    else result=num1/num2;
                    break;
        default: lab=0; break;
    }
    if (lab)
        printf("%d%c%d=%d\n",num1,op,num2,result);
    else
        printf("ERROR\n");
    return 0;
}
```

运行结果：

```
6/3
6/3=2
```

说明：

（1）switch 后面的表达式可以是 int、char 和枚举型中的一种。

（2）每个 case 后面常量表达式的值，必须互不相同。

（3）case 后面的常量表达式仅起语句标号作用，并不进行条件判断。系统一旦找到入口标号，就从此标号开始执行，不再进行标号判断。

（4）各 case 和 default 子句的先后顺序可以变动，而不会影响程序执行结果。

（5）default 子句可以省略不用。

（6）多个 case 子句可以共用一组语句。例如：

```
…
    case 'A':
    case 'B':
    case 'C':
    case 'D': printf("score>60\n"); break;
…
```

（7）switch 语句也可以嵌套，break 语句只跳出它所在的 switch 语句。

【例 4-13】 switch 语句嵌套。

```c
#include<stdio.h>
int main()
{
    int a=1, b=2, c=3;
    switch(a>0)
    {
    case 1: switch(b<0)
        {
            case 0: printf("a"); break;
            case 1: printf("b"); break;
        }
    case 0: switch(c==3)
        {
            case 0: printf("c"); break;
            case 1: printf("d"); break;
            default: printf("e"); break;
        }
    }
    return 0;
}
```

switch 语句嵌套

运行结果：

```
ad
```

77

4.5 程序举例

【例 4-14】 将任意三个整数 a、b、c 按照从大到小的顺序输出。

解题思路：首先比较 a 和 b，如果 a< b，则交换它们的值，确保 a 不小于 b。然后比较 a 和 c，如果 a<c，则交换它们的值，确保 a 不小于 c。此时，可以确定 a 是三个数中的最大值。最后比较 b 和 c，如果 b<c，则交换它们的值，确保 b 不小于 c。此时，三个数已经按照从大到小的顺序排列好。

```c
#include <stdio.h>
int main()
{
    int a, b, c;
    int temp;
    printf("请输入三个数：");
    scanf("%d %d %d", &a, &b, &c);
    if (a < b)
    {
        temp = a;
        a = b;
        b = temp;
    }
    if (a < c)
    {
        temp = a;
        a = c;
        c = temp;
    }
    if (b < c)
    {
        temp = b;
        b = c;
        c = temp;
    }
    printf("按从大到小排序后的数为：%d %d %d\n", a, b, c);
    return 0;
}
```

运行结果：

```
请输入三个数：2 3 4
按从大到小排序后的数为：4 3 2
```

【例 4-15】 有一函数：

$$y = \begin{cases} x & (x < 1) \\ 2x - 1 & (1 \leqslant x < 10) \\ 3x - 11 & (x \geqslant 10) \end{cases}$$

编写一个程序，输入 x 的值，输出 y 相应的值，y 值保留小数点后两位。

```c
#include < stdio.h >
int main()
{
    float x,y;
    printf("请输入 x 的值：");
    scanf("%f",&x);
    if(x < 1)
        y = x;
    else if(x >= 10)
        y = 3 * x - 11;
    else
        y = 2 * x - 1;
    printf("y 的值为：%.2f",y);
    return 0;
}
```

运行结果：

```
请输入x的值：3
y的值为：5.00
```

【例 4-16】 从键盘输入年份和月份，输出该月有多少天。

1、3、5、7、8、10、12 月有 31 天，4、6、9、11 月有 30 天，闰年的 2 月有 29 天，否则 2 月有 28 天。

闰年需要符合下面两个条件中的一个：

(1) 能被 4 整除但不能被 100 整除。

(2) 能被 400 整除。

```c
#include < stdio.h >
int main()
{
    int year;
    int month;
    printf("请输入年份:");
    scanf("%d", &year);
    printf("请输入月份:");
    scanf("%d", &month);
    switch (month)
    {
        case 1: //1 月
        case 3: //3 月
        case 5: //5 月
        case 7: //7 月
        case 8: //8 月
        case 10: //10 月
        case 12: //12 月
            printf("该月的天数为 31 天\n");
```

输出某月有多少天

```
            break;
        case 4：//4 月
        case 6：//6 月
        case 9：//9 月
        case 11：//11 月
            printf("该月的天数为 30 天\n");
            break;
        case 2：//2 月
            if ((year % 400 == 0) || (year % 4 == 0) && (year % 100 != 0))
                //判断是否为闰年
            {
                printf("该月的天数为 29 天");
            }
            else
            {
                printf("该月的天数为 28 天");
            }
            break;
        default：                        //提醒输入错误
            printf("输入错误\n");
    }
    return 0;
}
```

运行结果：

```
请输入年份:2024
请输入月份:2
该月的天数为29天
```

4.6 常 见 错 误

（1）忘记必要的逻辑运算符。

例如：

if (a > b > c)

本意为如果 a>b 并且 b>c。由于数学中使用 a>b>c 的形式，习惯性把它搬到计算机程序中。而在 C 中，a>b>c 的求值是先求 a>b，得到一个逻辑值 0 或 1，再拿这个数与 c 作比较，结果当然是不对的。对于这种情况，应使用逻辑表达式，写成 if (a > b && b > c)。

（2）误把赋值作为等于运算符。

例如：

if (x = 1)

本意是如果 x 等于 1,而 x=1 并不是关系表达式,是一个赋值表达式,这时表达式的值永远为真(非 0 值 1),而不管 x 原来是什么值。正确的等于运算符是"＝＝",由于受数学或其他语言的影响,这种错误是经常出现的。上面的式子应写成

if (x == 1)

或

if (1 == x)

这样,当忘记一个"＝"而写成 if (1 ＝ x)时编译程序就会指出错误。

(3) 该用复合语句时忘记写大括号。

例如:

if (a > b) temp=a; a=b; b=temp;

由于没有写大括号,if 的影响只限于"temp＝a;"一条语句,而不管 a ＞ b 是否为真,都将执行后两个赋值,正确的写法应为

if (a > b) { temp=a;a=b; b=temp;}

(4) 在不该加分号的地方加分号。

例如:

if (a == b); c = a + b;

本意是如果 a 等于 b,则执行 c=a+b,但由于"if(a==b);"后跟有分号,c==a+b在任何情况下都要执行。因为 if 后加分号相当于后跟一个空语句,这种错误是因为习惯在每行的后尾都加分号所致。正确的写法应是

if (a == b)
c = a + b;

(5) else 之前的语句丢失分号。

例如:

if (a > b) max= a
else max = b;

在 C 语言中,分号是语句的结束符,一个语句的末尾必须要有一个分号,正确的写法是

if (a > b) max = a ;
else max = b;

(6) 在 switch 语句中忘掉了必要的 break。

例如:

switch (score)
{

```
        case 5 : printf("very good");
        case 4 : printf("good");
        case 3 : printf("pass");
        case 2 : printf("fail");
        default: printf("error");
    }
```

当 score 是 5 时，输出为 very good good pass fail error 的原因是丢失了 break 语句。正确的写法应是

```
switch（score）
{
    case 5 : printf("very good");break;
    case 4 : printf("good"); break;
    case 3 : printf("pass"); break;
    case 2 : printf("fail"); break;
    default: printf("error"); break;
}
```

职业素养小故事

图灵是计算机科学的奠基人之一，他创造了图灵机，为现代计算机的发展提供了理论基础。在二战期间，图灵凭借着卓越的智慧和专业素养，成功破译了德军的终极密码，为盟军的胜利作出了巨大贡献，这一壮举不仅展现了他在计算机技术方面的高超能力，更体现了他对国家和人类的责任感。

图灵对科学研究有着严谨的态度和坚定的信念。尽管当时计算机技术还处于起步阶段，但他凭借着自己的数学天赋和对逻辑的深刻理解，大胆地提出了许多开创性的理论和想法，为后来计算机科学的发展指明了方向。他的一生虽然短暂，但却如同一颗璀璨的星辰，照亮了计算机科学的天空。

第 4 章课后习题

第5章 循环结构——C语言程序的效率引擎

在 C 语言编程的征途中,循环结构无疑是提升程序效率的强大引擎。它使程序能够重复执行某段代码,直到满足特定的条件为止,从而极大地简化了重复操作的处理,提高了程序的执行效率和可读性。

循环结构的核心在于其能够自动化地重复执行代码块,而无须手动复制粘贴。在 C 语言中,这主要通过 while 循环、do…while 循环和 for 循环来实现。这些循环结构各自具有独特的特点和适用场景,使程序能够根据不同的需求选择合适的循环方式。

while 循环更加灵活,它根据一个布尔表达式的真假来决定是否继续循环,适用于循环次数不确定但可以通过条件判断来控制的场景。而 do…while 循环则是 while 循环的一个变种,它至少会执行一次循环体,然后根据条件判断是否继续循环。for 循环通常用于已知循环次数的场景,它通过初始化、条件判断和迭代更新三个关键部分来控制循环的执行。

在这一章里,我们将全面深入地探讨 C 语言的循环结构。我们将从 while 循环的基本用法开始,逐步扩展到 do…while 循环和 for 循环的使用,以及如何通过嵌套循环来处理多维度的重复操作。通过大量的实例和练习,你将学会如何根据实际需求构建出高效、简洁的循环结构,使程序能够高效地处理重复任务。

通过本章的学习,你将更加熟练地掌握 C 语言的循环结构,学会如何编写能够自动重复执行代码的程序。这将为你后续学习数组、指针等更高级的编程技术提供有力的支持,同时也将为你解决复杂编程问题提供强大的工具。让我们一同探索循环结构的奥秘,用 C 语言编写出更加高效、智能的程序。

5.1　while 语句

while 语句知识点

5.1.1　while 语句的基本格式

while 语句基本格式如下:

```
while(表达式)
{
    循环体语句;
}
```

5.1.2　while 语句的执行过程

图 5.1　while 语句的执行过程

（1）求解表达式。如果其值为非 0 值,则转到步骤（2）；否则转到步骤（3）。

（2）执行循环体语句,然后转到步骤（1）。

（3）执行 while 语句后的下一条语句。

while 语句的执行过程如图 5.1 所示。

while 语句的特点是先判断表达式,后执行循环体。

【例 5-1】　求 2＋4＋6＋8＋10 的结果。

```c
#include <stdio.h>
int main()
{
    int i,sum=0;
    i=2;
    while(i<=10)
    {
        sum=sum+i;
        printf("i=%d,sum=%d\n",i,sum);
        i=i+2;
    }
    return 0;
}
```

求 2＋4＋6＋8＋10
的结果 1

运行结果：

```
i=2,sum=2
i=4,sum=6
i=6,sum=12
i=8,sum=20
i=10,sum=30
```

从运行结果我们可以看出程序的执行过程：在 while 语句执行前 sum=0,i=2,执行 while 语句时,首先判断 i<=10 是否为真,由于 i=2<10,因此开始执行循环,sum 变成 2,输出“i=2,sum=2”。然后 i 增加 2,变成 4,执行完循环体后,再次判断条件 i<=10 是否为真,此时 i 等于 4,条件仍为真,继续执行循环体,sum 在原来的基础上加上 i 值 4,结果为 6,printf 语句输出“i=4,sum=6”。循环体中 i 再增加 2,然后继续 while 条件的判断,依此类推,循环共运行 5 次,第 5 次时 i=i+2 使 i 变成 12,这时再次判断 while 循环条件 i<=10 是否为真,值为假,循环结束。

说明：

（1）循环变量。程序中的变量 i 称为循环变量。循环变量应有确定的初值,可以判断循环是否执行。例如,例 5-1 中 i 的初值为 2,使 i<=10 为真,循环开始执行。如果将 i 的初值设为 12,使 i<=10 为假,则循环不会执行。

（2）循环条件。while 后括号中的表达式称为循环条件。表达式通常是关系表达式或逻辑表达式,也可以是其他类型的表达式。只要表达式的值为真,则循环条件成立,开

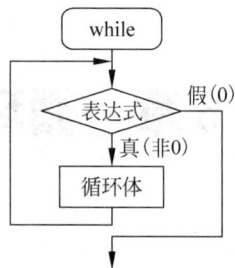

始执行循环体；如果表达式的值为假，则循环条件不成立，循环结束。如将例题中的循环条件 i<=10 改为 i>10，则循环条件不成立，循环一次也不执行。

（3）循环体。循环中反复执行的程序段称为循环体。循环体是一个循环基本功能的具体实现。如例 5-1 中的循环体用来累加求和。当循环体由多条语句组成时，必须写在一对大括号内，构成一个复合语句，作为一个整体进行处理，否则循环只执行第一条语句。

（4）循环变量增值。循环体中要有使循环趋于结束的语句，如例 5-1 中的"i=i+2;"，否则将进入死循环（即无休止的循环）。

（5）"while（表达式）"后面通常没有分号。如写成"while(i<=100);"，则循环体语句为空语句，i 的值不变，程序进入死循环。

【例 5-2】　求 5 的阶乘，提示：5!＝5*4*3*2*1。

```c
#include <stdio.h>
int main()
{
    int i,fact=1;
    i=1;
    while(i<=5)
    {
        fact=fact*i;
        i++;
    }
    printf("%d 的阶乘为%d\n",i-1,fact);
    return 0;
}
```

求 5 的阶乘

运行结果：

5的阶乘为120

【例 5-3】　水仙花数是指"该数本身等于各位数字的立方和"的三位数。例如，153 是水仙花数，因为 $153＝1^3＋5^3＋3^3$。请利用 while 循环计算出所有的水仙花数。

```c
#include <stdio.h>
int main()
{
    int i, j, k, n=100;
    while(n<=999)
    {
        i = n / 100;                        //分离出百位数字
        j = (n - i * 100) / 10;             //分离出十位数字
        k = n % 10;                         //分离出个位数字
        if(n == i*i*i + j*j*j + k*k*k)      //判定是否满足水仙花数
        {
            printf("水仙花：%d\n", n);
        }
        n++;
    }
    return 0;
}
```

求水仙花数

85

运行结果：

```
水仙花：153
水仙花：370
水仙花：371
水仙花：407
```

5.2 do…while 语句

5.2.1 do…while 语句的基本格式

do…while 语句的基本格式如下：

```
do
{
    循环体语句；
}while(表达式);
```

do…while 循环
知识点

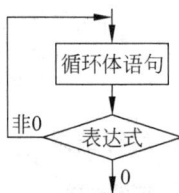

5.2.2 do…while 语句的执行过程

（1）执行循环体语句。

（2）求解表达式。如果其值为非 0 值,则转到步骤(1),否则转到步骤(3)。

（3）执行 do…while 语句后的下一条语句。

执行过程如图 5.2 所示。

do…while 循环语句的特点：先执行循环体语句组,然后判断循环条件。

图 5.2 do…while 语句的执行过程

【例 5-4】 求 2＋4＋6＋8＋10 的结果。

```c
#include <stdio.h>
int main()
{
    int i,sum=0;
    i=2;
    do
    {
        sum=sum+i;
        printf("i=%d,sum=%d\n",i,sum);
        i=i+2;
    } while(i<=10);
    return 0;
}
```

求 2＋4＋6＋8＋10
的结果 2

运行结果：

```
i=2, sum=2
i=4, sum=6
i=6, sum=12
i=8, sum=20
i=10, sum=30
```

可以看到：对同一个问题可以用 while 语句处理，也可以用 do…while 语句处理。

注意：

（1）do 不能单独使用，必须与 while 一起使用。

（2）do…while 循环由 do 开始，到 while 结束。必须注意的是，在"while(表达式)"后的"；"不可丢失，它表示 do…while 语句的结束。

（3）无论表达式的值是零还是非零（是真或是假），循环体至少被执行一次。

【例 5-5】 将一个整数的各位数字颠倒后输出。

解题思路：利用求余运算和整数相除结果为整数的特点求出每一位上的数字并输出。

```c
#include <stdio.h>
int main()
{
    int i, r;
    printf("请输入一个整数：\n");
    scanf("%d", &i);
    do
    {
      r = i % 10 ;
      printf("%d",r);
    } while ( (i/=10) != 0);
    printf ("\n");
    return 0;
}
```

整数颠倒输出

运行结果：

```
请输入一个整数：
125
521
```

在一般情况下，用 while 语句和 do…while 语句处理同一问题时，若二者的循环体部分是一样的，它们的结果也一样。但是，如果 while 后面的表达式一开始就为假（0 值），两种循环的结果是不同的。

【例 5-6】 while 和 do…while 循环比较。

（1）while 语句。

```c
#include <stdio.h>
int main()
{
    int sum=0,i;
    scanf("%d",&i);
    while(i<=10)
```

```
    {
        sum=sum+i;
        i++;
    }
    printf("sum=%d\n",sum);
    return 0;
}
```

运行结果：

```
1
sum=55
```

重新输入 i 的值,再运行一次。

运行结果：

```
11
sum=0
```

（2）do…while 语句。

```
#include <stdio.h>
int main()
{
    int sum=0,i;
    scanf("%d",&i);
    do
    {
        sum=sum+i;
        i++;
    }while(i<=10);
    printf("sum=%d\n",sum);
    return 0;
}
```

运行结果：

```
1
sum=55
```

重新输入 i 的值,再运行一次。

运行结果：

```
11
sum=11
```

可以看到,当输入 i 的值小于或等于 10 时,二者得到结果相同；而当 i＞10 时,二者结果就不同了。这是因为此时对 while 循环来说,一次也不执行循环体(表达式 i≤10 为假)；而对 do…while 循环语句来说则要执行一次循环体。

可以得到结论：当 while 后面表达式的第一次的值为真时,两种循环得到的结果相同；否则二者结果不相同(指二者具有相同循环体的情况)。

5.3　for 语句

5.3.1　for 语句的基本格式

for 语句的基本格式如下：

for(表达式 1；表达式 2；表达式 3)
{
　　循环体语句；
}

for 循环知识点

5.3.2　for 语句的执行过程

for 语句的执行过程如下。

（1）求解表达式 1。

（2）求解表达式 2，如果其值非 0，执行步骤（3）；否则，转至执行步骤（4）。

（3）执行循环体语句组，并求解表达式 3，然后转向步骤（2）。

（4）执行 for 语句的下一条语句。

for 语句的执行过程如图 5.3 所示。

【例 5-7】　求 2＋4＋6＋8＋10 的结果。

```
#include <stdio.h>
int main()
{
    int i,sum=0;
    for(i=2;i<=10;i=i+2)
    {
        sum=sum+i;
        printf("i=%d,sum=%d\n",i,sum);
    }
    return 0;
}
```

图 5.3　**for** 语句的执行过程

求 2＋4＋6＋8＋10 的
结果 3

运行结果：

```
i=2,sum=2
i=4,sum=6
i=6,sum=12
i=8,sum=20
i=10,sum=30
```

运行结果与 while 语句完全相同。

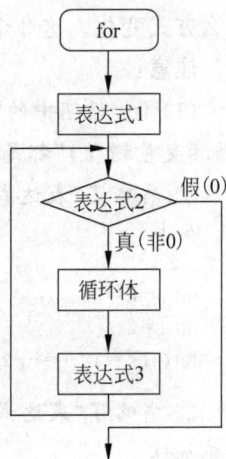

实际上 for 语句等价于如下形式的 while 语句：

表达式 1；
while（表达式 2）
{
　　循环体语句；
　　表达式 3；
}

比较一下例 5-1 和例 5-7，你就可以体会到两者之间的关系了。

例 5-7 体现了 for 语句最普遍使用，也是最容易理解的形式：

for（循环变量赋初值；循环条件；循环变量增值）
{
　　循环体语句；
}

"循环变量赋初值"是一个赋值语句，它用来给循环变量赋初值；"循环条件"是一个逻辑表达式，它决定什么时候退出循环；"循环变量增值"定义循环变量每循环一次后按什么方式变化。这 3 个部分之间用";"分开。

注意：

（1）for 循环中的"表达式 1（循环变量赋初值）""表达式 2（循环条件）"和"表达式 3（循环变量增值）"都是选择项，即可以省略，但";"不能省略。

① 省略了"表达式 1（循环变量赋初值）"，表示不对循环变量赋初值。

例如：

```
int sum＝0；
int i＝2；                      //在循环开始之前进行赋初值
for(;i<=10;i=i+2)
```

② 省略了"表达式 2（循环条件）"，意味着循环条件永远为真，则不做其他处理时便成为死循环。

例如：

```
for ( i＝2; ;i＝i+2 )          //循环条件永远为真,需在循环体中做其他处理,避免死循环
```

③ 省略了"表达式 3（循环变量增值）"，则不对循环变量进行操作，这时可在循环体中加入修改循环变量的语句。

例如：

```
for(i＝2;i<=10;)
{
    sum＝sum+i；
    i=i+2；
}
```

④ 省略了"表达式 1（循环变量赋初值）"和"表达式 3（循环变量增值）"。

例如：

```
i=2;
for(;i<=10;)
{
    sum=sum+i;
    i=i+2;
}
```

相当于：

```
i=2;
while(i<=10)
{
    sum=sum+i;
    i=i+2;
}
```

⑤ 3 个表达式都可以省略。

例如：

```
for(; ;)
{
    循环语句;
}
```

相当于：

```
while(1)
{
    循环语句;
}
```

(2) 表达式 1 可以是设置循环变量初值的赋值表达式,也可以是其他表达式。

例如：

```
for(sum=0;i<=10;i=i+2)
{
    sum=sum+i;
}
```

(3) 表达式 1 和表达式 3 可以是简单表达式,也可以是逗号表达式。

```
for(sum=0,i=2;i<=10;i=i+2)
{
    sum=sum+i;
}
```

或

```
for(i=0,j=100;i<=100;i++,j--)
{
    k=i+j;
}
```

（4）表达式 2 一般是关系表达式或逻辑表达式，但也可以是数值表达式或字符表达式，只要其值非零，就执行循环体。

例如：

for(i＝0；(c＝getchar())!＝'\n'；i＋＝c)；

又如：

for(；(c＝getchar())!＝'\n'；)
　　printf("%c",c)；

（5）几种循环的比较。

① 几种循环可以处理同一问题，一般情况下可互相替代。

② 循环变量初始化的位置不同：循环变量初始化的操作应在 while 和 do…while 语句之前完成；而对 for 语句而言，可以在表达式 1 中实现。

③ while 和 do…while 语句都是在 while 后面指定循环条件，在循环体中应含有使循环趋于结束的语句（如"i＋＋；"）。而 for 语句中是在表达式 2 指定循环条件，在表达式 3 中含有使循环趋于结束的操作，也可将它放到循环体中。

④ for 语句的功能非常强大：凡是用 while 和 do…while 语句实现的循环，都可以用 for 语句实现。

【例 5-8】　一球从 500 米高度自由落下，每次落地后反跳回原高度的一半；再落下，求它在第 10 次落地时，共经过多少米？第 10 次反弹多高？

解题思路：第 n 次反弹的高度是第 n－1 次的一半，第一次的高度已知，可以使用循环依次求出每一次的反弹高度。

```
#include <stdio.h>
int main()
{
    float sn=500.0,hn=sn/2;
    int n;
    for(n=2;n<=10;n++)
    {
        sn=sn+2*hn;                /*第 n 次落地时共经过的米数*/
        hn=hn/2;                   /*第 n 次反弹高度*/
    }
    printf("第 10 次落地时,共经过%f 米\n",sn);
    printf("第 10 次反弹%f 米\n",hn);
    return 0;
}
```

运行结果：

```
第10次落地时，共经过1498.046875米
第10次反弹0.488281米
```

5.4　循环嵌套

一个循环内又包含另一个完整的循环结构,称为循环的嵌套。内嵌的循环中还可以再嵌套循环,这就是多层循环。各种编程语言中关于循环嵌套的概念是一样的。

【例 5-9】　有 1、2、3、4 四个数字,能组成多少个互不相同且无重复数字的三位数? 都是多少?

解题思路:首先来分析这道题目,三位数无非就是 i、j、k 的三种不同组合,"互不相同"翻译成 C 语言就是 i!＝j&& i!＝k&&j!＝k。无重复:我们可以使用枚举法枚举所有的三位数,然后判断是否满足互不相同的条件即可,利用三重循环,从百位、十位以及个位开始列举。

```c
#include <stdio.h>
int main()
{
    int i,j,k, count = 0;
    for(i=1;i<=4;i++)
    {
        for(j=1;j<=4;j++)
        {
            for(k=1;k<=4;k++)
            {
                if(i!=j && i!=k && k!=j)
                {
                    printf("%d%d%d\n",i,j,k);
                    count++;
                }
            }
        }
    }
    printf("一共有%d个满足条件的三位数",count);
    return 0;
}
```

四个数字随机组成
无重复的三位数

运行结果:

```
123
124
132
134
142
143
213
214
231
234
241
243
312
314
321
324
341
342
```

```
412
413
421
423
431
432
一共有24个满足条件的三位数
```

3种循环(while 循环、do...while 循环和 for 循环)可以互相嵌套,本例中的循环也可以改用其他循环方式来实现。

【例 5-10】 百人百砖问题:共计 100 块砖,需要 100 个人搬。男人每次搬 4 块砖,女人每次搬 3 块砖,2 个小孩搬 1 块砖。若要一次性搬完,问男人、女人、小孩各要安排多少人?

解题思路:采用穷举方式,对于所有可能的取值依次进行测试。

```c
#include <stdio.h>
int main()
{
    int men, women, children, flag;
    for(men=0; men<=25; men++)
    {
        for(women=0; women<=33; women++)
        {
            children=100-men-women;
            if(children%2==0 && 4*men+3*women+children/2 == 100)
            {
                printf("男人数:%d,女人数:%d,小孩数:%d\n", men, women, children);
            }
        }
    }
    return 0;
}
```

百人百砖问题

运行结果:

```
男人数: 0, 女人数: 20, 小孩数: 80
男人数: 5, 女人数: 13, 小孩数: 82
男人数: 10, 女人数: 6, 小孩数: 84
```

说明:

(1) 3 种循环语句可互相嵌套,层数不限。

(2) 外层循环可包含两个以上内循环,但不能相互交叉。

(3) 嵌套循环的执行流程是执行外循环一次,执行内循环一个周期。

5.5 辅助控制语句

5.5.1 break 语句

break 语句通常用在循环语句和 switch 语句中。当 break 语句用于 switch 语句中时,可使程序跳出 switch 语句,继续执行 switch 之后

break 语句知识点

的语句。break 语句在 switch 语句中的用法已在前面介绍过,这里不再举例。

当 break 语句用于 do...while、for、while 循环语句中时,可使程序终止循环而执行循环后面的语句。通常 break 语句总是与 if 语句连在一起,即当满足条件时便跳出循环,其流程如图 5.4 所示。

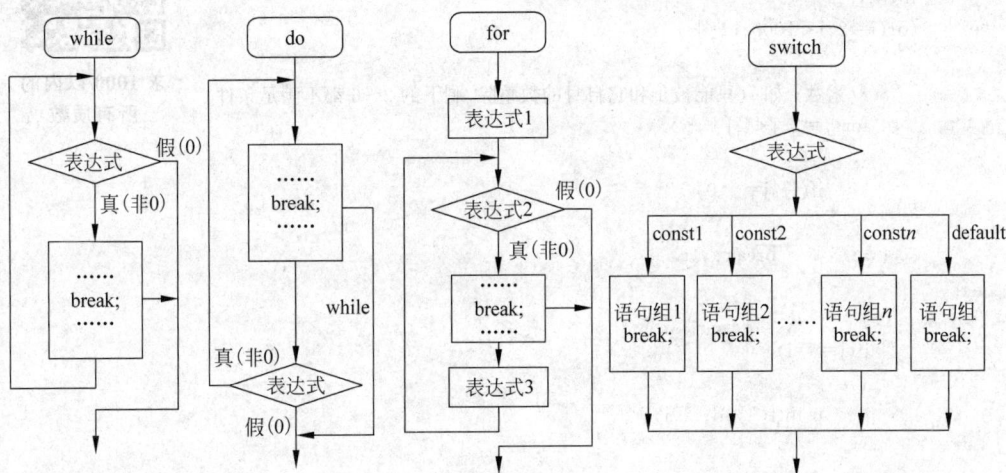

图 5.4 break 语句流程

【例 5-11】 编程求 10 个数的和,如果在某次计算后结果值(累加和)超过 1000,则结束处理。

解题思路:利用循环依次输入数据,求和之后判断其值是否大于 1000,不是则继续累加;否则使用 break 中断循环,进行数据输出。

```c
#include < stdio.h >
int main()
{
    int x, sum=0, n;
    for (n=1; n<=10; n++)
    {
        scanf("%d", &x);
        sum=sum+x;
        printf("x=%d, sum=%d\n", x, sum);
        if(sum > 1000)
            break;
    }
    printf("the sum is %d\n", sum);
    return 0;
}
```

求 10 个数的和

运行结果:

```
20
x=20,sum=20
30
x=30,sum=50
1000
x=1000,sum=1050
the sum is 1050
```

【例 5-12】 编写程序，输出 1000 以内的所有素数（质数）。

```c
#include < stdio.h >
int main( )
{
    int i,j;
    for(i=2;i<1000;i++)
    {
        //素数：如 7(只能被 1 和它自身的数整除,剩下的 2~6 都不满足条件)
        for(j=2;j<i;j++)
        {
            if(i%j==0)
            {
                break;
            }
        }
        if(j==i)
        {
            printf("%d, ",i);
        }
    }
    return 0;
}
```

求 1000 以内的
所有质数

运行结果：

```
2, 3, 5, 7, 11, 13, 17, 19, 23, 29, 31, 37, 41, 43, 47, 53, 59, 61, 67, 71, 73, 79, 83, 89, 97, 101, 103, 107, 109, 113,
127, 131, 137, 139, 149, 151, 157, 163, 167, 173, 179, 181, 191, 193, 197, 199, 211, 223, 227, 229, 233, 239, 241, 251,
257, 263, 269, 271, 277, 281, 283, 293, 307, 311, 313, 317, 331, 337, 347, 349, 353, 359, 367, 373, 379, 383, 389, 397,
401, 409, 419, 431, 433, 439, 443, 449, 457, 461, 463, 467, 479, 487, 491, 499, 503, 509, 521, 523, 541, 547, 557,
563, 569, 571, 577, 587, 593, 599, 601, 607, 613, 617, 619, 631, 641, 643, 647, 653, 659, 661, 673, 677, 683, 691, 701,
709, 719, 727, 733, 739, 743, 751, 757, 761, 769, 773, 787, 797, 809, 811, 821, 823, 827, 829, 839, 853, 857, 859, 863,
877, 881, 883, 887, 907, 911, 919, 929, 937, 941, 947, 953, 967, 971, 977, 983, 991, 997,
```

5.5.2 continue 语句

continue 语句的作用是跳过循环体中剩余的语句，强行执行下一次循环，即中断本次循环。continue 语句只用在 for、while、do...while 的循环体中，常与 if 语句一起使用，用来加速循环。其执行过程如图 5.5 所示。

continue 语句
知识点

【例 5-13】 求 100~200 内不能被 3 整除的数。

解题思路：在区间 100~200 内，利用循环依次进行求余判断，若能被 3 整除，则跳过本次循环，继续下一个数的判断；否则进行数据输出。为了打印美观，每输出 5 个数据则换行。

```c
#include < stdio.h >
int main( )
{
    int i, x=0;
```

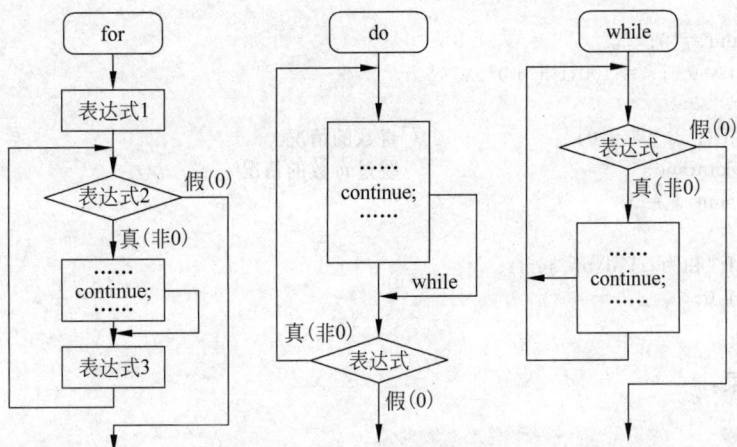

图 5.5   continue 语句的执行过程

```
double n;
for(i=100;i<=200;i++)
{
    n=i%3;
    if(n==0) continue;              //跳过本次循环,进入下一次循环
    printf("%d ",i);
    x++;
    if(x%5==0)                      //每输出 5 个数则换行
        printf("\n");
}
return 0;
}
```

求 100～200 内不
能被 3 整除的数

运行结果：

```
100 101 103 104 106
107 109 110 112 113
115 116 118 119 121
122 124 125 127 128
130 131 133 134 136
137 139 140 142 143
145 146 148 149 151
152 154 155 157 158
160 161 163 164 166
167 169 170 172 173
175 176 178 179 181
182 184 185 187 188
190 191 193 194 196
197 199 200
```

break 语句和 continue 语句的区别：continue 语句只是结束本次循环,接着判断循环条件是否成立,以决定是否执行下一次的循环,而不是终止整个循环的执行。而 break 语句是结束整个循环过程(强制终止整个循环),不再对循环条件进行判断。

【例 5-14】 求 1～100 内的偶数和。

```
# include < stdio. h >
int main()
{
```

97

```
        int i;
        int sum = 0;
        for (i =0; i <= 100;i ++)
        {
            if (i % 2 != 0)              //奇数的情况
            continue;                    //跳过奇数的情况
            sum += i;
        }
        printf("和为: %d\n",sum);
        return 0;
}
```

运行结果：

和为: 2550

【例 5-15】 求 300 以内能被 7 整除的最大的数。

解题思路 1：可以从 300 开始判断，第一个能被 7 整除的数就是我们需要的，可以利用 break 语句。

```
#include < stdio.h >
int main()
{
        int x;
        for(x=300;x>=1;x--)
            if(x%7==0) break;
        printf("x=%d\n",x);
        return 0;
}
```

求 300 以内能被 7 整除的最大的数

运行结果：

x=294

解题思路 2：可以从 1 开始判断，将满足条件的值暂存在 k 变量中，在循环过程中逐步更新 k，退出循环时再输出结果。可以利用 continue 语句。

```
#include < stdio.h >
int main()
{
        int x,k=0;
        for(x=1;x<=300;x++)
            if(x%7==0)
                k=x;
            else
                continue;
        printf("k=%d\n",k);
        return 0;
}
```

运行结果：

```
x=294
```

5.6　goto 语句

goto 语句为无条件转向语句，语句功能是使控制流程转向标号所在的语句行执行。其一般形式为

goto 语句标号；

说明：

(1) 语句标号要符合标识符的定义规则，放在某一语句行的前面，标号后加冒号(:)。语句标号起标识语句的作用，与 goto 语句配合使用。

例如：

label: a++;
loop: while(x<5);

(2) C 语言中不限制语句标号的使用次数，但各标号不得重名。

(3) goto 语句通常与 if 条件语句配合使用，构成循环。

使用 goto 语句构成循环的一般形式为

语句标号：语句或语句组
if (条件)　goto　语句标号；

(4) 在结构化程序设计中一般不主张使用 goto 语句，以免造成程序流程的混乱，使理解和调试程序都产生困难。

5.7　程序举例

【例 5-16】 用 $\frac{\pi}{4} \approx 1 - \frac{1}{3} + \frac{1}{5} - \frac{1}{7} + \cdots$ 公式求 π 的近似值，直到发现某一项的绝对值小于 10^{-7} 为止(该项不累计加)。

解题思路：这是一个分数求和的问题，分子、分母分别用不同变量表示，分子除以分母得到分数项，然后利用各自的变化规律求出下一项，以此类推，一直到循环条件不成立为止。

```
#include <stdio.h>
#include <math.h>
int main()
{
```

99

```
    int fz=1;
    double pi=0,fm=1,fsx=1;
    while(fabs(fsx)>=1e-7)
    {
        pi=pi+fsx;
        fm=fm+2;
        fz=-fz;
        fsx=fz/fm;
    }
    pi=pi*4;
    printf("pi=%10.8f\n",pi);
    return 0;
}
```

运行结果：

```
pi=3.14159245
```

【例 5-17】 求斐波那契(Fibonacci)数列的前 20 个数。这个数列有如下特点：第 1、2 个数为 1、1，从第 3 个数开始，该数是其前面两个数之和。即：

$$
\begin{cases}
F_1 = 1 & (n=1) \\
F_2 = 1 & (n=2) \\
F_n = F_{n-1} + F_{n-2} & (n \geqslant 3)
\end{cases}
$$

斐波那契数列

```
#include <stdio.h>
int main()
{
    int f1=1,f2=1; int i;
    for(i=1; i<=10; i++)
    {
        printf("%12d %12d ",f1,f2);   //每组输出 2 个数据
        if(i%2==0) printf("\n");      //每行输出 4 个数据
        f1=f1+f2;
        f2=f2+f1;
    }
    return 0;
}
```

运行结果：

```
       1           1           2           3
       5           8          13          21
      34          55          89         144
     233         377         610         987
    1597        2584        4181        6765
```

【例 5-18】 输入两个正整数 m 和 n，编程求其最大公约数。

提示：如果 m 和 n 都能整除 x，那么就称 x 为 m 和 n 的公约数。当然有很多个 x，我们要求最大的，下面介绍两种求解方法。

解题思路 1：首先创建一个变量 x，x 的值一定不会大于这两个数的最小值，可以将这个数赋值为这个较小的数，因此我们就确定了 x 的范围，可以用枚举法，这里我们使用 while 循环，且后面括号里面的表达式为 a％i！＝0 ‖ b％i！＝0，并且每次循环都让 i 的值减 1，如果 i 的值等于 1，就利用 break 跳出循环。

```c
#include<stdio.h>
int main()
{
    int a = 0;
    int b = 0;
    scanf("%d", &a);
    scanf("%d", &b);
    int i = (a<b ? a : b);          //让 i 的值等于两个数中较小的值
    while (a％i！＝0 ‖ b％i！＝0) //判断是否为最小公约数
    {
        if (1 == i)                 //如果 i 为 1，那么就最小公约数就为 1 了
        {
            break;                  //跳出循环
        }
        i－－;
    }
    printf("%d 和%d 的最大公约数为：%d", a,b,i);
    return 0;
}
```

求最大公约数

运行结果：

```
25
15
25和15的最大公约数为：5
```

解题思路 2：利用辗转相除法进行求解，运算过程如下。

(1) 对于两个整数 m 和 n，使得 m＞n。

(2) 取余数 r＝m％n。

(3) 若 r＝0，则 n 为取得的最大公约数；否则执行"m＝n;n＝r;r＝m％n;"。

例如求 24 和 18 的最大公约数。

(1) m＝24,n＝18,满足 m＞n。

(2) r＝24％18＝6。

(3) r＝6,不为 0,则 m＝n＝18,n＝r＝6,再计算 r 的值,r＝18％6＝0。

(4) 此时,r＝0,则最大公约数 n＝6。

通过以上步骤，在计算过程中可以发现存在一个循环，而且跳出循环的条件就是 r＝0。因此我们可以使用 while 循环，当 r 不等于 0 时，继续执行步骤 3。因此这道题的思路也就非常清楚了：先输入两个值，然后找到这两个值中的较大值，再用循环实现辗转相除法。

```c
#include<stdio.h>
int main()
{
```

```
    int m,n,r=0,t=0;
    printf("请输入两个整数：\n");
    scanf("%d", &n);
    scanf("%d", &m);
    if (m < n)                     //交换值使得 m 为较大值
    {
        t = m;
        m = n;
        n = t;
    }
    r = m % n;
    while (r != 0)                 //辗转相除法的实现
    {
        m = n;
        n = r;
        r = m % n;
    }
    printf("最大公约数为:%d\n", n);
    return 0;
}
```

运行结果：

```
请输入两个整数：
15
25
最大公约数为:5
```

【例 5-19】 猜数游戏：随机生成一个 1～100 内的数字，让玩家猜测，当玩家猜错的时候提示是猜大了还是猜小了。

```
#include <stdio.h>
#include <time.h>
#include <stdlib.h>
int main()
{
    int n = 0;                     //玩家输入的数字
    srand(time(NULL));             //设计随机数的种子
    int ans = rand()%100+1;        //随机生成一个 1～100 内的数字
    printf("请输入 1 个 1～100 内的一个数字:\n");
    do
    {
        printf("请输入: ");
        scanf("%d", &n);
        if (n > ans)
        {
            printf("\a 猜大了!\n");
        }
        else if (n < ans)
        {
            printf("\a 猜小了!\n");
```

```
    }
    } while (n != ans);          //重复到猜对为止
    printf("恭喜你,猜对了!\n");
    return 0;
}
```

运行结果:

```
请输入1个1 ~ 100内的一个数字:
请输入: 56
猜大了!
请输入: 40
恭喜你,猜对了!
```

5.8　常　见　错　误

(1) 误把"="作为等号使用。这与条件语句中的情况一样。

例如:

```
while (x = 1)
{ }
```

这是一个恒真条件的循环,正确地写法应是

```
while (x == 1)
{ }
```

(2) 忘记用大括号括起循环体中的多个语句,这也与条件语句类似。

例如:

```
while (i <= 10)
    printf("%d", i);
    i ++ ;
```

由于没有用大括号,循环体就只剩下"printf("%d",i);"一条语句。正确地写法应为

```
while (i <= 10)
    {
        printf("%d", i);
        i ++ ;
    }
```

(3) 在不该加分号的地方加了分号。

例如:

```
for (i = 1; i <= 10;i ++ );
    sum = sum + i;
```

由于 for 后加了一个分号,表示循环体只有一个空语句,而"sum＝sum＋i;"与循环无关。正确的写法应是

```
for (i = 1; i <= 10; i + + )
    sum = sum + i ;
```

（4）大括号不匹配。

由于各种控制结构的嵌套，有些配套的左右大括号相距可能较远，这就可能会忘掉右侧的大括号而造成大括号不匹配，这种情况在编译时可能产生许多莫名其妙的错误，而且错误提示与实际错误无关。解决的办法可以是在括号后加上表示层次的注释。

例如：

```
while( )
{ / * (1) * /
    while ( )
    { / * (2) * /
        if ( )
        { / * (3) * /
            for ( )
            { / * (4) * /
            } / * (4) * /
        } / * (3) * /
        for ( )
        { / * (3) * /
        } / * (3)
    } / * (2) * /
} / * (1) * /
```

每次遇到嵌套左括号时就把层次加 1，每次遇到右括号时就把层次减 1，当括号不匹配时最后的右括号的层次号不是 1，可以肯定有括号丢失。

（5）某些语句中出现死循环。

一种情况是，由于某种原因使循环无休止地运行，或直到出错才结束循环。

例如：

```
short i = 1 ;
while (i <= 10)
    sum = sum + i ;
```

由于 i 没有改变，所以 i＜=10 永远为真，循环将一直延续下去。

另一种情况是，虽然有改变循环条件的运算，但改变的方向不对。

例如：

```
short i = 1 ;
while (i >= 0)
{
    sum = sum + i ;
    i + + ;
}
```

i 一开始就大于 0，而以后每次都增加 i 的值，使条件 i＞ ＝ 0 总是成立，直到 i 值为 32767 后再加 1，超越正数的表示范围而得到负值时才结束，这时的结果肯定与希望的不同。

再有一种情况是循环条件被跳过。

例如：

```c
for (i = 1;i == 10;i += 2)
{
}
```

由于 i 值每次增加 2，所以取值为 1,3,5,7,9,11…把 10 跳过去了。

正确的写法应为

```c
for (i = 1; i <= 10; i += 2)
{
}
```

当 i 值超过 10 时循环就结束了。

职业素养小故事

在中国古代，有一位著名的哲学家和政治家名叫孔子，他以"仁、义、礼、智"四德为核心思想，强调人际关系中的和谐与责任感。孔子常常通过简单易懂的故事和比喻来传授深刻的道理，帮助弟子们理解生活中的各种问题。

有一次，孔子的弟子们在讨论如何更好地管理村庄的事务，尤其是如何合理安排村民的工作，以提高生产效率。孔子听了他们的讨论，决定给他们传授一个重要的道理。

孔子带领弟子们来到村子旁的一个田地，那里有一位农民正在辛勤地耕作。农民在一块地上反复耕作，直到把所有的土壤都翻松。孔子看着这一幕，微笑着对弟子们说："你们看到这位农民了吗？他用的是重复的方式来完成工作，通过不断重复，他才能将田地耕种得如此精细。"

在生活中，我们也需要这种循环的智慧。无论是耕种、学习还是管理事务，只有通过反复的实践和总结，我们才能提高效率，实现更好的结果。就像 C 语言中的循环结构，通过设定条件，我们可以在每一次迭代中不断改进，最终达到目标。

这个故事不仅将 C 语言的循环结构与古代智慧相结合，还传递了思政素养的核心理念：通过不断的努力和合作，我们能够在生活和工作中实现更高的目标，展现出个人的价值和社会的责任感。孔子的智慧在现代社会依然具有深远的意义，鼓励我们在面对困难时保持坚持和反复实践的精神。

第 5 章课后习题

第 6 章　数组——C 语言数据存储与处理的利器

在 C 语言编程的旅途中,数组无疑是一个数据存储与处理的强大工具。它允许程序将多个相同类型的数据元素组织在一起,通过单一的标识符(即数组名)进行访问和操作,从而极大地简化了数据的管理和运算。

数组的核心优势在于其能够高效地存储和处理大量数据。与单个变量相比,数组能够一次性存储多个数据元素,并且这些元素在内存中是连续存放的。这种连续存储的特性使得数组在数据访问和运算方面表现出色,特别是在处理大规模数据时,数组能够显著提高程序的执行效率。

在 C 语言中,数组可以是一维的,也可以是多维的。一维数组用于存储线性序列的数据,如一系列整数或字符。而多维数组则用于存储更复杂的数据结构,如矩阵或表格。通过数组的索引(即下标),程序可以方便地访问和修改数组中的元素。

在这一章里,我们将全面深入地探讨 C 语言的数组。我们将从一维数组的基本概念和用法开始,逐步扩展到多维数组的创建和使用。通过大量的实例和练习,你将学会如何声明和初始化数组,如何访问和修改数组中的元素,以及如何通过数组来处理复杂的数据运算。

通过本章的学习,你将更加熟练地掌握 C 语言的数组,学会如何高效地存储和处理大量数据。这将为你后续学习指针、字符串等更高级的编程技术提供坚实的基础,同时也将为你解决复杂编程问题提供有力的支持。让我们一同走进数组的世界,用 C 语言编写出更加高效、智能的程序,让数据管理和运算变得更加简单和便捷。

在 C 语言中,数组属于构造数据类型。一个数组可以分解为多个数组元素,这些数组元素可以是基本数据类型或是构造类型。因此按数组元素的类型不同,数组又可分为数值数组、字符数组、指针数组、结构数组等各种类别。本章介绍数值数组和字符数组,其余的在后续章节中陆续介绍。

6.1　一 维 数 组

6.1.1　一维数组的定义

一维数组定义的基本格式如下:

类型说明符 数组名 [常量表达式];

一维数组的
定义和引用

例如：

```
int array[3];
float f[10];
char c[5];
```

说明：

（1）类型说明符：指定数组的数据类型，它也是数组中每个元素的数据类型，同一数组中的元素必须具有相同的数据类型。"int array[3]；"表示定义了一个名为 array 的一维数组，数组 array 中 3 个元素的数据类型都是 int 型，只能存放整型数据。类型说明符可以是任何基本类型，如 float、double、char 等，也可以是后面介绍的其他数据类型，如结构体类型、共用体类型等。

（2）数组名：用户自己定义的标识符，其命名也必须遵循标识符命名规则，不能与变量名相同。

（3）常量表达式：方括号中的常量表达式表示该数组的长度，即数组中元素的个数。常量表达式可以是整型常量或符号常量，但不能包含变量（C 语言不允许对数组的大小作动态定义）。

例如：

```
int n=3;
int array[n];                        //错误
```

注意：定义数组时，常量表达式一定要写在方括号中。

（4）数组元素的下标是元素相对于数组起始地址的偏移量，所以从 0 开始顺序编号。"int array[3]；"表示 array 数组含有 3 个数组元素，这 3 个元素是 array[0]、array[1]、array[2]，由于下标是从 0 开始的，故不能使用下标大于或等于 3 的元素，如 array[3]、array[4]……

注意：C 语言不对数组作越界检查，使用时要注意。

6.1.2　一维数组元素的引用

数组同变量一样，必须先定义后引用。引用数组中的任意一个元素的形式如下：

数组名[下标]

其中下标可以是整型常量或整型表达式。

例如：

```
array [5]
array [i+j]
array [i++]
```

都是合法的数组元素。

说明：

（1）在引用时，只能对数组元素进行逐个引用，不能一次引用整个数组。

（2）在引用数组元素时，下标可以是整型常数、已经赋值过的变量或变量的表达式。

（3）由于每个数组元素本身也是某一数据类型的变量，因此，前面章节中对变量的各种操作也都适用于数组元素。

（4）引用数组元素时，下标上限（即最大值）不能越界。也就是说，若数组含有 n 个元素，下标的最大值为 n−1（因为下标从 0 开始）；若超出界限，C 语言编译程序并不给出错误信息，也就是说编译器并不检查数组是否下标越界，程序仍可以正常运行，但可能会改变该数组以外其他变量或其他数组元素的值，由此会导致输出的结果不正确。

【例 6-1】 数组元素的引用。

```
#include<stdio.h>
int main()
{
    int i,a[5];
    for(i=0;i<5;i++)
        scanf("%d",&a[i]);
    for(i=0;i<5;i++)
        printf("%d ",a[i]);
    printf("\n");
    return 0;
}
```

运行结果：

```
1 2 3 4 5
1 2 3 4 5
```

本例中第一个循环语句输入 a 数组中各元素的值，然后用第二个循环语句输出数组元素 a[0]～a[4] 的数值。

注意： 不能用"scanf("%d", a);"这种方式一次性输入所有元素的值。因为数组名表示的是一个地址常量，它代表整个数组的首地址。同一数组中的所有元素按其下标顺序占用一段连续的存储单元。

a 表示数组起始地址，&a[0] 表示第 1 个数组元素的地址，与数组起始地址相同；&a[1] 表示第 2 个数组元素的地址，等于第 1 个数组元素的地址＋4。

【例 6-2】 从键盘中输入 5 名学生的 C 语言成绩，求其平均成绩，并输出最大值和最小值。

```
#include<stdio.h>
int main()
{
    int grade[5], i, total;
    float average, max_score=0, min_score=100;
    total = 0;
    printf("请输入 5 名学生的 C 语言成绩: \n");
    for (i= 0; i<5;i++)
```

```
    {
        printf("grade[%d] =", i);
        scanf("%d", &grade[i]);
        total = total + grade [i];
        if(grade[i]> max_score) max_score=grade[i];
        if(grade[i]< min_score) min_score=grade[i];
    }
    average=(float)total/5;
    printf("平均成绩 average= %0.2f\n", average);
    printf("最大值 max_score= %0.2f\n", max_score);
    printf("最小值 min_score= %0.2f\n", min_score);
    return 0;
}
```

求平均成绩、
最大值和最小值

运行结果：

```
请输入5名学生的C语言成绩：
grade[0] =89
grade[1] =92
grade[2] =76
grade[3] =80
grade[4] =67
平均成绩average= 80.80
最大值max_score= 92.00
最小值min_score= 67.00
```

这个程序从键盘上接收 5 个成绩，求平均成绩。for 循环变量 i 从 0 变化到 4，对应元素下标的变化。printf()语句每次显示出要接收的下标变量 grade[0]~grade[4]，scanf()接收相应的值，再把它们加到 total 中，循环结束后求出平均成绩。利用 if 语句，将每次输入的元素跟 max_score 和 min_score 进行对比，如果条件表达式符合要求，则进行变量的更新。循环结束后 max_score 和 min_score 变量中存放的数值已经是最大值和最小值了。

6.1.3 一维数组的初始化

数组元素和变量一样，可以在定义的同时赋予初值，称为数组的初始化。

一维数组初始化的形式为

类型说明符 数组名[N]={初值 1,初值 2,…};

对于数组中若干数组元素，可以在{ }中给出各数组元素的初值，各初值之间用逗号隔开。

一维数组的
初始化

例如：

int a[10]={0,1,2,3,4,5,6,7,8,9};

相当于：

a[0]=0;

a[1]=1;

…

a[9]＝9;

C语言对数组的初始化赋值还有以下几点规定。

（1）可以只对部分元素赋初值。

当{ }中初值的个数少于元素个数时，系统按照元素的排列顺序只对前面部分元素赋值。

例如：

int a[10]＝{0,1,2,3,4};

表示只给 a[0]～a[4]这 5 个元素进行赋值，而给后面的 5 个元素自动赋 0 值。

注意：如果数组没有赋任何初值，则元素值不确定。

（2）只能对元素逐个赋初值，不能对数组整体赋值。

例如：

给 10 个元素全部赋 1 值，只能写为

int a[10]＝{1,1,1,1,1,1,1,1,1,1};

而不能写为

int a[10]＝1;

（3）如果给出所有元素的初值，则在数组说明中可以不给出数组元素的个数。

例如：

int a[5]＝{1,2,3,4,5};

可写为

int a[]＝{1,2,3,4,5};

系统会自动根据大括号中初值的个数来确定数组的长度。

（4）若大括号中提供的初值个数大于数组长度，则提示语法错误 too many initializers。

【例 6-3】 求数组中 10 个数的最小值。

解题思路：将第一个元素先作为最小值，跟后面的元素进行比较，如果有比其小的，则替换最小值，最后将结果输出。

```c
#include <stdio.h>
int main()
{
    int i,min,a[10]＝{35,5,9,6,2,7,67,49,55,60};
    for(i=0; i<10; i++)
        printf("%d\t",a[i]);
    printf("\n");
    min=a[0];
    for(i=1;i<10;i++)
        if(a[i]<min) min=a[i];
```

```
        printf( "min=%d\n",min);
        return 0;
}
```

运行结果：

```
35      5       9       6       2       7       67      49      55      69
min=2
```

【例 6-4】　编写一个程序,将给定长度为 5 的整型数组中的元素进行逆序输出。

```
#include<stdio.h>
int main()
{
        int n=5,i,j;
        int a[5],b[5];
        printf("请输入数组中各个元素的值为：\n");
        for(i=0;i<n;i++)
        {
                scanf("%d",&a[i]);
        }
        printf("逆序之前,元素值为：\n");
        for(i=0;i<n;i++)
        {
                printf("%d ",a[i]);
        }
        printf("\n逆序之后,元素值为：\n");
        for(i=n-1;i>=0;i--)
                b[n-i-1]=a[i];
        for(j=0;j<n;j++)
        {
                a[j]=b[j];
                printf("%d ",a[j]);
        }
        printf("\n");
        return 0;
}
```

元素逆序输出

运行结果：

```
请输入数组中各个元素的值为：
5
8
6
4
0
逆序之前，元素值为：
5 8 6 4 0
逆序之后，元素值为：
0 4 6 8 5
```

【例 6-5】　用冒泡法对 n 个数由小到大排序。

排序过程如下。

(1) 比较第一个数与第二个数,若为逆序,即 a[0]>a[1],则交换；然后比较第二个数与第三个数；依次类推，直至比较第 n−1 个数和第 n 个数为止，即第一趟冒泡排序，最大的数被安置在最后一个元素位置上。

（2）对前 n−1 个数进行第二趟冒泡排序，结果使次大的数被安置在第 n−1 个元素位置上。

（3）重复上述过程，共经过 n−1 趟冒泡排序后，排序结束。

以 8 个数为例，第 1 趟排序过程如图 6.1 所示。

```
49    38    38    38    38    38
38    49    49    49    49    49
65    65    65    65    65    65
97    97    76    76    76    76
76    76    97    13    13    13
13    13    13    97    27    27
27    27    27    27    97    30
30    30    30    30    30    97
```

图 6.1　第 1 趟排序过程

其余几趟排序结果如图 6.2 所示。

```
38    38    38    13    13    13
49    49    13    27    27    27
65    13    27    30    30
13    27    30    38
27    30    49
30    65
76
```

第2趟　第3趟　第4趟　第5趟　第6趟　第7趟

图 6.2　排序结果

通过上面结果可以看出，如果有 n 个数排序，则要进行 n−1 趟比较。在第 1 趟要进行 n−1 次两两比较，在第 i 趟要进行 n−i 次两两比较。根据这个思路写出程序（今设 n=10），定义数组长度为 11，本例不用 a[0] 来存储数据，只用 a[1]～a[10]，以符合人们的习惯。

程序代码如下：

```c
#include <stdio.h>
int main()
{
    int a[11],i,j,t;
    printf("请输入要排序的 10 个数:\n");
    for(i=1;i<11;i++)
        scanf("%d",&a[i]);
    printf("\n");
    for(i=1;i<=9;i++)
        for(j=1;j<=10-i;j++)
            if(a[j]>a[j+1])
```

冒泡排序

```
        {
            t=a[j];
            a[j]=a[j+1];
            a[j+1]=t;
        }
    printf("排序后的结果:\n");
    for(i=1;i<11;i++)
        printf("%d ",a[i]);
    return 0;
}
```

运行结果:

```
请输入要排序的10个数:
23 5 76 97 34 234 657 445 16 572

排序后的结果:
5 16 23 34 76 97 234 445 572 657
```

6.2 二 维 数 组

6.2.1 二维数组的定义

二维数组定义的基本格式如下:

类型说明符 数组名 [常量表达式 1] [常量表达式 2];

其中"常量表达式 1"表示第一维下标的长度,"常量表达式 2"表示第二维下标的长度。

例如:

```
int a[3][4];
float f[2][5];
char c[3][2];
```

二维数组的定义

说明:

(1) 二维数组中的每一个数组元素均有两个下标,而且必须分别放在方括号内,注意不能把多个下标放在一对方括号内,即不能写成"int a[3,4];"。

(2) 二维数组中的第 1 个下标表示该数组具有的行数,第 2 个下标表示该数组具有的列数,两个下标之积是该数组中数组元素的个数。

例如:

```
int a[3][4];          //定义 a 是一个 3×4(3 行 4 列)的数组,即 a 数组有 12 个元素.
```

(3) 二维数组可被看作一种特殊的一维数组:它的元素又是一个一维数组。

例如:

113

int a[3][4];

首先把 a 看作一个一维数组，它有 3 个元素，即 a[0]、a[1]、a[2]。每个元素又是一个包含 4 个元素的一维数组。a[0]、a[1]、a[2] 是一维数组的数组名，a[0] 的元素分别是 a[0][0]、a[0][1]、a[0][2]、a[0][3]，a[1] 的元素分别是 a[1][0]、a[1][1]、a[1][2]、a[1][3]；a[2] 的元素分别是 a[2][0]、a[2][1]、a[2][2]、a[2][3]，如图 6.3 所示。

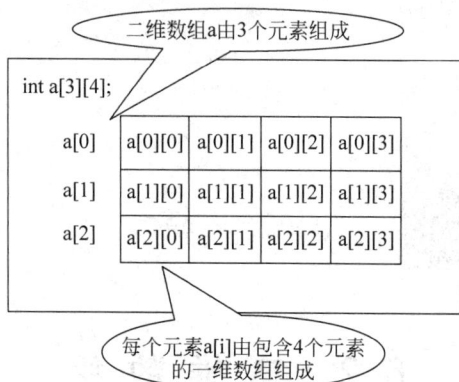

图 6.3　二维数组

（4）二维数组在概念上是二维的，其下标在两个方向上变化。但是，实际的硬件存储器却是连续编址的，也就是说存储器单元是一维线性排列的。在一维存储器中存放二维数组，可以有两种方式：一种是按行存放，即放完一行之后顺次放入第二行；另一种是按列存放，即放完一列之后再顺次放入第二列。在 C 语言中，二维数组是按行存放的。即先存放 a[0] 行，再存放 a[1] 行，最后存放 a[2] 行，每行中的 4 个元素也依次存放。

6.2.2　二维数组元素的引用

二维数组元素的引用格式为

数组名[下标表达式][下标表达式]

例如：

a[0][1];

注意：二维数组元素的两个下标不要越界。例如，"int a[3][4];"，则可用的行下标范围为 0 ～ 2，列下标范围为 0 ～ 3。

【例 6-6】　给一个 3×4 的二维数组各元素赋值，输出全部元素的值，并计算出全部元素的和。

```
#include <stdio.h>
int main()
{
    int i,j,a[3][4],sum=0;
```

```
    printf("输入数组数据:\n");
    for(i=0;i<3;i++)                        /* 外循环控制行数 */
        for(j=0;j<4;j++)                    /* 内循环控制列数 */
            scanf("%d",&a[i][j]);
    printf("输出数组数据:\n");
    for(i=0;i<3;i++)
    {
        for(j=0;j<4;j++)
        {
            sum=sum+a[i][j];
            printf("%d\t",a[i][j]);
        }
        printf("\n");
    }
    printf("sum=%d",sum);
    return 0;
}
```

数组求和

运行结果:

```
输入数组数据:
1 2 3 4
5 6 7 8
9 0 12 11
输出数组数据:
1       2       3       4
5       6       7       8
9       0       12      11
sum=68
```

6.2.3　二维数组的初始化

二维数组的初始化方法有以下几种。

（1）分行给二维数组中的元素赋初值，即按行赋初值。

例如：

int a[3][4]={{0,1,2,3},{4,5,6,7},{8,9,10,11}};

每一行的初值单独写在一个大括号内。

二维数组的初始化

（2）将所有初值写在一个大括号内，按数组元素在内存中的存储顺序依次对各元素赋初值。

例如：

int a[3][4]={0,1,2,3,4,5,6,7,8,9,10,11};

（3）只给部分元素赋初值。

例如：

int a[3][4]={{1},{3,4}};

初始化后数组元素 a[0][0]、a[1][0]和 a[1][1]的值分别为 1、3、4，其他元素的值均

为 0。

（4）对全部元素赋初值时可以不指定第一维的长度。此时第一维的长度由第二维长度（即列数）自动确定。

例如：

int a[][4]={0,1,2,3,4,5,6,7,8,9,10,11};

【例 6-7】 有一个 4×4 的矩阵,求该数组主对角线之和。

解题思路：主对角线的位置行号和列号相等。

```c
#include <stdio.h>
#include <stdlib.h>
int main()
{
    int array[4][4] = { {12, 56, 78, 96},
                        {25,63, 91, 36},
                        {16,53, 88, 95},
                        {77,55, 33, 66} };
    int i, j,sum=0;
    printf("对角线上的元素为：\n");
    for (i = 0; i < 4; i++)
    {
        for (j = 0; j < 4; j++)
        {
            if (i == j)
            {
                printf("%d\n", array[i][j]);
                sum += array[i][j];
            }
        }
    }
    printf("对角线上的元素的和为：");
    printf("%d\n",sum);
    return 0;
}
```

运行结果：

```
对角线上的元素为：
12
63
88
66
对角线上的元素的和为：229
```

【例 6-8】 使用随机函数初始化一个 4 行 5 列的二维数组,求该二维数组中最小值以及该最小值第一次出现的位置。

解题思路：随机函数可以使用 rand()函数,可以参考下列代码。

```c
#include <stdio.h>
#include <stdlib.h>
```

```c
#include <time.h>
int main() {
    srand(time(0));                        //使用当前时间作为随机种子
    int random = rand();                   //生成一个随机数
    printf("Random Number: %d\n", random);
    return 0;
}
```

完整代码如下：

```c
#include <stdio.h>
#include <stdlib.h>
#include <time.h>
int main()
{
    int i, j, num=0;
    int array[4][5];
    srand(time(NULL));
    for (i = 0; i < 4; i++)                //随机产生一个 4×5 的二维数组
    {
        for (j = 0; j < 5; j++)
        {
            array[i][j] = rand() % 100;
            printf("%4d", array[i][j]);
            num++;
        }
        if (num % 5 == 0)
        {
            printf("\n");
        }
    }
    int min= array[0][0];
    int r,c;
    //找出二维数组里最小的数
    for (i = 0; i < 4; i++)
    {
        for (j = 0; j < 5; j++)
        {
            if (min > array[i][j])
            {
                min = array[i][j];
                r = i+1;
                c = j+1;
            }
            //printf("min 出现的位置在[%d][%d]\n", i, j);
        }
    }
    printf("\n%d 出现在%d 行%d 列\n", min,r,c);
    return 0;
}
```

随机最小值

117

运行结果：

```
77  55  95  20  33
81  19  96  43   9
18  63  19  24  85
76  52  61  33  13

9出现在2行5列
```

注意：由于二维数组中数据是由随机函数生成的，所以每次执行的结果均是不同的。

【例 6-9】 将下面的值读入数组，分别求出各行、各列以及所有数之和。

10	9	8
6	15	4
2	7	11
12	3	5

解题思路：定义一个 5×4 的二维数组存储数据，其中前面 4 行 3 列用来存储原始数据，每一行的和保存在最后一列，每一列的和保存在最后一行，x[4][3]用来保存所有元素之和。

```c
#include < stdio.h >
int main()
{
    int x[5][4],i,j;
    printf("请输入数据：\n");
    for(i=0;i<4;i++)
        for(j=0;j<3;j++)
            scanf("%d",&x[i][j]);
    for(i=0;i<4;i++)
        x[4][i]=0;                    //最后一行元素全部设为 0
    for(j=0;j<5;j++)
        x[j][3]=0;                    //最后一列元素全部设为 0
    for(i=0;i<4;i++)
        for(j=0;j<3;j++)
        {
            x[i][3]+=x[i][j];        //求每行元素之和
            x[4][j]+=x[i][j];        //求每列元素之和
            x[4][3]+=x[i][j];        //求所有元素之和
        }
    printf("求和之后结果：\n");
    for(i=0;i<5;i++)
    {
        for(j=0;j<4;j++)
            printf("%5d\t",x[i][j]);
        printf("\n");
    }
    return 0;
}
```

运行结果：

```
请输入数据：
10 9 8
6 15 4
2 7 11
12 3 5
求和之后结果：
    10       9       8      27
     6      15       4      25
     2       7      11      20
    12       3       5      20
    30      34      28      92
```

6.3 字 符 数 组

6.3.1 字符数组的定义

字符数组的定义形式与前面介绍的数值数组相同。

一维字符数组的定义如下：

char 数组名[常量表达式]；

例如：

char c[10]；

二维字符数组的定义如下：

char 数组名[常量表达式 1][常量表达式 2]；

例如：

char c[10][10]；

字符数组的
知识点

6.3.2 字符数组元素的引用

字符数组元素的引用同前面介绍的数值型数组元素的引用一样，每次只能引用一个字符数组元素，只得到一个字符。

其引用形式如下：

数组名[下标 1]『[下标 2]『[下标 3] … 』』
/ * 『…』为可选项，表示其内容可有可无 * /

例如：

c[0][1]；

6.3.3 字符数组的初始化

在定义字符数组时给字符数组元素赋初值，称为字符数组的初始化。

（1）大括号中提供的初值个数（即字符个数）等于数组长度。

例如：

char a[5]={ 'C', 'h', 'i', 'n', 'a'};

（2）若大括号中提供的初值个数大于数组长度，则会出现语法错误。如果初值个数小于数组长度，则将这些初值赋给字符数组前面对应数量的元素，其他元素自动为空字符（即'\0'）。

例如：

char a[5]={ 'C', 'h'};

（3）若大括号中提供的初值个数等于数组长度，则在定义时可以省略其数组长度。

例如：

char c[]= { 's', 'h', 'e', 'e', 'p'};

6.3.4 字符串及其结束标志

虽然在C语言中有字符串常量，但没有专门的字符串变量，所有字符串的输入/输出、存储和处理等操作都要用字符数组来实现。为了测定字符串的实际长度，C语言规定了一个字符串结束标志，也就是'\0'。遇到字符'\0'则表示字符串结束，由它前面的字符组成字符串。'\0'对应的是 ASCII 码值为 0 的字符，它是一个"空操作符"，表示什么也不做，而且也不可显示，它只作为一个标志，起到辨别的作用。

我们可以用字符串常量对字符数组初始化。

例如：

char c1[]={"China"};   /* 大括号可省略 */

等价于

char c1[]={'C', 'h', 'i', 'n', 'a', '\0'};

字符串的结束标志及输入/输出

注意：

此时数组 c1 的长度为 6，而不是 5，因为系统会自动在字符串常量的最后加上一个'\0'，和下面的数组定义及初始化不是等价的。

char c2[]={'C', 'h', 'i', 'n', 'a'};   /* 数组 c2 的长度是 5 */

6.3.5 字符数组的输入/输出

字符数组的输入/输出有两种方法。

(1) 逐个字符输入/输出：用%c 输入/输出一个字符。

```
scanf("%c", &a[0]);
printf("%c", a[0]);
```

(2) 将整个字符串一次性输入/输出：用%s 输入/输出一个字符串。

【例 6-10】 以字符串的形式进行字符数组的输入和输出操作。

```
#include <stdio.h>
int main()
{    char str[12];
     printf("请输入字符串：\n");
     scanf("%s", str);
     printf("输出字符数组：\n");
     printf("%s\n", str);
     return 0;
}
```

运行结果：

```
请输入字符串：
HelloWorld!
输出字符数组：
HelloWorld!
```

说明：

(1) 用%s 格式输出字符数组时，遇到'\0'则结束输出，并且输出字符中不包含'\0'。若数组中包含多个'\0'，则遇到第一个'\0'时即结束输出。

(2) 用%s 格式输入或输出字符数组时，函数 scanf()的地址列表、函数 printf()的输出列表都使用字符数组名。数组名前不能再加"&"符号，因为数组名就是数组的起始地址。

(3) 用%s 格式为字符数组输入数据时，遇空白字符时结束输入。但所读入的字符串中不包含空白字符，而是在字符串末尾添加'\0'。输入的字符个数应小于数组的长度，否则可能会产生致命性错误。

【例 6-11】 以字符串的形式进行多个字符数组的输入和输出操作。

```
#include <stdio.h>
int main()
{
     char a[10],b[10],c[10],d[10];
     printf("请输入 4 个字符串:");
     scanf("%s %s %s %s",a,b,c,d);
     printf("a=%s\nb=%s\nc=%s\nd=%s\n",a,b,c,d);
}
```

121

运行结果：

```
请输入4个字符串:What are you doing?
a=What
b=are
c=you
d=doing?
```

6.3.6　字符串处理函数

C语言提供了丰富的字符串处理函数，大致可分为字符串的输入/输出、连接、修改、比较、转换、复制、搜索等，使用这些函数可大大减轻编程的负担。

如果想要使用输入/输出的字符串函数，需要在程序中包含头文件 stdio.h，使用其他字符串函数前则应包含头文件 string.h。

下面介绍几个最常用的字符串函数。

1. 字符串输出函数 puts()

puts()函数的作用是输出一个字符串到终端。

其调用形式为

puts(字符数组)

例如：

```
char c[10]="student";
puts(c);
```

运行结果：

```
student
```

说明：

（1）用 puts()函数输出字符串时，会用'\n'取代字符串的结束标志'\0'，因此不用另加换行符。

（2）用 puts()函数输出的字符串中可以包含各种转义字符。

（3）puts()函数一次只能输出一个字符串，而 printf()函数也能用来输出字符串，且一次能输出多个。

2. 字符串输入函数 gets()

gets()函数的作用是从终端输入一个字符串到字符数组，并得到一个函数值。该函数值是字符数组的首地址（即起始地址）。

其调用形式为

gets(字符数组)

说明：

（1）gets()函数读取的字符串的长度没有限制，要保证字符数组有足够大的空间，能够存放输入的字符串。

（2）gets()函数输入的字符串中允许包含空格，而 scanf()函数不允许。

【例 6-12】　编写一个程序，计算用户输入的字符串的长度（不包括空字符'\0'）。要求不使用 C 语言标准库中的 strlen()函数。

```
#include<stdio.h>
int main()
{
    char str[100];
    int length = 0;
    printf("请输入一个字符串: ");
    gets(str);
    while (str[length] != '\0')
    {
        length++;
    }
    printf("字符串长度: %d\n", length);
    return 0;
}
```

计算字符串长度

运行结果：

```
请输入一个字符串: I like programming.
字符串长度: 19
```

3. 字符串连接函数 strcat()

strcat()函数的作用是连接两个字符数组中的字符串，把字符串 2 连接到字符串 1 的后面，结果放在字符数组 1 中。调用该函数后得到一个函数值，该函数值是字符数组的首地址。

其调用的一般形式为

strcat(字符数组 1，字符数组 2)；

例如：

```
#include<stdio.h>
#include<string.h>
int main()
{
    char a[20]="My name is ", b[10]="Li ming";
    printf("%s\n",strcat(a,b));
    return 0;
}
```

运行结果：

`My name is Li ming`

说明：

（1）字符数组 1 定义得要足够大，以便能够容纳连接后的目标字符串；否则，会因长度不够而产生问题。

（2）连接前两个字符串都有结束标志'\0'，连接后字符数组 1 中原有的字符串结束标志'\0'被舍弃，只在目标串的最后保留一个'\0'。

【例 6-13】 利用 strcat()函数来实现字符串连接操作。

```
# include < stdio. h >
# include < string. h >
int main()
{
    char a[10] = "Hello";
    char b[10] = "World!", c[] = " ";
    strcat(a, c);
    strcat(a, b);
    printf("%s\n", a);
    return 0;
}
```

**strcat()函数
测试连接**

运行结果：

`Hello World!`

4. 字符串复制函数 strcpy()

strcpy()函数的作用是复制字符串，把字符数组 2 或字符串 2 复制到字符数组 1 中。复制时连同'\0'一起复制到字符数组 1 中。

其调用的一般形式为

strcpy(字符数组 1,字符数组 2 或字符串 2);

说明：

（1）字符数组 1 定义得要足够大，以便能够容纳复制过来的目标字符串。

（2）不能使用赋值运算符"="将一个字符串直接赋值给一个字符数组，只能用 strcpy()函数来处理。

```
char a[20];
a="My name is ";                        //错误
```

5. 字符串比较函数 strcmp()

strcmp()函数的作用是比较两个字符串的大小。

其调用的一般形式为

strcmp(字符串 1,字符串 2);

字符串比较的规则:对两个字符串从左到右逐个字符进行比较(按其 ASCII 码值大小比较),直到出现不同的字符或遇到'\0'为止。如果全部字符都相同,则两个字符串相等;否则以第一对不同字符的比较结果为准。

例如:

strcmp ("computer", "compare");

说明:

(1) 比较的结果由函数值返回。

① 如果字符串 1==字符串 2,则函数值为 0。

② 如果字符串 1>字符串 2,则函数值为一个正整数。

③ 如果字符串 1<字符串 2,则函数值为一个负整数。

例如:

```
strcmp("CHINA", "CANADA");          //结果为正整数
strcmp("DOG", "cat");               //结果为负整数
```

(2) 不能使用关系运算符来比较两个字符串,只能用 strcmp()函数来处理。

例如:

```
if(str1 > str2)
    printf("yes");                  //错误
if(strcmp(str1, str2)> 0)
    printf("yes");                  //正确
```

【例 6-14】 字符串比较函数。

```
#include<stdio.h>
#include<string.h>
int main()
{
    char a[100],b[100];
    printf("请输入两个字符串:\n");
    gets(a);
    gets(b);
    printf("%d",strcmp(a,b));
    return 0;
}
```

运行结果:

```
请输入两个字符串:
abc abc
abc adb
-1
```
```
请输入两个字符串:
Hello World!
Hello World!
0
```
```
请输入两个字符串:
bcde
acde
1
```

6. 字符串长度函数 strlen()

strlen()函数用于测试字符串的长度,其函数值为字符串的实际长度,不包括字符串

的结束标志'\0'。

其调用形式为

strlen(字符数组名或字符串常量);

例如：

strlen("china");   //结果是 5

【例 6-15】 从键盘上输入一个字符串，计算字符串里有多少个空格、小写字母、大写字母、数字。

```
#include <stdio.h>                    //标准输入/输出
#include <string.h>                   //字符串处理头文件
int main()
{
    int len=0;
    int i;
    char str[100];
    int cnt[5]={0};                   //初始化赋值
    printf("请输入字符串: ");
    //scanf("%s",str);                 //从键盘上输入字符串,字符串结尾是'\0'
    //gets(str);                       //从键盘上输入字符串
    fgets(str,100,stdin);             //从键盘上输入字符串(标准输入)
    //空格、小写字母、大写字母、数字、其他数据
    /* 1. 计算字符串的长度 */
    while(str[len]!='\0')len++;
    printf("len1=%d\n",len);
    printf("len2=%d\n",strlen(str)); //计算字符串长度
    /* 2. 处理字符串 */
    for(i=0;i<len;i++)
    {
        if(str[i]==' ') cnt[0]++;
        else if(str[i]>='a'&&str[i]<='z') cnt[1]++;
        else if(str[i]>='A'&&str[i]<='Z') cnt[2]++;
        else if(str[i]>='0'&&str[i]<='9') cnt[3]++;
        else cnt[4]++;
    }
    /* 3. 打印结果 */
    printf("空格:%d\n",cnt[0]);
    printf("小写:%d\n",cnt[1]);
    printf("大写:%d\n",cnt[2]);
    printf("数字:%d\n",cnt[3]);
    printf("其他:%d\n",cnt[4]);
    return 0;
}
```

统计字符串信息

运行结果：

```
请输入字符串: I like programming, because I enjoy challenging things.
len1=56
len2=56
空格:7
小写:44
大写:2
数字:0
其他:3
```

7. 字符串小写函数 strlwr()

strlwr()函数用于将字符串中所有的大写字母转换成小写字母。
其调用形式为

strlwr(字符串);

例如：

strlwr("CHINA");　　　　　　　　　　　//结果是 china

8. 字符串大写函数 strupr()

strupr()函数用于将字符串中所有的小写字母转换成大写字母。
其调用形式为

strupr(字符串);

例如：

strupr("china");　　　　　　　　　　　//结果是 CHINA

【例 6-16】　用空格或换行分开的字符串称为单词。输入多行字符串,直到遇到了单词 stop 时才停止,最后输出单词比较的次数。用于分隔单词的空格或换行可能多于 1 个,比较单词的次数不包括 stop。

```c
# include < stdio.h >
# include < string.h >
int main()
{
    int i=0;
    char str[80];
    while (1)
    {
        printf("请输入字符串: ");
        scanf("%s",str);
        if (strcmp(str, "stop")!=0)
        {
            i++;
        }
        else
        {
```

分隔单词,
统计比较次数

```
                    }
            break;
        }
    }
    printf("比较了%d次\n",i);
    return 0;
}
```

运行结果：

```
请输入字符串: i
请输入字符串: LIKE
请输入字符串: programming
请输入字符串: because
请输入字符串: I
请输入字符串: enjoy
请输入字符串: challenging
请输入字符串: things
请输入字符串: .
请输入字符串: stop
比较了9次
```

6.4 程 序 举 例

【**例 6-17**】 编写程序找出一组单词中"最小"单词和"最大"单词。用户输入单词后，程序根据字典顺序决定排在最前面和最后面的单词。当用户输入 4 个字母的单词时，程序停止读入，假设所有单词都不超过 20 个字母。程序会话如下：

Enter word: dog

Enter word: zebra

Enter word: rabbit

Enter word: catfish

Enter word: walrus

Enter word: cat

Enter word: fish

Smallest word: cat

Largest word: zebra

解题思路如下。

（1）定义常量和变量：使用宏定义 MAX_WORDS 和 MAX_LENGTH 来限制最大单词数量和单词长度。MAX_LENGTH 之所以设置为 21，是因为我们需要为字符串的结束符留出空间。定义一个二维字符数组 words 来存储所有输入的单词。使用变量 count 来统计输入单词的数量。

（2）输入循环：通过无限循环 while(1) 来不断读取用户输入的单词。使用 scanf() 函数读取单个单词，存储在临时变量 word 中。检查输入单词的长度，如果是 4，则使用 break 语句结束输入循环。

（3）存储和比较单词：在循环中，将输入的单词存储到 words 数组中，并增加计数 count。在第一次输入时，直接将 minWord 和 maxWord 初始化为第一个输入的单词。对于后续输入的单词,使用 strcmp()函数比较当前单词与 minWord 和 maxWord,如果当前单词字典顺序更小,则更新 minWord;如果更大,则更新 maxWord。

（4）输出结果:循环结束后,检查是否有输入的单词(count＞0),若存在则打印最小和最大单词。若无输入任何单词,则给予提示。

```c
#include <stdio.h>
#include <string.h>
#define MAX_WORDS 100
#define MAX_LENGTH 21
int main()
{
    char words[MAX_WORDS][MAX_LENGTH];        //Array to store words
    int count = 0;                            //Number of words entered
    char minWord[MAX_LENGTH];                 //To store the minimum word
    char maxWord[MAX_LENGTH];                 //To store the maximum word
    while (1)
    {
        char word[MAX_LENGTH];
        printf("Enter word:");
        scanf("%s", word);
        if (strlen(word) == 4)
        {
            break;
        }
        //Store the word in the array
        strcpy(words[count], word);
        count++;
        //Update min and max words if necessary
        if (count == 1)
        { //First word
            strcpy(minWord, word);
            strcpy(maxWord, word);
        }
        else
        {
            if (strcmp(word, minWord) < 0)
            {
                strcpy(minWord, word);
            }
            if (strcmp(word, maxWord) > 0)
            {
                strcpy(maxWord, word);
            }
        }
    }
    //Output the results
    if (count > 0)
    {
        printf("Smallest word: %s\n", minWord);
```

```
        printf("Largest word: %s\n", maxWord);
    }
    else
    {
        printf("没有输入任何单词.\n");
    }
    return 0;
}
```

运行结果：

```
Enter word:dog
Enter word:zebra
Enter word:rabbit
Enter word:catfish
Enter word:walrus
Enter word:cat
Enter word:fish
Smallest word: cat
Largest word: zebra
```

【例 6-18】 从键盘输入一个字符串，把字符的 ASCII 码为偶数的存入新数组，然后以字符串形式输出新数组。

解题思路：利用 strlen() 函数获取输入的字符串长度，遍历整个数组，当 ASCII 码为偶数（即对其进行取余 2，结果为 0）时，将此下标上的元素存入 s 数组中，遍历结束之后，将 s 数组进行打印。

```
# include < stdio.h >
# include < string.h >
int main()
{
    char str[100], s[100];
    int i, len, j = 0;
    printf("请输入一个字符串: \n");
    gets(str);
    len = strlen(str);
    for (i = 0; i < len; i++)        //遍历整个数组
        if (str[i] % 2 == 0)         /* ASCII 码为偶数 */
        {
            s[j] = str[i];
            j++;
        }
    s[j] = '\0';
    puts(s);
    return 0;
}
```

偶数字符
存入新数组

运行结果：

```
请输入一个字符串:
string
trn
```

【例 6-19】 编写一个程序，其功能是自动统计从键盘输入的字符串中非元音字母的

个数,并将这些非元音字母输出。例如,输入"Hello,everyone!",则输出"Hll,vryn! count＝9"。

　　解题思路:元音字母有 a、e、i、o、u 这 5 类。遍历整个数组,对逐个元素进行判断。这里我们可以利用 switch 结构,如果当前元素是 5 类中的字母,则跳过本次循环,继续进行下一轮判断;否则进行元素的输出,并统计相关的个数。

```
#include <stdio.h>
int main()
{
    char a[100];
    int i,count＝0;
    printf("请输入字符串: ");
    gets(a);                    //输入"Hello,everyone!"
    for(i＝0;a[i];i＋＋)
    switch(a[i])                //对字符进行筛选,不要元音字母
    {
        case 'a':
        case 'e':
        case 'i':
        case 'o':
        case 'u':
        case 'A':
        case 'E':
        case 'I':
        case 'O':
        case 'U':break;
        default:putchar(a[i]);
        count＋＋;
    }
    printf("\ncount＝%d\n",count);
    return 0;
}
```

非元音字母的输出

运行结果:

```
请输入字符串: Hello,everyone!
Hll,vryn!
count=9
```

　　【例 6-20】　输入 5 个数,并依次往后移一个位置,再将第 5 个数放在第一个存储单元中。

　　解题思路:定义一个长度为 5 的一维数组,利用 for 循环进行数据的输入。定义一个中间变量 temp,用来暂存第 5 个数据。再次利用 for 循环,从数组最大下标开始进行元素的前向覆盖,最后将临时变量 temp 中的值放入下标为 0 的数组中。

```
#include <stdio.h>
#include <stdlib.h>
#define N 5
```

```
/*输入 5 个数,并依次往后移一个位置,再将第 5 个数放在第一个存储单元中*/
int main()
{
    int i,j;
    int temp;                        //1 个中间变量,用于保存第 5 个数据
    int nums[N];
    for(i=0;i<N;i++){
        printf("请输入第%d 个元素:",i+1);
        scanf("%d",&nums[i]);
    }
    temp = nums[N-1];                //保存好第 5 个数值
    printf("打印出来的结果为:\n");
    for(i=0;i<N;i++)
    {
        printf("%-8d",nums[i]);
    }
    for(i=N;i>0;i--){
        nums[i] = nums[i-1];         //用前一个元素覆盖后一个元素
    }
    nums[0] = temp;                  //给第 5 个数值赋值后,方便下面打印
    printf("\n*************\n 最后的结果为:\n");
    for(i=0;i<N;i++)
    {
        printf("%-8d",nums[i]);
    }
    return 0;
}
```

运行结果:

```
请输入第1个元素:1
请输入第2个元素:2
请输入第3个元素:3
请输入第4个元素:4
请输入第5个元素:5
打印出来的结果为:
1        2        3        4        5
*************
最后的结果为:
5        1        2        3        4
```

【例 6-21】 输入两个字符串 a 和 b,将 b 串中的最大字符插入 a 串中最小字符后面。

样例输入:

MynameisAmy

MynameisJane

样例输出:

MynameisAymy

解题思路:a 字符串中最小的字符是 A,b 字符串中最大的字符是 y。

```
#include <stdio.h>
#include <string.h>
```

```
#define MAX 100
int main()
{
    char a[MAX], b[MAX];
    int i, j, n, m, min, max;
    printf("请输入 a 字符串: ");
    gets(a);
    m = strlen(a);                      //计算数组长度
    for (i = 0, min = 0; i < m; i++)
    {
        if (a[i] < a[min])
    //默认第一个字符最小,后面依次与它比,如比它小,则交换下标
            min = i;
    }
    printf("请输入 b 字符串: ");
    gets(b);
    n = strlen(b);
    for (i = 0, max = 0; i < n; i++)
    {
        if (b[i] > b[max])              //同理找出最大的下标
            max = i;
    }
    for (j = m + 1; j > min; j--)    //把 min 之后的字符向后移一位,包括'\0'
        a[j] = a[j - 1];
    //相当于把'\0'后面的字符往前移到 min 后面一位,最后被取代
    a[j + 1] = b[max];
    printf("修改完毕之后的字符串 a=");
    puts(a);
    return 0;
}
```

运行结果:

```
请输入a字符串: MynameisAmy
请输入b字符串: MynameisJane
修改完毕之后的字符串a=MynameisAymy
```

6.5　常　见　错　误

(1) 数组下标越界。

例如:

```
int a[10], i;
for (i = 0; i <= 10; i++)
    scanf("%d", &a[i]);
```

由于 a 定义有 10 个元素,下标为 0～9。当 i 为 10 时,实际上 scanf()形式为"scanf
("%d",a[10]);",而数组 a 中根本就没有 a[10]这个元素,所以这次接收输入是错误的。

C 语言本身对下标越界不做检查，因此在发生这种错误时，程序可能会继续运行，而把错误带到程序的其他地方。

（2）对数组进行整体赋值。

例如：

```
int a[10], b[10];
…
b＝a;
```

这是错误的，C 语言不允许对数组作整体的操作，如果想把 a 的值赋给 b，需要用循环来实现。

例如：

```
for (i = 0;i < 10; i ＋ ＋ ) b[i] = a[i];
```

同样也不能用 scanf()一次接收一个数组的值，例如：

```
scanf("％d", ＆a);
```

是错误的。

（3）接收字符串时用了取地址运算符。

例如：

```
char str[20];
scanf("％s", ＆str);
```

由于数组名本身就代表地址，所以不应再加"＆"。

（4）向一个字符数组赋字符串。

例如：

```
char str[20] ;
str＝"hello";
```

这种错误实际上与第(2)种错误是一样的。C 语言不支持对数组的整体操作，但使用者由于看到字符数组初始化的情形，就以为能够把字符串赋给一个数组，这种错误出现的频率很高，应加以重视。编译会对这种情况给出错误提示。

（5）忘记在构造字符串末尾加'\0'。

例如：

```
i = 0 ;
while (( c = getchar() )! = '\n')
    line[i ＋＋]＝c;
printf("％s\n", line);
```

由于构造的字符串没有加结束标志，当 printf()输出 line 时，从 line 的起始地址开始一个个地输出字符后，输出完读入的字符后没有遇到'\0'，会一直输出，这时的内容已不再是字符串中的字符了，可能是胡乱的字符，直到在内存中遇到另一处的'\0'，或访问到不允许访问的地方发生错误才停下来。因此,在构造一个字符串时,一定注意不要忘记在末尾加上'\0'。

职业素养小故事

在中国的一些贫困地区,地方政府和科技公司合作推出了一项名为"数字扶贫"的计划。这个计划旨在通过数据分析和技术手段,帮助贫困地区的农民提高生产效率和生活水平。

在这个项目中,一位年轻的程序员被分配到一个团队,负责开发一个管理农村生产数据的系统。他使用 C 语言编写了一个程序,其中最核心的部分是使用数组来存储和处理各个农户的粮食产量、种植面积、收入等信息。

他的程序将每个农户的数据存储在一个数组中,使得数据的访问和处理变得高效而便捷。通过这个系统,政府能够实时获取各地的农业生产情况,而农民们也可以通过这个平台了解自己的生产数据以及其他农户的情况,从而进行比较和学习。

在这个过程中,他深刻理解到,技术不是孤立存在的,它需要与社会的实际问题紧密结合。通过使用 C 语言的数组结构,他和他的团队不仅提高了数据处理的效率,更重要的是,他们通过数据分析帮助了那些最需要帮助的人。

他们的工作不仅是编程,更是对社会责任感的体现。他意识到,作为一名程序员,他的工作可以直接影响到农村的经济发展和农民的生活质量。这种意识让他更加努力地优化程序,确保数据的准确性和可靠性。

这个故事展示了 C 语言数组在真实社会问题中的应用,体现了科技与社会责任的结合。这位年轻程序员的经历告诉我们,作为一名技术工作者,不仅要掌握专业技能,更要具备深厚的社会责任感,关注社会发展和民生问题。通过合理使用技术,我们可以在推动社会进步的同时,体现出思政素养的重要性。在信息时代,真正的技术人才应当是为社会服务、推动发展的"工匠精神"的践行者。

第 6 章课后习题

第 7 章　函数——C 语言模块化编程的基石

在 C 语言编程的宏伟殿堂中,函数扮演着模块化编程的基石角色。它通过将代码划分为多个独立且可重用的部分,使程序结构更加清晰,易于维护和扩展。函数不仅提高了代码的重用性,还促进了代码的模块化设计,使开发者能够专注于单个功能的实现,从而构建出更加复杂和强大的程序。

函数的核心在于其能够封装一段代码,使其完成特定的任务。每个函数都有一个唯一的标识符(即函数名),以及一组参数(用于接收输入数据)和返回值(用于返回处理结果)。通过调用函数,程序可以方便地执行封装在函数内部的代码,而无须关心其内部实现细节。

在 C 语言中,函数可以是用户自定义的,也可以是库函数。用户自定义函数允许开发者根据实际需求编写特定的功能,而库函数则提供了大量经过优化和测试的常用功能,如数学运算、字符串处理等。

在这一章里,我们将全面深入地探讨 C 语言的函数。我们将从函数的定义和声明开始,逐步扩展到函数的调用、参数的传递以及返回值的处理。通过大量的实例和练习,你将学会如何编写和调用函数,如何设计高效的函数接口,以及如何通过函数来实现模块化编程。

通过本章的学习,你将更加熟练地掌握 C 语言的函数,学会如何构建出结构清晰、易于维护和扩展的程序。这将为你后续学习指针、结构体等更高级的编程技术提供有力的支持,同时也将为你解决复杂编程问题提供强大的工具。让我们一同走进函数的世界,用 C 语言编写出更加模块化、高效的程序,让编程变得更加简单和愉悦。

7.1　函　数　概　述

在前面已经介绍过,C 语言源程序是由函数组成的。虽然在前面各章的程序中大多只有一个主函数 main(),但一个具有一定规模的 C 语言程序往往是由多个函数组成的。函数是 C 语言源程序的基本模块,通过对函数模块的调用实现特定的功能,比如我们前面用过的 strlen 函数可以求出字符串的实际长度。C 语言中的函数相当于其他高级语言的子程序。C 语言不仅提供了极为丰富的库函数(如 Turbo C、MS C 都提供了 300 多个库函数),还允许用户自己定义函数。用户可以把自己的算法编成一个个相对独立的函数模块,然后使用调用的方法来使用函数。可以说 C 语言程序的全部工作都是由各式各样的函数完成的,所以也把 C 语言称为函数式语言。

由于采用了函数模块式的结构,C 语言易于实现结构化程序设计,使程序的层次结构清晰,便于程序的编写、阅读、调试。

在 C 语言中可从不同的角度对函数进行分类。

(1)从函数定义的角度看,函数可分为库函数和用户自定义函数两种。

① 库函数:由 C 语言系统提供,用户无须定义,也不必在程序中作类型说明,只需在程序开头将含有该函数原型的头文件包含进来,即可在程序中直接调用。在前面各章的例题中反复用到的 printf()、scanf()、getchar()、putchar()、gets()、puts()、strcat()等函数均属此类。

② 用户自定义函数:用户在源程序中自己定义的函数,专门用来满足用户自己的特定需求。对于用户自定义函数,不仅要在程序中定义函数本身,而且必须在主调函数模块中对该被调函数进行类型说明,然后才能使用。

(2)C 语言的函数兼有其他语言中的函数和过程两种功能,从这个角度看,又可把函数分为有返回值函数和无返回值函数两种。

① 有返回值函数:此类函数被调用执行完后将向调用者返回一个执行结果,称为函数返回值。如数学函数即属于此类函数。由用户定义的这种需要返回函数值的函数,必须在函数定义和函数说明中明确返回值的类型。

② 无返回值函数:此类函数用于完成某项特定的处理任务,执行完成后不向调用者返回函数值。这类函数类似于其他语言的过程。由于函数无须返回值,用户在定义此类函数时可指定它的返回为“空类型”,空类型的说明符为 void。

(3)从主调函数和被调函数之间数据传送的角度看又可分为无参函数和有参函数两种。

① 无参函数:函数定义、函数说明及函数调用中均不带参数。主调函数和被调函数之间不进行参数传送。此类函数通常用来完成一组指定的功能,可以返回或不返回函数值。

② 有参函数:也称为带参函数。在函数定义及函数说明时都含有参数,称为形式参数(简称为形参)。在函数调用时也必须给出参数,称为实际参数(简称为实参)。进行函数调用时,主调函数将把实参的值传送给形参,供被调函数使用。

(4)从函数的作用范围来分,可以分为外部函数和内部函数两种。

① 外部函数:可以被任何源程序文件中的函数所调用的函数。

② 内部函数:只能被其所在的源程序文件中的函数所调用的函数。

(5)C 语言提供了极为丰富的库函数,这些库函数又可从功能角度作以下分类。

① 字符类型分类函数:用于对字符按 ASCII 码分类,如字母、数字、控制字符、分隔符、大小写字母等。

② 转换函数:用于字符或字符串的转换;在字符量和各类数字量(整型、实型等)之间进行转换;在大、小写之间进行转换。

③ 目录路径函数:用于文件目录和路径操作。

④ 诊断函数:用于内部错误检测。

⑤ 图形函数：用于屏幕管理和各种图形功能。

⑥ 输入/输出函数：用于完成输入/输出功能。

⑦ 接口函数：用于与 DOS、BIOS 和硬件的接口。

⑧ 字符串函数：用于字符串操作和处理。

⑨ 内存管理函数：用于内存管理。

⑩ 数学函数：用于数学函数计算。

⑪ 日期和时间函数：用于日期、时间转换操作。

⑫ 进程控制函数：用于进程管理和控制。

⑬ 其他函数：用于其他各种功能。

函数的分类

以上各类函数不仅数量多，而且有的还需要硬件知识才会使用，因此要想全部掌握则需要一个较长的学习过程，应首先掌握一些最基本、最常用的函数，再逐步深入。由于课时关系，我们只介绍了很少一部分库函数，其余部分读者可根据需要查阅有关手册。

说明：

（1）一个C语言源程序可以由一个或多个函数组成，必须有且只能有一个名为 main() 的主函数。

（2）C语言程序的执行总是从 main() 函数开始，完成对其他函数的调用后再返回到 main() 函数，最后由 main() 函数结束整个程序。

（3）在C语言中，所有函数，包括主函数 main() 在内的定义都是平行的。也就是说，不能在一个函数的函数体内再定义另一个函数，即不能嵌套定义。

（4）main() 函数是主函数，它可以调用其他函数，而不允许被其他函数调用。

（5）其他函数之间允许相互调用，也允许嵌套调用。同一个函数可以被一个或多个函数调用一次或多次，如图 7.1 所示。

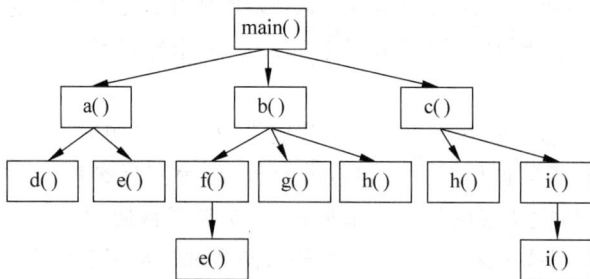

图 7.1　函数调用

7.2　函数的定义

和前面的变量与数组一样，函数也是先定义后使用。定义函数就是编写一段描述该函数要实现某种功能的程序。注意：不得使用未定义的函数。

7.2.1　无参函数的定义

无参函数定义的一般形式为

```
类型标识符 函数名( )              //函数首部
{
    声明部分 ⎫                   //函数体
    语句部分 ⎭
}
```

函数的定义

(1) 类型标识符：用来指定函数返回值的数据类型，既可以是前面介绍的各种简单数据类型，也可以是复杂数据类型(如结构体类型等)。当函数的类型为 int 型时可以省略，所以当不指明函数的类型时，系统默认函数返回值的数据类型是 int 型。无参函数一般不需要返回函数值，因此可以在函数名前面加上关键字 void(表示无类型，或称为空类型)，它表示本函数无返回值。

(2) 函数名：一个标识符，其命名规则必须遵循 C 语言标识符的命名规则。在同一个 C 语言程序文件中，函数不允许重名。函数名后有一个空括号，其中无参数，但括号不可少(函数的标志)。

(3) 函数体：包含该函数所用到的变量定义或有关声明部分及实现该函数功能的相关程序段部分。注意：函数体部分一定要写在一对大括号里面。

函数体一般由声明部分和语句部分组成，声明部分主要是对本函数中使用到的变量进行定义。语句部分由 C 语言的基本语句组成，是实现函数功能的主体部分。每个函数必须单独定义，不允许嵌套定义，即不能在一个函数体中再定义另一个函数。

例如：

```
void print_message( )
{
    printf("This is a message!\n");
}
```

print_message 是一个无参函数，当被其他函数调用时，输出"This is a message!"这样一个字符串，该函数没有返回值。

空函数：函数体为空的函数，在空函数中，只定义函数的首部。空函数是什么都不做的函数，用于程序设计的初期，先占位置，便于以后扩充新功能，提高程序的可读性，使得程序结构清晰。

例如，此处定义了一个空函数 a：

```
void a( )
{
}
```

7.2.2　有参函数的定义

有参函数定义的一般形式为

```
类型标识符 函数名(形式参数列表)        //函数首部
{
    声明部分
    语句部分                          //函数体
}
```

有参函数比无参函数多了一个内容,即形式参数列表。在形参表中给出的参数称为形式参数,它们可以是各种类型的变量,各参数之间用逗号间隔。在进行函数调用时,主调函数将赋予这些形式参数实际的值。形参既然是变量,必须在形参表中给出形参的类型说明(每一个形参要单独定义)。

例如,定义一个函数,用来求 x 的 n 次方,可写为

```
float power(float x, int n)
{
    int i;
    float t=1;
    for(i=1;i<=n;i++){
        t=t*x;
    }
    return t;
}
```

第一行说明 power()函数是一个实型函数,其返回的函数值是一个实数。形参分别是 x 和 n,x 为实型变量,n 为整型变量。x、n 的具体值是由主调函数在调用时传送过来的。在函数体内,定义整型变量 i、实型变量 t,这是声明部分。语句部分通过循环语句求出 x 的 n 次方,然后把值返回到主调函数中。在 power()函数体中的 return 语句是把 t 的值作为函数的值返回给主调函数。

说明:

(1) 有返回值的函数中至少应有一个 return 语句。

(2) 在 C 语言程序中,一个函数的定义可以放在任意位置,既可放在主函数 main() 之前,也可放在 main()之后。

【例 7-1】 定义一个函数,用来求两个数中的较小值。

```
#include <stdio.h>
int min(int a,int b)                  //函数的定义
{
    if(a<=b) return a;
    else return b;
}
int main()
{
    int min(int a, int b);            //函数的声明
```

```
    int x,y,z;
    printf("请输入两个要比较的数：\n");
    scanf("%d%d",&x,&y);
    z=min(x,y);                    //函数的调用
    printf ("较小值是%d\n",z);
    return 0;
}
```

求两个数中的较小值

运行结果：

```
请输入两个要比较的数：
12  34
较小值是12
```

现在可以从函数定义、函数声明及函数调用的角度来分析整个程序，从中进一步了解函数的各个特点。

程序的第 2~第 6 行为 min()函数的定义。进入主函数后，因为准备调用 min()函数，故先对 min()函数进行说明（程序第 9 行）。函数定义和函数说明并不是一回事，在后面还要专门讨论。可以看出函数说明与函数定义中的函数首部相同，但是末尾要加分号。程序第 13 行为调用 min()函数，并把 x、y 的值传送给 min()的形参 a、b。min()函数执行的结果（a 或 b）将返回给变量 z。最后由主函数输出 z 的值。

min()函数的定义也可以放在主函数之后，修改后的程序如下所示。

```
#include<stdio.h>
int main()
{
    int min(int a,int b);          //函数的声明
    int x,y,z;
    printf ("请输入两个要比较的数：\n");
    scanf("%d%d",&x,&y);
    z=min(x,y);                    //函数的调用
    printf ("最小值是%d\n",z);
    return 0;
}
int min(int a,int b)               //函数的定义
{
    if (a<=b) return a;
    else return b;
}
```

运行结果与上面的程序一致。

7.3　函数的参数和函数的值

7.3.1　形参和实参

形参和实参

前面已经介绍过，函数的参数分为形参和实参两种。在本小节中，进一步介绍形参、实参的特点和两者的关系。形参出现在函数定义中函数名后面的括号中，在整个函数体

内都可以使用，离开该函数则不能使用。实参出现在主调函数中调用该函数的函数名后面的括号中，进入被调函数后，实参变量也不能使用。形参和实参的功能是作数据传送，发生函数调用时，主调函数把实参的值传送给被调函数的形参，从而实现主调函数向被调函数的数据传送。

函数的形参和实参具有以下特点。

（1）形参变量只有在函数调用时才会分配内存单元，在函数调用结束时，即刻释放所分配的内存单元。因此，形参只有在函数内部有效，函数调用结束返回主调函数后则不能再使用该形参变量了。

（2）实参可以是常量、变量、表达式、函数调用等，无论实参是何种类型的量，在进行函数调用时，它们都必须具有确定的值，以便把这些值传送给形参。因此应预先用赋值或输入等办法使实参获得确定值。

（3）实参和形参在数量上、类型上、顺序上应严格一致，否则会发生类型不匹配的错误。

（4）函数调用中发生的数据传送是单向的。即只能把实参的值传送给形参，而不能把形参的值反向地传送给实参。因此在函数调用过程中，如果形参的值发生改变，并不会改变主调函数中实参的值。

【例 7-2】 定义一个函数实现 2 个数的交换。

```c
#include <stdio.h>
void swap(int a, int b)
{
    int temp;
    temp=a;
    a=b;
    b=temp;
    printf("a=%d,\tb=%d\n", a, b);
}
int main()
{
    int swap(int a, int b);
    int x=7, y=11;
    printf("交换前:\n");
    printf("x=%d,\ty=%d\n", x, y);
    printf("交换后:\n");
    swap(x, y);
    printf("x=%d,\ty=%d\n", x, y);
    return 0;
}
```

运行结果：

```
交换前:
x=7,     y=11
交换后:
a=11,    b=7
x=7,     y=11
```

主函数中调用 swap()函数将实参 x、y 的值传递给形参 a、b,swap()函数利用中间变量 temp 将形参 a、b 的值进行互换,a 的值为 11,b 的值为 7。函数调用后,主函数中输出 x、y 的值,我们可以看到仍然是 7、11,没有发生任何的变化。通过运行结果可以看出,形参值的改变并不会改变主调函数中实参的值。

参数传递过程及结果解析如图 7.2 所示。

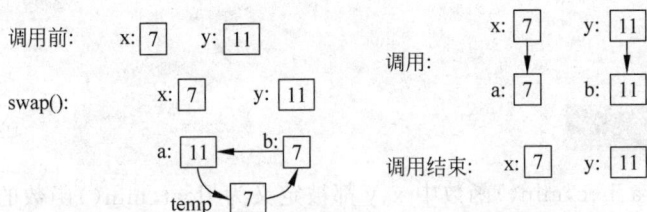

图 7.2 例 7-2 的参数传递过程及结果解析

7.3.2 函数的返回值

函数的返回值是指函数被调用之后,执行函数体中的程序段所取得的并返回给主调函数的值。例如,调用平方根函数取得平方根,调用例 7-1 的 min()函数取得最小值等。

对函数的返回值有以下一些说明。

(1) 函数的值只能通过 return 语句返回主调函数。

return 语句的一般形式为

return 表达式;

或

return (表达式);

函数的返回值

return 语句的功能是使程序控制从被调用函数返回到主调函数中,同时把表达式的值返回给主调函数。在函数中允许有多个 return 语句,但每次函数调用只能有一个 return 语句被执行,因此只能返回一个函数值。

"return;" 可以用于无返回值的函数,只是将程序控制从被调用函数返回到主调函数中,并不返回任何值。

(2) 函数返回值的类型和函数定义中函数的类型应保持一致。如果两者不一致,则以函数类型为准,自动进行类型转换。

【例 7-3】 返回值类型与函数类型不同。

```
#include <stdio.h>
int min(float x, float y)
{
    float z;
    z = x <= y?x:y;
    return(z);
}
```

```
int main()
{
    float a,b,c;
    scanf("%f,%f",&a,&b);
    c=min(a,b);
    printf("Min is %f\n",c);
    return 0;
}
```

运行结果：

```
1.23,6.78
Min is 1.000000
```

主函数中的 a、b、c,min()函数中 x、y 都被定义为 float,min()函数的类型为 int。输入"1.23,6.78",求出最小值1.23,但是返回值类型与函数类型不一致,以函数类型为准,自动进行类型转换,得到整数1。所以在主函数中输出结果为1.000000,而不是1.23。

说明：

(1) 在函数定义时如果省去函数类型,则函数返回值为整型。为了使程序具有良好的可读性并减少出错,即使函数类型为整型,也不要使用系统的默认处理。

(2) 如果被调用函数中没有 return 语句,就不返回一个确定的、用户所希望得到的函数值,但实际上,函数并不是不返回值,而只是不返回有用的值,返回的是一个不确定的值。

(3) 不返回函数值的函数可以明确定义为"空类型",类型说明符为 void。如例 7-2 中函数 swap()并不向主函数返回函数值,因此可定义为

```
void swap(int a,int b)
{
    …
}
```

一旦函数被定义为空类型后,就不能在主调函数中使用被调函数的函数返回值了。例如,在定义 swap()为空类型后,在主函数中出现下述语句:

```
z= swap(x,y);
```

就是错误的。

为了使程序有良好的可读性并减少出错,凡不要求返回值的函数都应定义为空类型。

7.4 函数的调用

7.4.1 函数调用的一般形式

函数调用就是主调函数通过数据传递来使用被调函数的功能,数据传递是通过实参与形参来完成的,其过程与其他语言的子程序调用相似。

函数调用的一般形式为

函数名(『实参列表』)

如果调用的是无参函数,则没有实参列表,但一对小括号不能少。如果实参列表中包含多个实参,则参数间用逗号隔开。实参和形参的个数应相等、类型一致,并按顺序一一对应传递数据。实参列表中的参数可以是常量、变量或其他构造类型数据及表达式。

7.4.2　函数调用的方式

在 C 语言中,可以用以下几种方式调用函数。

(1) 函数语句:函数调用的一般形式加上分号即构成函数语句。例如,"printstar();""printf("This is a output statement!\n");"都是以函数语句的方式调用函数。

(2) 函数表达式:函数调用作为表达式中的一项出现在表达式中,以函数返回值参与表达式的运算。这种方式要求函数必须是有返回值的。例如,$z = min(x,y)$是一个赋值表达式,把 min()函数的返回值赋予变量 z。

(3) 函数实参:函数调用作为另一个函数调用的实际参数出现。这种情况是把该函数的返回值作为实参进行传送,因此要求该函数必须是有返回值的。例如,"printf("%d",min(x,y));"就是把 min()函数调用的返回值作为 printf()函数的实参来使用的。

(4) 求值顺序:对实参列表中的实参是自左至右求值还是自右至左求值。对此,各系统的规定不一定相同。VC 6.0 是自右至左求值。

例如:

```
int i=8;
printf ("%d,%d\n", i ,++i);
```

如按照从右至左的顺序求值,运行结果应为"9,9";如按照从左至右的顺序求值,运行结果应为"8,9"。

应特别注意的是,无论是从左至右求值,还是自右至左求值,其输出顺序都是不变的,即输出顺序总是和实参表中实参的顺序相同。

【例 7-4】 利用函数求 3 个数中的最小值。

```
#include <stdio.h>
int min(int a,int b)
{
    int c;
    c=(a<=b)?a:b;
    return c;
}
int main()
{
    int x,y,z,m;
    scanf("%d,%d,%d",&x,&y,&z);
```

```
        m＝min(x,y);
        printf("min＝%d\n",min(m,z));
        return 0;
    }
```

运行结果：

```
1,6,3
min=1
```

程序中"scanf("%d,%d,%d",&x,&y,&z);"就是函数语句的调用方式，"m＝min(x,y);"是函数表达式的调用方式，"printf("min＝%d\n",min(m,z));"则是函数实参的调用方式。

7.4.3 函数的声明

要完成函数调用，被调用函数必须满足以下条件。

(1) 必须是已存在的函数，也就是函数已有完整的定义。

(2) 在函数调用之前必须有相应的函数声明。如果是系统定义的库函数，需要将包含函数原型声明的头文件包含进来。例如，我们经常用到的各种数学函数在调用之前要包含头文件 math.h。如果是用户自定义的函数，则需要在调用之前加上函数声明。

在主调函数中对被调函数作声明的目的是使编译系统知道被调函数参数的个数、类型、返回值的类型，以便在主调函数中对函数调用进行相应的检查。

函数声明的一般形式为

类型说明符 被调函数名(类型 形参,类型 形参…);   //函数的首部

或

类型说明符 被调函数名(类型,类型…);   //系统不检查形参名

例 7-1 中 main()函数中对 min()函数的声明为

int min(int a,int b);

也可写为

int min(int,int);

说明：

(1) 函数声明应与该函数定义的函数类型与名称、形参的个数、类型、次序相一致。

(2) 如无函数声明，则系统把第一次遇到的函数形式(定义或调用)作为函数的声明，函数类型为 int 型。

例 7-1 修改后的程序中 min()函数的定义放在主函数之后，如果没有函数声明，系统会把第一次函数调用作为函数的声明。声明形式为"int min();"，我们注意到这个函数声明中是没有形参的，也就意味着系统在函数调用时不会检查实参的个数和类型。min()函数

调用写成"min();""min(1);""min(1,2);""min(1,2,3);",这几种形式系统都不会提示错误,但是运行结果可能就不是我们所想要的了。

C 语言中又规定在以下几种情况时可以省去主调函数中对被调函数的说明。

(1) 当被调函数的函数定义出现在主调函数之前时,在主调函数中也可以不对被调函数再作说明而直接调用。例如,例 7-1 中,函数 min() 的定义放在 main() 函数之前,因此可在 main() 函数中省去对 min() 函数的说明"int min(int a,int b);"。

(2) 如在所有函数定义之前,在函数外预先说明了各个函数的类型,则在以后的各主调函数中,可不再对被调函数作说明。

例如:

```
char ch(char a);
float f(float b);
int main()
{
    …
}
char ch(char a)
{
    …
}
float f(float b)
{
    …
}
```

其中第 1、第 2 行对 ch 函数和 f 函数预先作了声明,因此以后各函数中无须对 ch() 和 f() 函数再作声明就可直接调用。

(3) 对库函数的调用不需要再作声明,但必须把该函数的头文件用 include 命令包含在源文件前部。

强调:
一定要注意函数定义、函数调用、函数声明三者的区别。

7.5　函数的嵌套调用

C 语言中不允许函数的嵌套定义,因此各函数之间是平行的,不存在上一级函数和下一级函数的问题。但是 C 语言允许函数的嵌套调用,函数的嵌套调用是指在执行被调用函数时,被调用函数又调用了其他函数。这与其他语言的子程序嵌套调用的情形是类似的,其关系如图 7.3 所示。

图 7.3 表示了两层嵌套的情形。其执行过程是:执行 main() 函数中调用 aa() 函数的语句时,即转去执行 aa() 函数,在 aa() 函数中调用 bb() 函数时,又转去执行 bb() 函数,bb() 函数执行完毕后返回 aa() 函数的调用处继续向下执行,aa() 函数执行完毕后返回 main() 函

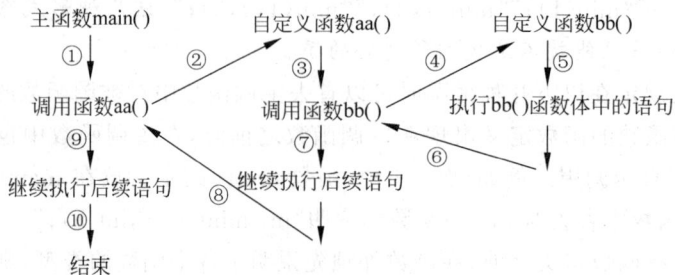

图 7.3　函数的嵌套调用

数的调用处，继续向下执行到结束。

【例 7-5】　求两个数的阶乘之和。

本例题需编写两个函数，一个是用来求阶乘之和的函数 sum()，另一个是用来计算阶乘值的函数 factorial()。主函数是通过调用 sum()计算阶乘之和，而在 sum()中分别以两个整数为实参，调用 factorial()计算各自阶乘值，然后返回 sum()求出两个数的阶乘之和，再返回主函数。

```c
# include < stdio.h >
long sum(int a,int b);        //在函数外声明 sum()函数
long factorial(int n);        //在函数外声明 factorial()函数
int main()
{
    int n1,n2,a;
    scanf("%d,%d",&n1,&n2);
    a=sum(n1,n2);             //调用之前无须再声明
    printf("a=%d\n",a);
    return 0;
}
long sum(int a,int b)
{
    int c1,c2;
    c1=factorial(a);
    c2=factorial(b);
    return c1+c2;
}
long factorial(int n)
{
    int rtn=1;
    int i;
    for(i=n;i>=1;i--)
        rtn * =i;
    return rtn;
}
```

函数的嵌套调用

运行结果：

```
5,10
a=3628920
```

在程序中,sum()和 factorial()函数在所有函数之前进行了声明,main()函数调用 sum()函数时就无须再次声明。sum()函数中以 a 和 b 为实参两次调用 factorial()函数。 factorial()函数用来求阶乘,a 的值为 5,调用 factorial()函数得到 5!＝120,b 的值为 10, 调用 factorial()函数得到 10!＝3628800,返回 sum()函数求出 5!＋10!＝3628920,返回 main()函数输出阶乘之和。

7.6　函数的递归调用

函数的递归调用是指一个函数在它的函数体内直接或间接地调用它自身。

C 语言允许函数的递归调用。在递归调用中,调用函数又是被调用函数,执行递归函数将反复调用其自身。每调用一次就进入新的一层。

(1) 例如,直接调用自身。

```c
int f(int x)
{
    int y,z;
    ...
    z=f(y);
    ...
    return(2 * z);
}
```

函数的递归调用

这个函数是一个递归函数。但是运行该函数将无休止地调用其自身,这当然是不正确的。

(2) 例如,间接调用自身。

```c
int f1(int x)
{
    int y,z;
    ...
    z=f2(y);
    ...
    return(2 * z);
}
int f2(int c)
{
    int a,b;
    ...
    c=f1(a);
    ...
    return(3＋b);
}
```

f1()和 f2()两个函数并没有直接调用自身,而是通过另一个函数间接调用了自身,也是一个死循环。

为了防止递归调用无终止地进行，必须在函数内有终止递归调用的手段。常用的办法是加条件判断，满足某种条件后就不再作递归调用，然后逐层返回，这就是递归的出口。

【例 7-6】 用递归法计算 n!。

用递归法计算 n! 可用下述公式表示：

$$n! = \begin{cases} 1 & (n=0 \text{ 或 } n=1) \\ n*(n-1)! & (n>1) \end{cases}$$

按公式可编程如下：

```c
#include <stdio.h>
int Fact(int n)
{
    int f;
    if(n<0) printf("n<0,input error");
    else if(n==0||n==1) f=1;
    else f=n*Fact(n-1);
    return f;
}
int main()
{
    int i,n;
    printf("\ninput a integer number:\n");
    scanf("%d",&i);
    n=Fact(i);
    printf("%d!=%d\n",i,n);
    return 0;
}
```

运行结果：

```
input a integer number:
5
5!=120
```

程序中给出的函数 Fact() 是一个递归函数。主函数调用 Fact() 后即进入函数 Fact() 执行，如果 n<0、n==0 或 n=1 都将结束函数的执行，否则就递归调用 Fact() 函数自身。由于每次递归调用的实参为 n-1，即把 n-1 的值赋予形参 n，最后当 n-1 的值为 1 时再作递归调用，形参 n 的值也为 1，将使递归终止，然后可逐层退回。

下面我们再举例说明该过程。假设执行本程序时输入 i 的值为 5，即求 5!。在主函数中的调用语句即为 n=Fact(5)，进入 Fact() 函数后，由于 n 等于 5，不等于 0 或 1，故应执行"else f=n*Fact(n-1);"，即"else f=5*Fact(5-1);"。该语句对 Fact() 作递归调用，即 Fact(4)。

进行 4 次递归调用后，Fact() 函数形参取得的值变为 1，故不再继续递归调用而开始逐层返回主调函数。Fact(1) 的函数返回值为 1，Fact(2) 的返回值为 2×1=2，Fact(3) 的返回值为 3×2=6，Fact(4) 的返回值为 4×6=24，最后返回值 Fact(5) 为 5×24=120。

阶乘的递归调用如图 7.4 所示。

例 7-6 也可以用递推法，即从 1 开始乘以 2，再乘以 3……最后乘以 n。一般递推法比

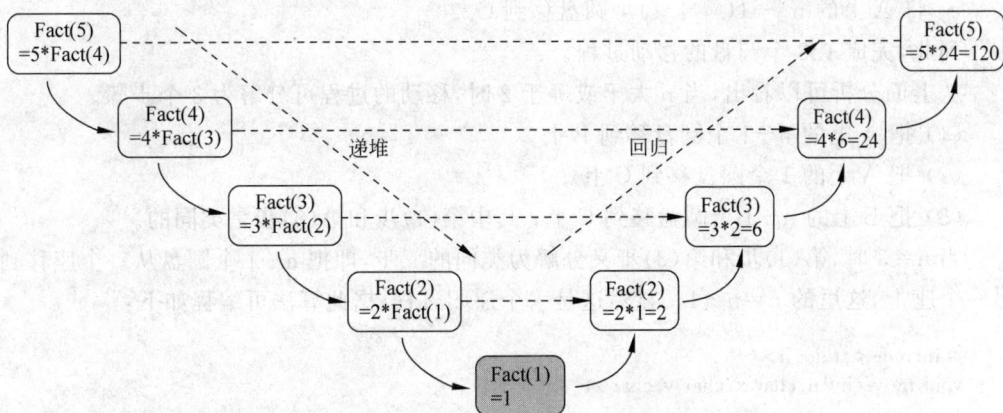

图 7.4 阶乘的递归调用

递归法更容易理解和实现。但是有些问题则使用递归算法更容易理解和实现,典型的问题就是 Hanoi(汉诺)塔问题。

【例 7-7】 汉诺塔问题。

这是一个古典数学问题,问题是这样的:古代有一个梵塔,塔内有 3 个座 A、B、C,开始时 A 座上有 64 个盘子,盘子大小不等,大的在下,小的在上,如图 7.5 所示。有一个老和尚想把这 64 个盘子从 A 座移到 C 座,但规定每次只允许移动一个盘,且在移动过程中在 3 个座上都始终保持大盘在下,小盘在上,在移动过程中可以利用 B 座。要求编程序输出移动盘子的步骤。

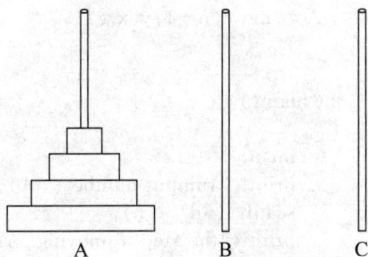

图 7.5 汉诺塔问题

解题思路:设 A 上有 n 个盘子。

(1) 如果 n=1,则将圆盘从 A 直接移动到 C。

(2) 如果 n=2,则:

① 将 A 上的 n-1(等于 1)个圆盘移到 B 上;

② 再将 A 上的 1 个圆盘移到 C 上;

③ 最后将 B 上的 n-1(等于 1)个圆盘移到 C 上。

(3) 如果 n=3,则:

① 将 A 上的 n-1(等于 2,令其为 n`)个圆盘移到 B(借助于 C),步骤如下。

• 将 A 上的 n-1(等于 1)个圆盘移到 C 上。

• 将 A 上的一个圆盘移到 B。

• 将 C 上的 n`-1(等于 1)个圆盘移到 B。

② 将 A 上的 1 个圆盘移到 C。

③ 将 B 上的 n-1(等于 2,令其为 n`)个圆盘移到 C(借助 A),步骤如下。

• 将 B 上的 n`-1(等于 1)个圆盘移到 A。

• 将 B 上的一个盘子移到 C。

汉诺塔问题

- 将 A 上的 n`−1(等于 1)个圆盘移到 C。

到此，完成了 3 个圆盘的移动过程。

从上面分析可以看出，当 n 大于或等于 2 时，移动的过程可分解为 3 个步骤。

(1) 把 A 上的 n−1 个圆盘移到 B 上。

(2) 把 A 上的 1 个圆盘移到 C 上。

(3) 把 B 上的 n−1 个圆盘移到 C 上；其中第(1)步和第(3)步是类同的。

当 n＝3 时，第(1)步和第(3)步又分解为类同的三步，即把 n−1 个圆盘从一个座移到另一个座上，这里的 n＝n−1。显然这是一个递归过程，据此算法可编程如下：

```c
#include <stdio.h>
void move(int n,char x,char y,char z)
{
    if(n==1)
        printf("%c--->%c\n",x,z);
    else
    {
        move(n-1,x,z,y);
        printf("%c--->%c\n",x,z);
        move(n-1,y,x,z);
    }
}
int main()
{
    int n;
    printf("\ninput number:\n");
    scanf("%d",&n);
    printf("the step to moving %2d diskes:\n",n);
    move(n,'a','b','c');
    return 0;
}
```

从程序中可以看出，move()函数是一个递归函数，它有 4 个形参 n、x、y、z。n 表示圆盘数，x、y、z 分别表示 3 个座。move()函数的功能是把 x 上的 n 个圆盘移动到 z 上。当 n＝1 时，直接把 x 上的圆盘移至 z 上，输出 x→z。如 n＞1，则分为三步：递归调用 move()函数，把 n−1 个圆盘从 x 移到 y；输出 x→z；递归调用 move()函数，把 n−1 个圆盘从 y 移到 z。在递归调用过程中 n＝n−1，故 n 的值逐次递减，最后 n＝1 时，终止递归，逐层返回。

运行结果：

```
input number:
4
the step to moving  4 diskes:
a-->b
a-->c
b-->c
a-->b
c-->a
c-->b
a-->b
a-->c
b-->c
b-->a
c-->a
c-->c
a-->b
a-->c
b-->c
```

由上面的描述可知,移动 1 个盘子需要 1 步,移动 2 个盘子需要 3 步,移动 3 个盘子需要 7 步,移动 4 个盘子共需要 15 步,由此可以推出:移动 n 个盘子要经历 $2^n - 1$ 步,那么移动 64 个盘子需要经历 $2^{64} - 1$ 步,假设和尚每次移动一个盘子用 1 秒,则移动 64 个盘子需要 $2^{64} - 1$ 秒,经过计算大约为 5845 亿年。

7.7　数组作为函数的参数

有参函数在被调用时需要提供实参,如 sqrt(4)、min(a,b)等。实参可以是常量、变量或者表达式。数组可以作为函数的参数使用,进行数据传送。数组用作函数参数有两种形式:一种是把数组元素作为实参使用,另一种是把数组名作为函数的形参和实参使用。

7.7.1　数组元素作为函数实参

数组元素可以用作函数实参,但不能用作形参,因为形参是在函数被调用时临时分配内存单元的,不可能为一个数组元素单独分配内存单元。数组元素与普通变量并无区别。因此它作为函数实参使用与普通变量是完全相同的,在发生函数调用时,把作为实参的数组元素的值传送给形参,实现单向的值传送。

数组元素作
为函数参数

【例 7-8】　a 和 b 为有 10 个元素的整型数组,比较两数组对应元素,通过变量 n、m、k 记录 a[i]>b[i]、a[i]==b[i]、a[i]<b[i]的个数。若 n>k,认为数组 a 大于 b;若 n<k,认为数组 a 小于 b;若 n==k,认为数组 a 等于 b。

```
#include<stdio.h>
int compare(int x,int y)
{
    int flag;
    if(x>y) flag=1;
    else if(x<y) flag=-1;
    else flag=0;
    return flag;
}
int main()
{
    int a[10],b[10],i,n=0,m=0,k=0;
    printf("Enter array a:\n");
    for(i=0;i<10;i++)
        scanf("%d",&a[i]);
    printf("Enter array b:\n");
    for(i=0;i<10;i++)
        scanf("%d",&b[i]);
    for(i=0;i<10;i++)
    {
```

153

```
            if(compare(a[i],b[i])==1) n=n+1;
            else if(compare(a[i],b[i])==0) m=m+1;
            else k=k+1;
        }
    if(n>k) printf("数组 a 大于数组 b\n");
    else if(n<k) printf("数组 a 小于数组 b\n");
    else printf("数组 a 等于数组 b\n");
    return 0;
}
```

运行结果：

```
Enter array a:
10 100 20 15 23 5 56 89 84 10
Enter array b:
10 100 20 15 23 6 56 88 85 10
数组a小于数组b
```

程序中调用 compare()函数时是以数组元素作为实参的，而 compare()函数的形参就是普通的整型变量，当发生函数调用时，把实参数组元素的值传递给对应的形参，求出两个数的大小关系，这与普通变量作为实参是一致的。

7.7.2 数组名作为函数参数

用数组名作函数参数与用数组元素作实参有几点不同。

（1）用数组元素作实参时是按普通变量对待的。用数组名作函数参数时，则要求形参和相对应的实参都必须是类型相同的数组，都必须有明确的数组说明。当形参和实参二者不一致时，即会发生错误。

（2）在普通变量或数组元素作函数参数时，形参变量和实参变量是由编译系统分配的两个不同的内存单元。函数调用时是把实参变量的值赋予形参变量。在用数组名作函数参数时，不是进行值的传送，即不是把实参数组的每一个元素的值都赋予形参数组的各个元素。数组名就是数组的首地址。因此在数组名作函数参数时所进行的传送只是地址的传送，也就是说把实参数组的首地址赋予形参数组名。形参数组名取得该首地址之后，与实参数组共同拥有一段内存空间。

【例 7-9】 有两个班级，分别有 45 名和 40 名学生，调用一个 average()函数，分别求这两个班学生的平均成绩。为了简化，设两个班的学生数分别是 5 和 10。

```
#include<stdio.h>
float average(float array[],int n)
{
    int i;
    float aver,sum=array[0];
    for(i=1;i<n;i++)
        sum=sum+array[i];
    aver=sum/n;
    return(aver);
}
```

数组名作为
函数参数

```
int main()
{
    float score_1[5]={98.5,97,91.5,60,55};
    float score_2[10]={67.5,89.5,69.5,99,77,89.5,76.5,54,60,99.5};
    printf("The average of class A is %6.2f\n",average(score_1,5));
    printf("The average of class B is %6.2f\n",average(score_2,10));
    return 0;
}
```

运行结果：

```
The average of class A is  80.40
The average of class B is  78.20
```

本程序中 average()函数有 2 个形参：一个是数组名；另一个是变量 n,用来传递元素个数。函数体用来求形参数组 n 个元素的平均值。主函数中定义两个实参数组 score_1 和 score_2,元素个数是 5 和 10。从运行结果来看,两次调用 average()函数得到的平均值就是两个实参数组的平均值,说明实参数组和形参数组内容是相同的。

前面已经讨论过,在变量作函数参数时,所进行的值传送是单向的。即只能从实参传向形参,不能从形参传回实参。形参的初值和实参相同,而形参的值发生改变后,实参并不变化,两者的终值是不同的。而当用数组名作函数参数时,情况则不同。由于实际上形参和实参为同一数组,因此当形参数组发生变化时,实参数组也随之变化。当然这种情况不能理解为发生了"双向"的值传递。

【例 7-10】 数组名作为函数参数。

```
#include<stdio.h>
void swap(int b[])
{
    int temp;
    temp=b[0];
    b[0]=b[1];
    b[1]=temp;
}
int main()
{
    int a[2]={1,2};
    swap(a);
    printf("a[0]=%d\na[1]=%d\n",a[0],a[1]);
    return 0;
}
```

运行结果：

```
a[0]=2
a[1]=1
```

155

通过运行结果可以看到，在swap()函数中形参数组的两个元素发生了交换，而实参数组也随之发生了变化。这是因为用数组名作函数实参时，不是把数据元素的值传递给形参，而是把实参数组的首元素的地址传递给形参数组，这样两个数组就共占同一段内存单元。例7-10中实参数组是a，形参数组为b，若a首元素的地址为2000，则b数组首元素的地址也是2000，显然a[0]和b[0]同占一个单元，假如改变了b[0]的值，也就意味着a[0]的值也改变了。

【例7-11】 用选择法对数组中的10个整数按照由小到大的顺序排序。

解题思路：选择排序的核心就是多趟选择。若以升序（从小到大）排序为例，假若有n个数。

选择法排序

（1）第一趟遍历的目的是找到整个序列中最小的值，找到之后将其与第一个数交换，这样一来，在整个数组中第一个数就是最小的。

（2）第二趟遍历的目的是找到整个序列中次小的值，找到之后将其与剩下的n-1个数的第一个数交换，这样一来，在整个数组中第一个数（第0位置）就是最小的，第二个数（第1位置）就是次小的。

……

当经过（n-1）趟的遍历交换之后，该序列就实现从小到大的排列了。

```c
#include<stdio.h>
void SelectSort1(int a[],int n)          //传的参数是整个数组和此数组的大小
{
    int begin = 0;
    while (begin < n)                     //决定所遍历的趟数
    {
        int mini = begin;
        for (int i = begin; i < n; i++)    //从begin位置开始遍历
        {
            if (a[mini] > a[i])            //找到较小的值，标记一下
            {
                mini = i;
            }
        }
        //交换较小的值：遍历一趟之后，将较小的值与"第一个数"进行交换
        int tem = a[mini];
        a[mini] = a[begin];
        a[begin] = tem;
        begin++;                          //决定下一次所遍历的起始位置（第一趟是0，第二趟为1……）
    }
}
int main()
{
    int a[] = {38,45,22,29,13,24,42};
    int n = sizeof(a) / sizeof(a[0]);    //获取数组大小
    for (int i = 0;i < n;i++)            //打印排序前的数组
    {
```

```
        printf("%d ", a[i]);
    }
    printf("\n");
    SelectSort1(a, n);              //实现选择排序
    for (int i = 0; i < n; i++)     //打印排序后的数组
    {
        printf("%d ", a[i]);
    }
    printf("\n");
    return 0;
}
```

运行结果：

```
38 45 22 29 13 24 42
13 22 24 29 38 42 45
```

多维数组元素可以作函数参数,这一点与前面描述的类似。

可以用多维数组名作为函数的实参和形参,在被调用函数中对形参数组定义时可以指定每一维的大小,也可以省略第一维的大小说明。

【例 7-12】 二维数组名作为函数参数。

```
# include < stdio. h >
void get_sum_row(int x[][3], int result[], int row, int col)    //也可写为 int x[2][3]
{
    int i,j;
    for(i=0;i<row;i++)
    {
        result[i]=0;
        for(j=0;j<col;j++)
        result[i]+=x[i][j];
    }
}
int main()
{
    int a[2][3]={1,2,3,1,4,7};
    int sum_row[2],row=2,col=3,i;
    get_sum_row(a,sum_row,row,col);
    for(i=0;i<row;i++)
        printf("The sum of row[%d]=%d\n",i+1,sum_row[i]);
    return 0;
}
```

运行结果：

```
The sum of row[1]=6
The sum of row[2]=12
```

说明：

get_sum_row()函数中的第一个形参 int x[][3]和 int x[2][3]都合法而且等价,但不能把第二维以及其他高维的大小说明省略。如下面的定义是不合法的：int x[][],这是因为二维数组是由若干个一维数组组成的,在内存中,数组是按行存放的,因此,在定义二维数

组时，必须指定列数（即一行中包含的元素个数）。由于形参数组和实参数组类型相同，所以它们是由具有相同长度的一维数组所组成的。不能只指定第一维而省略第二维，如 int x[2][]是错误的。

7.8 局部变量和全局变量

在讨论函数的形参变量时曾经提到，形参变量只在函数被调用期间才分配内存单元，函数调用结束立即释放。这一点表明形参变量只有在函数内才是有效的，离开该函数就不能再使用了。变量能够被使用的范围或者变量能起作用的范围就称为变量的作用域。不仅对于形参变量，C语言中所有的变量都有自己的作用域。变量说明的方式不同，其作用域也不同。C语言中的变量按作用域范围可分为两种，即局部变量和全局变量。

7.8.1 局部变量

定义变量可能有 3 种情况：

(1) 在函数的外部定义。

(2) 在函数的开头定义。

(3) 在函数内的复合语句内定义。

在一个函数的内部定义的变量只在本函数范围内有效，也就是说只有在本函数内才能引用它们，在本函数外不能使用这些变量。在复合语句内定义的变量只在本复合语句范围内有效，只有在本复合语句内才能引用它们，在该复合语句以外不能使用这些变量。以上这些就称为局部变量（又称为内部变量）。

例如：

```
int f1(int a)                    /* 函数 f1 */
{
    int b,c;
    ...
}                                /* a、b、c 作用域仅限于函数 f1() 中 */
int f2(int x ,int y)             /* 函数 f2 */
{
    int z;
    ...
}                                /* x、y、z 作用域仅限于函数 f2() 中 */
int main()
{
    int m,n;
    ...
}                                /* m、n 作用域仅限于函数 main() 中 */
```

在函数 f1 内定义了 3 个变量，a 是形参，b、c 是一般变量，在 f1 的范围内 a、b、c 有效。

说明：

（1）主函数中定义的变量也只能在主函数中使用，不能在其他函数中使用。同时，主函数中也不能使用其他函数中定义的变量。因为主函数也是一个函数，它与其他函数是平行关系。这一点是与其他语言不同的，应予以注意。

（2）形参变量是属于被调函数的局部变量，实参变量是属于主调函数的局部变量。

（3）不同的函数中可以使用相同名字的变量，它们代表不同的对象，互不影响，均为局部变量，仅在它所在的函数中有效。

（4）在一个函数的内部，可以在复合语句中定义变量，这些变量只在本复合语句内有效，而且它可以和复合语句外的变量同名，互不影响。

【例 7-13】 局部变量。

```c
#include <stdio.h>
int main()
{
    int i=2,j=3,k;
    k=i+j;
    {
        int k=8;
        printf("%d\n",k);
    }
    printf("%d\n",k);
    return 0;
}
```

运行结果：

```
8
5
```

本程序在主函数中定义了 i、j、k 3 个变量，k 的值是 i 和 j 的和，等于 5。而在复合语句内又定义了一个变量 k，并赋初值为 8。要注意这两个 k 并不是同一个变量。在复合语句外由主函数定义的 k 起作用，而在复合语句内则由在复合语句内定义的 k 起作用。第 8 行输出 k 值，该行在复合语句内，由复合语句内定义的 k 起作用，故输出值为 8。第 10 行输出 k 值已在复合语句之外，输出的 k 应为主函数所定义的 k，故输出值为 5。

7.8.2 全局变量

一个源程序文件可以有若干个函数，在函数内定义的变量是局部变量，而在一个源程序文件中所有函数之外定义的变量就称为外部变量，外部变量是全局变量（也称为全程变量）。全局变量可以被本文件中的多个函数共用，它的有效范围是从定义变量的位置开始到本源程序文件结束。在一个函数中既可使用本函数中的局部变量，也可使用有效的全局变量。

例如：

```c
int p=1,q=5;
```

```
float f1(int a)
{
    int b,c;
    ...
}
int f3()
{
    ...
}
char c1,c2;
char f2(int x,int y)
{
    int i,j;
    ...
}
int main()
{
    int m,n;
    ...
}
```

从上例可以看出 p、q、c1、c2 都是在函数外部定义的外部变量，都是全局变量。但 c1、c2 定义在函数 f2()之前及 f1()和 f3()之后，所以它们在函数 f1()、f3()内无效，在函数 f2()和 main()函数内有效。p、q 定义在源程序最前面，因此在函数 f1()、f2()、f3()及 main()函数内不加说明也可使用。

【例 7-14】 全局变量。

```
# include < stdio.h >
int a,b;                        /* a、b 为全局变量 */
void f1( )
{
    int t1,t2;
    t1 = a * 2;
    t2 = b * 3;
    b = 100;
    printf ("t1=%d,t2=%d\n", t1, t2);
}
int main()
{
    a=2; b=4;
    f1( );
    printf ("a=%d,b=%d\n", a, b);
    return 0;
}
```

运行结果：

```
t1=4,t2=12
a=2,b=100
```

160

程序中定义全局变量 a、b,可在函数 f1() 和 main() 函数中使用。main() 函数中给 a、b 赋值为 2、4,调用 f1(),求出 t1、t2 的值分别为 4、12,给 b 赋值 100。所以 main() 函数输出 a、b 值为 2、100。

说明:

(1) 全局变量增加了函数之间数据联系的渠道。为了区分全局变量和局部变量,C 语言程序设计人员有一个不成文的约定:将全局变量名的首字母用大写表示。

(2) 在同一源程序文件中,如果全局变量与局部变量同名,那么在局部变量的作用范围内,全局变量不起作用,也就是说此时的全局变量被同名的局部变量所屏蔽。

【例 7-15】 全局变量和局部变量同名。

```
# include < stdio. h>
int a=2,b=4;
void f1( )
{
    int t1,t2;
    t1 = a * 2;
    t2 = b * 3;
    b = 100;
    printf ("t1=%d,t2=%d\n", t1, t2);
}
int main()
{
    int b=5;
    f1( );
    printf ("a=%d,b=%d\n", a, b);
    return 0;
}
```

运行结果:

```
t1=4, t2=12
a=2, b=5
```

例 7-15 是在例 7-14 基础上变化来的,给全局变量 a、b 赋初值 2、4,main() 函数中定义局部变量 b 初值为 5,与全局变量同名。f1() 中用到的是全局变量 a、b,所以 t1、t2 的值仍为 4、12。main() 函数中输出 a、b 时,全局变量 b 被同名的局部变量屏蔽,所以输出 5。

(3) 建议在必要时不要使用全局变量,因为全局变量给程序设计带来诸多弊病。

① 在程序执行过程中始终占用存储单元,而不是根据需要分配,从而降低了存储空间的利用率。

② 降低程序的清晰性,让人难以判断每个瞬间各外部变量的值。

③ 降低了函数的通用性和可靠性,如果函数在执行时要依赖外部变量,当以后将此函数移到另一个文件中时,就要连同它的外部变量也移过去。如该变量和其他文件中的变量同名,就会出问题。

7.9　变量的存储类型

7.9.1　动态存储方式与静态存储方式

前面已经介绍了，从变量的作用域（即从空间）角度来分，变量可以分为全局变量和局部变量。

从另一个角度，即变量值存在的时间（即生存期）角度来分，可以分为静态存储方式和动态存储方式。

（1）静态存储方式：在程序运行期间由系统分配固定存储空间的方式。

（2）动态存储方式：在程序运行期间根据需要进行动态分配存储空间的方式。

内存中，供用户使用的存储空间可以分为三部分：

（1）程序区。

（2）静态存储区。

（3）动态存储区。

数据分别存放在静态存储区和动态存储区中。全局变量全部存放在静态存储区中，在程序开始执行时给全局变量分配存储区，程序执行完毕就释放。在程序执行过程中它们占据固定的存储单元，而不动态地进行分配和释放。

动态存储区存放以下数据。

（1）函数形式参数。在函数被调用时给形式参数分配存储空间。

（2）自动变量（未加 static 声明的局部变量）。

（3）函数调用时的现场保护和返回地址。

对以上这些数据，在函数开始调用时分配动态存储空间，函数结束时释放这些空间。在程序执行过程中，这种分配和释放是动态的，如果在一个程序中两次调用同一函数，而在此函数中定义了局部变量，在两次调用时分配给这些局部变量的存储空间地址可能是不相同的。

如果一个程序包含若干个函数，每个函数中的局部变量的生存期并不等于整个程序的执行周期，它只是程序执行周期的一部分。在程序执行过程中，先后调用各个函数，此时会动态地分配和释放存储空间。

在 C 语言中，每一个变量和函数都有两个属性：数据类型和数据的存储类别。数据类型大家已经熟知，数据的存储类别表示数据在内存中存储的方式。在定义和声明变量及函数时，一般应同时指定其数据类型和存储类别，也可以采用默认方式指定。存储方式分为两大类：静态存储类和动态存储类，具体包括自动变量（auto）、静态变量（static）、寄存器变量（register）和外部变量（extern）。

完整的变量定义形式为

『存储类别』数据类型 变量名 1『，变量名 2，…，变量名 *n*』；

7.9.2　auto 变量

在函数中定义的内部变量,如不专门声明为 static 存储类别,其存储类别默认都是自动变量(auto),数据存储在动态存储区中。函数的形参和函数中定义的变量都属于此类,调用该函数时系统动态地为它分配存储空间,函数调用结束后就释放这些存储空间,因此这类局部变量就称为自动变量。在定义局部变量时,如果 auto 省略不写,则隐含为自动存储类别,属于动态存储方式。我们在前面程序中定义的许多变量都是自动变量。

例如:

```
float f(float x)                    /* 定义 f 函数,x 为参数 */
{
    auto float y,z=1.0;             /* 定义 y、z 自动变量 */
    …
}
```

动态静态存储＋
auto＋static

其中 x 是形参,y、z 是自动变量,对 z 赋初值 1.0。执行完 f 函数后,自动释放 x、y、z 所占的存储单元。

实际上,关键字 auto 可以省略,不写 auto 则隐含指定为自动存储类别,属于动态存储方式。程序中大多数变量都属于自动变量。

7.9.3　用 static 声明局部变量

有时希望函数中局部变量的值在函数调用结束后不消失而继续保留,即其占用的存储单元不释放,这样在下一次该函数又被调用时,就是上一次函数调用结束时的值,此种情况下就应将该变量用关键字 static 声明为静态局部变量。

【例 7-16】　考察静态局部变量的值。

```
#include <stdio.h>
int f(int a)
{
    auto int b=0;                   //b 是自动局部变量
    static int c=3;                 //c 是静态局部变量
    b=b+1;
    c=c+1;
    return a+b+c;
}
int main()
{
    int a=2,i;                      //a 是自动局部变量
    for(i=0;i<3;i++)
        printf("%d\n",f(a));
    return 0;
}
```

运行结果：

```
7
8
9
```

从运行结果可以看出，变量 c 的值在每次函数调用后一直保留，所以虽然 3 次调用 f 函数给的实参是相同的值，但是 3 次调用返回的值是不同的。结果分析如表 7.1 所示

表 7.1 例 7-16 结果分析

第几次调用	调用时初值		调用结束时的值		
	b	c	b	c	a+b+c
1	0	3	1	4	7
2	0	4	1	5	8
3	0	5	1	6	9

静态变量与自动变量的区别如下。

（1）静态变量属于静态存储类别，在静态存储区分配存储单元，在程序整个运行期间都不释放。而自动变量属于动态存储类别，在动态存储区分配存储单元，函数调用结束后立即释放。

（2）静态变量是在编译时赋初值的，而且只赋一次初值；而函数中的自动变量调用一次就要赋值一次，以后再次调用时要重新赋值。

（3）如果在定义局部变量时不赋初值，则对静态局部变量来说，编译时自动赋初值 0（对数值型变量）或空字符 '\0'（对字符变量）。而对自动变量来说，如果不赋初值则它的值是不确定的。这是因为每次函数调用结束后存储单元已释放，下次调用时又重新分配存储单元，而所分配的单元中的内容是不可知的。

注意：

（1）静态局部变量在函数调用结束后仍存在，但其他函数不能引用它。

（2）形参定义为静态变量，没有意义。

（3）同全局变量一样，若非必要尽量不使用静态局部变量。

【例 7-17】 静态局部变量案例。

```c
#include<stdio.h>
int fun(int a,int b)
{
    static int m=0,i=2;
    i+=m+1;
    m=i+a+b;
    return m;
}
int main()
{
    int k=4,m=1,p1,p2;
    p1=fun(k,m);
    p2=fun(k,m);
```

```
printf("%d,%d\n",p1,p2);
return 0;
}
```

运行结果：

8,17

7.9.4 register 变量

一般情况下，变量(包括静态存储方式和动态存储方式)的值是存放在内存中的。当程序中用到某一个变量的值时，由控制器发出指令将内存中该变量的值送到运算器中，经过运算器的计算后，如果需要存放数据，再从运算器将数据送到内存存放。

如果有些变量频繁使用(例如，在一个函数中执行大量的循环，每次循环都需要引用某个局部变量)，则会花费不少时间来存取变量的值。为了提高效率，C 语言允许将局部变量的值放在 CPU 中的寄存器中，需用时直接从寄存器取出参加运算，不必再到内存中去存取，这种变量叫"寄存器变量"，用关键字 register 作声明。

【例 7-18】 使用寄存器变量。

```
#include<stdio.h>
int fac(int n)
{
    register int i,f=1;
    for(i=1;i<=n;i++)
        f=f*i;
    return f;
}
int main()
{
    int i;
    for(i=0;i<=5;i++)
        printf("%d!=%d\n",i,fac(i));
    return 0;
}
```

运行结果：

```
0!=1
1!=1
2!=2
3!=6
4!=24
5!=120
```

register 和 extern

说明：

(1) 只有局部自动变量和形式参数可以作为寄存器变量。

(2) 一个计算机系统中的寄存器数目有限，不能定义任意多个寄存器变量。

(3) 现在的计算机能够识别使用频繁的变量，从而自动地将这些变量放在寄存器中，而不需要程序设计者指定。

7.9.5　extern 变量

外部变量（即全局变量）是在函数的外部定义的，它的作用域为从变量定义处到本程序文件的末尾。如果外部变量不在文件的开头定义，其有效的作用范围只限于定义处到文件终了。如果在定义点之前的函数想引用该外部变量，则应该在引用之前用关键字extern 对该变量作"外部变量声明"。表示该变量是一个已经定义的外部变量。有了此声明，就可以从"声明"处起，合法地使用该外部变量。

【例 7-19】　用 extern 声明外部变量，扩展该变量在程序文件中的作用域。

```
#include<stdio.h>
int max(int x,int y)
{
    int z;
    z=x>y?x:y;
    return(z);
}
int main()
{
    extern int A,B;                    //外部变量声明
    printf("%d\n",max(A,B));
    return 0;
}
int A=13,B=-8;                         //定义外部变量
```

运行结果：

```
13
```

在该程序中，全局变量 A、B 的定义在文件的末尾，一般情况下 max()、main()函数都不能使用 A 和 B。但是在 main()中加了"extern int A,B;"声明之后，main()函数中就可以使用全局变量 A、B 了。

extern 除了可在仅有一个源程序文件的程序内声明外部变量外，也可在包含多个源程序文件的程序中声明外部变量，扩展外部变量的作用范围。只需在其中任一文件中定义外部变量，而在其他文件中用 extern 对其作外部变量声明即可。

例如，程序模块 file1.c 中定义了全局变量"extern int s;"，另一程序 file2.c 的函数fun1()需要使用这个变量 s。在 file2.c 的 fun1()对 s 进行外部变量说明即可：

```
fun1()
{
    extern int s; /*表明变量 s 是在其他文件定义的*/
    ...
}
```

extern 只用作声明，不能用于定义，而且不能在声明中初始化变量。

如果希望外部变量只限于被本文件引用，而不能被其他文件引用，可以在定义外部变

量时加一个 static 声明,称为静态外部变量。

注意:

如果对局部变量用 static 声明,则为该变量分配的存储空间在整个程序执行期间始终存在;如果对全局变量用 static 声明,则该变量的作用域只限于本文件,即只允许本程序文件中的函数使用,不能被其他文件中的函数引用。

例如:

```
file1.c
static int B;
int main()
{
    ...
}
file2.c
extern B
void f(int i)
{
    ...
  B=B*i;
    ...
}
```

此时就会出错,因为虽然 B 在 file1.c 是一个全局变量,但前面有 static 声明,这样 B 的作用域就限制在 file1.c 范围内了,虽然在 file2.c 用了 extern,但仍然不能使用 B。

如果一个函数只能被它所在文件中的其他函数调用,那么此函数就称为内部函数。在定义内部函数时,在函数类型标识符的前面加上 static 即可。

其定义形式为:

static 类型标识符 函数名(形参列表) { 函数体 }

例如:

```
static float max(float a, float b)          /* 定义内部函数 max */
{
    ...
}
```

使用内部函数,可以使该函数只限于它所在的文件,即使其他文件中有同名的函数也不会相互干扰,因为内部函数不能被其他文件中的函数所调用。

例如:

```
//file1.c
# include < stdio.h >
static void internalFunction() {
  printf("This is an internal function.\n");
}
void callInternalFunction() {
  internalFunction();
}
```

在上述代码中，internalFunction（）是一个内部函数，只能在 file1.c 文件中访问。

如果在一个源程序文件中定义的函数除了可以被本文件中的函数调用外，还可以被其他文件中的函数调用，那么这种函数就称为外部函数。在定义函数时，可以在函数首部的最左端冠以关键字 extern，则显式表示此函数是外部函数，可供其他文件调用。

例如：

```
//file1.c
#include<stdio.h>
void externalFunction( ) {
    printf("This is an external function.\n");
}
//file2.c
extern void externalFunction( );        //声明外部函数
int main( ) {
    externalFunction( );                //调用外部函数
    return 0;
}
```

在这个例子中，externalFunction（）是在 file1.c 中定义的，并且在 file2.c 中通过 extern 关键字声明，使得它可以在 file2.c 中被调用，这种函数可以在不同的源文件中被引用。

7.10　程　序　举　例

【例 7-20】 寻找并输出 11～999 内的数 m，它满足 m、m^2 和 m^3 均为回文数。

解题思路：回文数是各位数字左右对称的整数。例如，11 满足上述条件，因为 $11^2 = 121$，$11^3 = 1331$。

采用除以 10 取余的方法，从最低位开始，依次取出该数的各位数字。按反序重新构成新的数，比较与原数是否相等，若相等，则原数为回文数。

```
#include<stdio.h>
int main( )
{
    int fun(int n);
    int m;
    for (m = 11; m < 1000; m++)
        if (fun(m) && fun(m * m) && fun(m * m * m))
        {
            printf("m=%-5d m*m=%-5d m*m*m=%d\n", m, m * m, m * m * m);
        }
    return 0;
}
int fun(int n)
{
    int i, m;
```

求回文数

```
        i = n; m = 0;
        while (i)
        {
            m = m * 10 + i % 10;
            i = i / 10;
        }
        return(m == n);
}
```

运行结果：

```
m=11        m*m=121      m*m*m=1331
m=101       m*m=10201    m*m*m=1030301
m=111       m*m=12321    m*m*m=1367631
```

【例 7-21】　用递归法计算从 n 个人中选择 k 个人组成一个委员会的不同组合数。

解题思路：用递归法计算从 n 个人中选择 k 个人组成一个委员会的不同组合数的公式是

$$C(n,k) = C(n-1,k) + C(n-1,k-1)$$

计算不同组合数

这个公式可以通过组合数学的基本原理来理解。在 n 个人中选择 k 个人的组合数，可以看作在 n−1 个人中选择 k 个人的组合数加上在 n−1 个人中选择 k−1 个人的组合数。这是因为，当我们从 n 个人中选择 k 个人时，我们可以选择包括第 n 个人或不包括第 n 个人。如果我们选择包括第 n 个人，那么问题就变成了从剩下的 n−1 个人中选择 k−1 个人的组合数；如果我们不选择第 n 个人，那么问题就变成了从剩下的 n−1 个人中选择 k 个人的组合数。这两种情况加起来就是从 n 个人中选择 k 个人的所有可能组合。

这个递归公式可以一直应用到 n=k 或 k=0 的情况，此时组合数为 1，因为从 0 个人中或 k 个人中选择 k 个人，只有一种情况，即不选择任何人或所有人都被选中。

```
# include < stdio. h >
int comm(int n, int k)
{
    if (k > n)                    //如果 k 大于 n,返回 0,因为不可能从 n 个人中选择 k 个人
        return 0;
    else if (n == k || k == 0)    //如果 n 等于 k 或 k 等于 0(即选择所有人或不选择任何人),
返回 1
        return 1;
    else
        return comm(n − 1, k) + comm(n − 1, k − 1);    //否则,返回从 n−1 人中选择 k 人
和从 n−1 人中选择 k−1 人的组合数之和
}
int main()
{
    int comm(int n, int k);
    int n, k;
    printf( "Please enter two integers n and k:\n");
    scanf("%d%d", &n, &k);
    printf("C(n, k) = %d\n ",comm(n, k));
    return 0;
}
```

运行结果：

```
Please enter two integers n and k:
8 4
C(n, k) =70
```

【例 7-22】 利用函数嵌套求三个数中最大数和最小数的差值。

解题思路：分别定义求最大值、最小值、差的函数，求差函数中调用最大值、最小值函数进行求差，main()中调用求差函数。

```
# include < stdio. h >
int dif(int x, int y, int z);
int max(int x, int y, int z);
int min(int x, int y, int z);
int main()
{
    int a, b, c, d;
    printf("请输入三个整数：\n");
    scanf("%d%d%d", &a, &b, &c);
    d＝dif(a, b, c);
    printf("Max－Min＝%d\n", d);
    return 0;
}
int dif(int x, int y, int z)
{
    return max(x, y, z)－min(x, y, z);
}
int max(int x, int y, int z)
{
    int r;
    r＝x > y?x:y;
    return(r > z?r:z);
}
int min(int x, int y, int z)
{
    int r;
    r＝x < y?x:y;
    return(r < z?r:z);
}
```

运行结果：

```
请输入三个整数：
13 54 76
Max-Min=63
```

7.11　常见错误

（1）在函数定义后加分号。例如：

```
int f(int a, int b);
{ }
```

这在编译时,系统将指出错误。函数定义的括号后面不能用分号,因为这不是一个函数调用。由于语句后面要加分号,一不注意就把所有的行尾都加上了分号。

(2) 非整型函数前没加类型标识符。由于整型函数的类型标识符可以省略不写,而整型[int()和 char()]函数在 C 语言中使用得又非常频繁,就容易渐渐地忘记非整型函数是要加类型标识符的。例如,错把求平方根的函数 squ_rt() 写成"squ_rt(float x) { }"。

由于省略类型表示整型,则总是返回一个整数值,这样 3 的平方根竟然会得 1,而且程序不会有任何有关的语法错误。一个好的习惯是:即使是 int 型也总是明确地写出,这样你就会习惯地给每个函数以必要的类型。

(3) 形参说明写在函数体内。例如:

```
int max (a, b)
{
    int a, b;
}
```

这在编译时会产生错误,a、b 是形参,定义应该要写在括号内,不要一写变量说明就总习惯写在大括号的后面,正确的写法是 int max (int a, int b)。

(4) 调用未定义的非整型函数而未加说明。例如:

```
int main( )
{
    float a,b, c ;
    a = 1. 5 ;b = 2 * 3 ;
    c = fadd(a, b);
    …
}
float fadd(float x, float y)
{
    …
}
```

编译时系统会指出错误,fadd() 是非整型函数,如调用在先,定义在后,则应在调用之前说明它的类型。例如,可以在 main() 之前,或 main() 中说明部分加上 float fadd()。

(5) 忽略参数的求值顺序。例如:

```
printf("%d", sub(i,－－i));
```

在不同的系统中,sub() 函数中参数的求值顺序是不同的,有的是从右到左,有的是从左到右。解决这种问题的办法是避免变量和它自身增减 1 的表达式同时作为一个函数的参数,实际上可以将"printf("%d",sub(i,－－i));"写成"printf("%d",sub(i,i－1));",则不管是从右向左,还是从左到右计算参数值,都能得到希望的结果。

171

职业素养小故事

天问一号是由中国航天科技集团公司下属中国空间技术研究院自主抓总研制的探测器，负责执行中国第一次火星探测任务。2020 年 4 月 24 日，在第五个"中国航天日"，备受关注的中国首次火星探测任务名称、任务标识在 2020 年"中国航天日"启动仪式上公布。中国行星探测任务被命名为"天问（Tianwen）系列"，首次火星探测任务被命名为"天问一号"。

天问一号探测器由环绕器、着陆器和巡视器组成，总重量达到 5 吨左右。天问一号探测器携带设备及功能：中、高分辨率相机，负责对火星表面成像，开展火星表面地形地貌和地质构造研究；火星磁强计后续主要负责探测火星空间磁场环境；火星矿物光谱分析仪则用来分析火星矿物组成与分布，研究火星整体化学成分与化学演化历史，分析火星资源与分布区等。

天问一号的成功彰显了中国航天人"敢为人先、自主创新"的责任担当。从硬件抗干扰到软件容错，从团队协作到应急响应，每一项设计均以"零失误"为目标，确保探测器在 4 亿千米外的极端环境中精确执行任务。正如总设计师孙泽洲所言："航天任务的成功，是无数细节的累积与团队信念的凝聚。"

第 7 章课后习题

第 8 章　指针——C 语言深入内存管理与高效编程的钥匙

在 C 语言编程的深邃领域中,指针无疑是一把打开深入内存管理和高效编程大门的钥匙。它允许程序直接访问内存地址和对其进行操作,从而实现了对数据的直接控制和高效管理。指针不仅极大地提升了程序的运行效率,还为开发者提供了前所未有的灵活性和控制能力。

指针的核心在于其能够存储和传递内存地址。通过指针,程序可以绕过常规的变量访问机制,直接对内存中的数据进行操作。这种直接访问的特性使得指针在数组处理、动态内存分配、数据结构构建等方面表现出色。同时,指针也是函数参数传递和返回值处理的重要工具,它使得函数能够直接修改传入参数的值,或者返回指向动态分配内存的指针。

然而,指针也是一把双刃剑。不正确的指针操作可能会导致内存泄露、野指针访问等严重问题,甚至引发程序崩溃。因此,学习和掌握指针的正确使用方法至关重要。

在这一章里,我们将全面深入地探讨 C 语言的指针。我们将从指针的基本概念开始,逐步扩展到指针的声明、初始化、运算以及指针与数组、函数的关系。通过大量的实例和练习,你将学会如何正确地使用指针来访问内存中的数据和对其进行操作,如何避免常见的指针错误,以及如何利用指针来优化程序的性能。

我们还将探讨一些高级的指针技巧,如指针数组、数组指针、多级指针以及函数指针等。这些技巧将帮助你更深入地理解 C 语言的指针机制,提升你的编程能力和代码质量。

通过本章的学习,你将能够更加熟练地掌握 C 语言的指针,学会如何高效地管理内存和编写高效的程序。这将为你后续学习结构体、链表等更高级的编程技术打下坚实的基础,同时也将为你解决复杂编程问题提供强大的工具。让我们一同走进指针的世界,用 C 语言编写出更加高效、优雅的程序吧!

8.1　地址指针的基本概念

在计算机中,所有的数据都是存放在存储器中的。一般把存储器中的 1 字节称为一个内存单元,不同的数据类型所占用的内存单元数不等,如 Visual C++为整型量分配 4 字节,为字符量分配 1 字节,为双精度浮点型量分配 8 字节等,在前面已有详细的介绍。为了正确地访问这些内存单元,必须为每个内存单元编号。根据内存单元的编号即可准确地找到该内存单元。内存单元的编号也叫作地址。因为根据内存单元的编号或地址就可以找到所需的内存单元,所以通常也把这个地址称为指针。

内存单元的指针和内存单元的内容是两个不同的概念。可以用一个通俗的例子来说明它们之间的关系。想象你有一个书架,书架上放了很多书。每本书都有一个唯一的位置(就像内存单元的地址),而书的内容就是书本身所包含的信息。在这个类比中,可以把内存单元的指针想象成书架上一本书的"位置指示器"或者"书签"。它告诉你书在哪里,但并不包含书的内容。比如,你可以说"第三排第五本书"是一个指针,它指向了书架上的一个具体位置。内存单元的内容就是书本身所包含的信息,如故事情节、人物描写等。当你拿起这本书并阅读时,你就是在访问这本书的内容。对于一个内存单元来说,单元的地址即为指针,其中存放的数据才是该单元的内容。在 C 语言中,允许用一个变量来存放指针,这种变量称为指针变量。因此,一个指针变量的值就是某个内存单元的地址,或称为某内存单元的指针。

图 8.1 中定义了短整型变量 i,系统为其分配 2000、2001 两字节的单元。2000 就是变量 i 的地址,也称为变量 i 的指针。变量的值 10 就是内存单元中的内容。如果将指针 2000 存放到变量 i_pointer 中,则 i_pointer 就是指针变量。

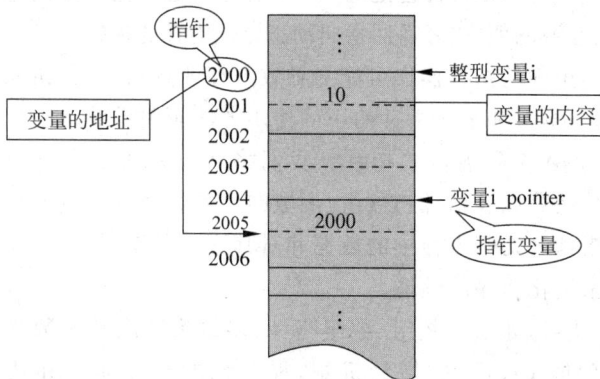

图 8.1　变量的指针

地址指针的
基本概念

严格地说,一个指针是一个地址,是一个常量。而一个指针变量却可以被赋予不同的指针值,是变量。但常把指针变量简称为指针。为了避免混淆,我们约定:"指针"是指地址,是常量;"指针变量"是指取值为地址的变量。定义指针的目的是通过指针去访问内存单元。

既然指针变量的值是一个地址,那么这个地址不仅可以是变量的地址,也可以是其他数据结构的地址。在一个指针变量中存放一个数组或一个函数的首地址有何意义呢?因为数组或函数都是连续存放的。通过访问指针变量取得了数组或函数的首地址,也就找到了该数组或函数。这样一来,凡是出现数组、函数的地方都可以用一个指针变量来表示,只要给该指针变量中赋予数组或函数的首地址即可。这样会使程序的概念十分清楚,程序本身也精练、高效。在 C 语言中,一种数据类型或数据结构往往都占有一组连续的内存单元。用"地址"这个概念并不能很好地描述一种数据类型或数据结构,而"指针"实际上也是一个地址,但它却是一个数据结构的首地址,它是"指向"一个数据结构的,因而概念更为清楚,表示更为明确。这也是引入"指针"概念的一个重要原因。

8.2　变量的指针和指向变量的指针变量

　　变量的指针就是变量的地址。存放变量地址的变量是指针变量。即在 C 语言中,允许用一个变量来存放指针,这种变量称为指针变量。因此,一个指针变量的值就是某个变量的地址,或称为某变量的指针。

　　为了表示指针变量和它所指向的变量之间的关系,在程序中用"＊"符号表示"指向"。例如,i_pointer 代表指针变量,而 ＊i_pointer 是 i_pointer 所指向的变量。

　　如图 8.2 所示,i_pointer 中存放变量 i 的地址 2000,i_pointer 就是指针变量,＊i_pointer 是 i_pointer 所指向的变量,也就是变量 i。

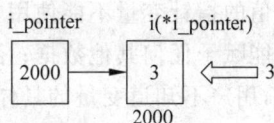

　　因此,下面两个语句作用相同:

i＝3;
＊i_pointer＝3;

图 8.2　指针变量指向

　　第二个语句的含义是将 3 赋给指针变量 i_pointer 所指向的变量。

8.2.1　指针变量的定义

　　对指针变量的定义包括三个内容:
　　(1) 指针类型说明,即定义变量为一个指针变量。
　　(2) 指针变量名。
　　(3) 变量值(指针)所指向的变量的数据类型。
　　其一般形式为

类型说明符　＊变量名;

指针变量的定义

　　其中,＊表示这是定义一个指针变量;变量名即为定义的指针变量名;类型说明符表示本指针变量所指向变量的数据类型,也称为基类型。
　　例如:

int ＊p1;

　　表示 p1 是一个指针变量,它的值是某个整型变量的地址,或者说 p1 指向一个整型变量。至于 p1 究竟指向哪一个整型变量,应由向 p1 赋予的地址来决定。
　　再如:

int ＊ p2;   /＊p2 是指向整型变量的指针变量＊/
float ＊ p3;   /＊p3 是指向浮点型变量的指针变量＊/
char ＊ p4;   /＊p4 是指向字符型变量的指针变量＊/

注意：

（1）区分"int ＊ p1，＊ p2;"与"int ＊ p1,p2;"。

（2）指针变量名是 p1、p2,不是 ＊ p1、＊ p2。

（3）定义指针变量时必须指定基类型。

（4）指针变量只能指向定义时所规定类型的变量。

（5）指针变量定义后,变量值不确定,应用前必须先赋值。

8.2.2　指针变量的引用

指针变量同普通变量一样,使用之前不仅要定义说明,而且必须赋予具体的值。未经赋值的指针变量不能使用,否则将造成系统混乱,甚至死机。只能给指针变量赋予地址,不能赋予任何其他数据;否则将引起错误。在 C 语言中,变量的地址是由编译系统分配的,用户不知道变量的具体地址。

与指针有关的运算符有两个:一个是 & 运算符,称为取地址运算符;另一个是 ＊ ,称为指针运算符或者"间接访问"运算符。

C 语言中提供了地址运算符 & 来表示变量的地址。

其一般形式为

& 变量名；

如 &a 表示变量 a 的地址,&b 表示变量 b 的地址,变量 a 和 b 必须预先声明。

设有指向整型变量的指针变量 p,如要把整型变量 a 的地址赋予 p 可以有以下两种方式。

（1）指针变量初始化的方法。

```
int a;
int ＊ p＝&a;
```

（2）赋值语句的方法。

```
int a;
int ＊ p;
p＝&a;
```

指针变量的引用

不允许把一个数赋予指针变量,故下面的赋值是错误的：

```
int ＊ p;
p＝1000;
```

被赋值的指针变量前不能再加 ＊ 说明符,如写为 ＊ p＝&a 也是错误的。

假设：

```
int i＝200, x;
int ＊ ip;
```

我们定义了两个整型变量 i、x,还定义了一个指向整型数据的指针变量 ip。i、x 中可

存放整数,而 ip 中只能存放整型变量的地址,我们可以把 i 的地址赋给 ip:

ip＝&i;

此时指针变量 ip 指向整型变量 i,假设变量 i 的地址为 1800,
这个赋值可形象地理解为如图 8.3 所示的联系。

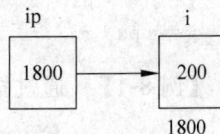

下面我们便可以通过指针变量 ip 间接访问变量 i,例如:

x＝*ip;

运算符 * 访问以 ip 为地址的存储区域,而 ip 中存放的是变量 i 的地址,因此 * ip 访
问的是地址为 1800 的存储区域(因为是整数,实际上是从 1800 开始的 4 字节),它就是 i
所占用的存储区域,所以上面的赋值表达式等价于

x＝i;

另外,指针变量和一般变量一样,存放在它们之中的值是可以改变的,也就是说可以
改变它们的指向。假设:

```
char i,j, * p1, * p2;
i= 'a';
j= 'b';
p1=&i;
p2=&j;
```

则建立如图 8.4 所示的联系。

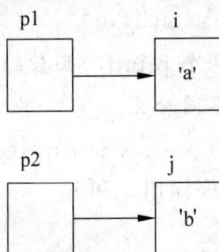

这时赋值表达式 p2＝p1 就使 p2 与 p1 指向同一对象 i,此时 * p2 就等价于 i,而不是
j,如图 8.5 所示。

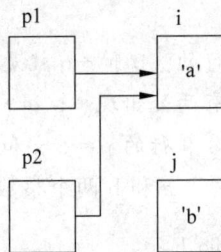

图 8.4　指针指向变量　　　　图 8.5　p1 和 p2 指向同一个变量

通过指针访问它所指向的一个变量是以间接访问的形式进行的,所以比直接访问一
个变量要费时,而且不直观,因为通过指针要访问哪一个变量,取决于指针的值(即指向)。
例如“ * p2＝ * p1;”实际上就是“j＝i;”,前者不仅速度慢而且目的不明确。但由于指针
是变量,我们可以通过改变它们的指向,间接访问不同的变量,这给程序员带来灵活性,也
使编写的程序代码更为简洁和有效。

指针变量可出现在表达式中,设:

int x,y, * px=&x;

指针变量 px 指向整数 x,则 * px 可出现在 x 能出现的任何地方。例如：

```
y= * px+5;                        /* 表示把 x 的内容加 5 并赋给 y */
y=++ * px;                        /* px 的内容加上 1 之后赋给 y,++ * px 相当于++( * px) */
y= * px++;                        /* 相当于"y= * px;( * px)++" */
```

【例 8-1】 通过指针变量访问整型变量。

```
# include < stdio. h >
int main( )
{
    int x, y;
    int * p, * q;
    x=50;
    y=25;
    p=&x;
    q=&y;
    printf("%d,%d\n", x, y);
    printf("%d,%d\n", * p, * q);
    return 0;
}
```

运行结果：

```
50,25
50,25
```

说明：

(1) 在开头处虽然定义了两个指针变量 p 和 q,但它们并未指向任何一个整型变量,只是提供两个指针变量,规定它们可以指向整型变量。程序第 8、9 行的作用就是使 p 指向 x,q 指向 y。

(2) 最后一行的 * p 和 * q 就是变量 x 和 y,最后两个 printf() 函数的作用是相同的。

(3) 程序中有两处出现 * p 和 * q,请区分它们的不同含义。

(4) 程序第 8、9 行的 p=&x 和 q=&y 不能写成 * p=&x 和 * q=&y。

【例 8-2】 输入 a 和 b 两个整数,按从大到小的顺序输出 a 和 b。

```
# include < stdio. h >
int main()
{
    int * p1, * p2, * p, a, b;
    scanf("%d,%d", &a, &b);
    p1=&a; p2=&b;
    if(a <= b)
    {
        p=p1;
        p1=p2;
        p2=p;
    }
    printf("a=%d, b=%d\n", a, b);
```

```
printf("max=%d,min=%d\n", * p1, * p2);
return 0;
}
```

运行结果：

```
3,4
a=3,b=4
max=4,min=3
```

从运行结果可以看出，a、b 的值并没有发生改变。

8.2.3　指针变量的几点说明

指针变量可以进行某些运算，但其运算的种类是有限的，它只能进行赋值运算以及部分算术运算及关系运算。

1. 指针运算符

1）取地址运算符 &

取地址运算符 & 是单目运算符，其结合性为自右至左，功能是取变量的地址。在 scanf()函数及前面介绍的指针变量赋值中，我们已经了解并使用了 & 运算符。

2）取内容运算符 *

取内容运算符 * 是单目运算符，其结合性为自右至左，用来表示指针变量所指的变量，在 * 运算符之后跟的变量必须是指针。

需要注意的是指针运算符 * 和指针变量说明中的指针说明符 * 不是一回事。在指针变量说明中，* 是类型说明符，表示其后的变量是指针类型。而表达式中出现的 * 则是一个运算符，用以表示指针变量所指的变量。

2. 指针变量的运算

1）赋值运算

指针变量的赋值运算有以下几种形式。

（1）指针变量初始化赋值，前面已做介绍。把一个变量的地址赋予指向相同数据类型的指针变量。

例如：

```
int a, * pa;
pa=&a;                              /* 把整型变量 a 的地址赋予整型指针变量 pa */
```

（2）把一个指针变量的值赋予指向相同类型变量的另一个指针变量。

例如：

```
int a, * pa=&a, * pb;
pb=pa;                              /* 把 pa 的地址赋予指针变量 pb */
```

由于 pa、pb 均为指向整型变量的指针变量，因此可以相互赋值。

（3）把数组的首地址赋予指向数组的指针变量。

例如：

```
int a[5], * pa;
pa＝a;                          /* 数组名表示数组的首地址,故可赋予指向数组的指针变量 pa */
```

也可写为

```
pa＝&a[0];                      /* 数组首元素的地址是整个数组的首地址,也可赋予 pa */
```

当然也可采取初始化赋值的方法：

```
int a[5], * pa＝a;
```

（4）把字符串的首地址赋予指向字符类型的指针变量。

例如：

```
char * pc;
pc＝"C Language";
```

或用初始化赋值的方法写为

```
char * pc＝"C Language";
```

这里应说明的是并不是把整个字符串装入指针变量,而是把存放该字符串的字符数组的首地址装入指针变量,在后面还将详细介绍。

（5）把函数的入口地址赋予指向函数的指针变量。

例如：

```
int ( * pf)();
pf＝f;                          /* f 为函数名 */
```

2）加减算术运算

对于指针变量,可以加上或减去一个整数 n(通常指向数组的指针变量才会进行加减操作)。设 pa 是指向整型变量的指针变量,则 pa＋n、pa－n、pa＋＋、＋＋pa、pa－－、－－pa 运算都是合法的。指针变量加或减一个整数 n 的意义是把指针指向的当前位置向前或向后移动 n 个位置。

应该注意,指针变量向前或向后移动一个位置和地址加 1 或减 1 在概念上是不同的。因为指针变量的基类型是不同的,各种类型的变量所占的字节长度是不同的。例如,指针变量加 1,即向后移动 1 个位置,表示指针变量指向下一个基类型变量,而不是在原地址基础上加 1。

例如：

```
int a[5], * pa;
pa＝a;                          /* pa 指向数组 a,也指向 a[0] */
pa＝pa＋2;                       /* pa 指向 a[2],即 pa 的值为 &pa[2] */
```

指针变量的加减运算只能对数组指针变量进行,对指向其他类型变量的指针变量作加减运算是毫无意义的。

3）两个指针变量之间的运算

只有指向同一数组的两个指针变量之间才能进行运算,否则运算毫无意义。

(1)两指针变量相减。两指针变量之差是两个指针所指数组元素之间相差的元素个数。实际上是两个指针值(地址)之差再除以该数组元素的长度(字节数)。例如,pf1 和 pf2 是指向同一浮点数组的两个指针变量,设 pf1 的值为 2010H,pf2 的值为 2000H,而浮点数组每个元素占 4 字节,所以 pf1-pf2 的结果为(2010H-2000H)/4=4,表示 pf1 和 pf2 之间相差 4 个元素。两个指针变量不能进行加法运算。例如,pf1+pf2 毫无实际意义。

(2)两指针变量进行关系运算。指向同一数组的两指针变量进行关系运算可表示它们所指数组元素之间的关系。

例如:

```
pf1==pf2                    /* 表示 pf1 和 pf2 指向同一数组元素 */
pf1>pf2                     /* 表示 pf1 处于高地址位置 */
pf1<pf2                     /* 表示 pf1 处于低地址位置 */
```

指针变量还可以与 0 比较。

设 p 为指针变量,则 p==0 表明 p 是空指针,它不指向任何变量。p!=0 表示 p 不是空指针。

空指针是由对指针变量赋予 0 值而得到的。

例如:

```
#define NULL 0
int * p=NULL;
```

对指针变量赋 0 值和不赋值是不同的。指针变量未赋值时,可以是任意值,是不能使用的,否则将造成异常错误。而指针变量赋 0 值后,则可以使用,只是它不指向具体的变量而已。

【例 8-3】 一个指针变量的错误用法。

```
#include <stdio.h>
int main()
{
    int * p, * s, a;
    a= * p+ * s;
    printf("a=%d\n * p=%lu\n",a,p);
    printf(" * s=%lu",s);
    return 0;
}
```

运行结果:

```
Process exited after 2.315 seconds with return value 3221225477
请按任意键继续. . .
```

8.3 数组的指针和指向数组的指针变量

一个变量有一个地址，一个数组包含若干元素，每个数组元素都在内存中占用存储单元，它们都有相应的地址。所谓数组的指针是指数组的起始地址，数组元素的指针是数组元素的地址。

8.3.1 指向数组元素的指针

一个数组是由一块连续的内存单元组成的，数组名就是这块连续内存单元的首地址。一个数组也是由各个数组元素（下标变量）组成的，每个数组元素按其类型不同占有几个连续的内存单元。一个数组的首地址也是指它所占有的几个内存单元的首地址。

定义一个指向数组元素的指针变量的方法，与以前介绍的指针变量相同。

例如：

```
int a[10];                    / * 定义 a 为包含 10 个整型数据的数组 * /
int * p;                      / * 定义 p 为指向整型变量的指针 * /
```

应当注意，因为数组为 int 型，所以指针变量也应该是指向 int 型的指针变量。下面是对指针变量赋值：

```
p=&a[0];
```

把 a[0]元素的地址赋给指针变量 p。也就是说，p 指向 a 数组的第 0 号元素，如图 8.6 所示。

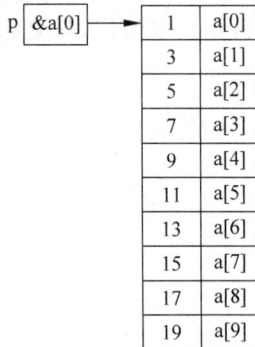

图 8.6 指向数组元素的指针

指向数组元素的指针

C 语言规定，数组名代表数组的首地址，也就是第 0 号元素的地址。因此，下面两个语句等价：

```
p=&a[0];
p=a;
```

182

在定义指针变量时可以赋予初值：

int * p=&a[0];

它等效于

int * p;
p=&a[0];

当然定义时也可以写成

int * p=a;

p、a、&a[0] 均指向同一单元，它们是数组 a 的首地址，也是 0 号元素 a[0] 的首地址。应该说明的是 p 是变量，而 a、&a[0] 都是常量，在编程时应予以注意。

数组指针变量说明的一般形式为

类型说明符　*指针变量名；

其中类型说明符表示所指数组的类型，从一般形式可以看出指向数组的指针变量和指向普通变量的指针变量的说明是相同的。

C 语言规定：如果指针变量 p 已指向数组中的一个元素，则 p+1 指向同一数组中的下一个元素。

如果 p 的初值为 &a[0]，则：

（1）p+i 和 a+i 就是 a[i] 的地址，或者说它们指向 a 数组的第 i 个元素，如图 8.7 所示。

（2）*(p+i) 或 *(a+i) 就是 p+i 或 a+i 所指向的数组元素，即 a[i]。例如，*(p+5) 或 *(a+5) 就是 a[5]。

（3）指向数组的指针变量也可以带下标，如 p[i] 与 *(p+i) 等价。根据以上叙述，要引用一个数组元素可以用以下两种方法。

① 下标法，即用 a[i] 形式访问数组元素。在前面介绍数组时都是采用这种方法。

② 指针法，即采用 *(a+i) 或 *(p+i) 形式，用间接访问的方法来访问数组元素，其中 a 是数组名，p 是指向数组的指针变量，其赋值为 p=a。

【例 8-4】　输出数组中的前 5 个元素。（下标法。）

```c
#include <stdio.h>
int main()
{
    int a[10],i;
    for(i=0;i<10;i++)
        a[i]=i;
    for(i=0;i<5;i++)
        printf("a[%d]=%d\n",i,a[i]); //数组元素用数组名和下标表示
```

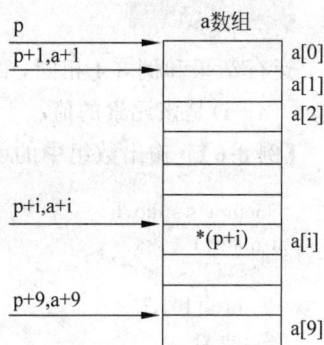

图 8.7　通过指针表示元素地址

```
    return 0;
}
```

运行结果：

```
a[0]=0
a[1]=1
a[2]=2
a[3]=3
a[4]=4
```

【例 8-5】 输出数组中的前 5 个元素。（通过数组名计算元素的地址，找出元素的值。）

```
#include <stdio.h>
int main()
{
    int a[10],i;
    for(i=0;i<10;i++)
        *(a+i)=i;
    for(i=0;i<5;i++)
        printf("a[%d]=%d\n",i,*(a+i));   //通过数组名和元素序号计算元素地址，再找到该元素
    return 0;
}
```

运行结果：

```
a[0]=0
a[1]=1
a[2]=2
a[3]=3
a[4]=4
```

运行结果和例 8-4 相同，第 6 行和第 8 行中"(a+i)"是 a 数组中序号为 i 的元素的地址，*(a+i)是该元素的值。

【例 8-6】 输出数组中的前 5 个元素。（用指针变量指向元素。）

```
#include <stdio.h>
int main()
{
    int a[10],i,*p;
    p=a;
    for(i=0;i<10;i++)
        *(p+i)=i;
    for(i=0;i<5;i++)
        printf("a[%d]=%d\n",i,*(p+i));
    return 0;
}
```

运行结果：

```
a[0]=0
a[1]=1
a[2]=2
a[3]=3
a[4]=4
```

从运行结果可以看出，例 8-4～例 8-6 三种表示方式得到的结果是一致的。例 8-6 的第 8、第 9 行可以改为

```
for(i=0,p=a;p<(a+5);p++,i++)
printf("a[%d]=%d\n",i, * p);
```

3 种方法比较：

例 8-4、例 8-5 所用方法的执行效率是相同的，C 语言编译系统是将 a[i]转换为 * (a+i)处理的，即先计算元素地址。例 8-6 所用方法比上述方法快，用指针变量直接指向元素，不必每次都重新计算地址。但用下标法比较直观，能直接知道是第几个元素。

【例 8-7】 使用指针变量输出数组的所有元素。

```
# include < stdio. h >
int main()
{
    int a[10],i, * p=a;
    for(i=0;i<10;)
    {
        * p=i;
        printf("a[%d]=%d\n",i++, * p++);
    }
    return 0;
}
```

运行结果：

```
a[0]=0
a[1]=1
a[2]=2
a[3]=3
a[4]=4
a[5]=5
a[6]=6
a[7]=7
a[8]=8
a[9]=9
```

说明：

(1) 指针变量可以实现本身值的改变。例如，p++是合法的，而 a++是错误的。因为 a 是数组名，它是数组的首地址，是常量。

(2) 要注意指针变量的当前值。请看下面的程序。

【例 8-8】 找出错误。

```
# include < stdio. h >
int main()
{
    int * p,i,a[10];
    p=a;
    for(i=0;i<10;i++)
       * p++=i;
    for(i=0;i<10;i++)
       printf("a[%d]=%d\n",i, * p++);
    return 0;
}
```

运行结果：

```
a[0]=70
a[1]=0
a[2]=0
a[3]=3
a[4]=6487580
a[5]=0
a[6]=11477872
a[7]=0
a[8]=4199400
a[9]=0
```

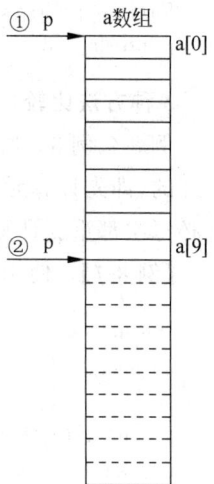

图 8.8　例 8-8 分析

在不同的环境中运行时显示的数据可能与上面的有所不同。从结果可以看出，输出的内容并不是我们赋值的内容。产生这个结果的原因就是指针变量在第一个循环完成之后指向了数组后面的单元。指针变量 p 的初始值为 a 数组首元素的地址，如图 8.8①所示。经过第一个 for 循环后，p 已经指向了数组 a 的末尾，因此在执行第二个 for 循环时 p 的初始值不是 a，而是 a+10，如图 8.8②所示，所以在执行第二个 for 循环时，每次要执行 p++，此时 p 指向的是 a 数组后面的 10 个存储单元，如图 8.8 的虚线部分所示，而这些部分的值是不可预料的。

【例 8-9】　例 8-8 的改正。

```c
#include <stdio.h>
int main()
{
    int *p,i,a[10];
    p=a;
    for(i=0;i<10;i++)
        *p++=i;
    p=a;
    for(i=0;i<10;i++)
        printf("a[%d]=%d\n",i,*p++);
    return 0;
}
```

运行结果：

```
a[0]=0
a[1]=1
a[2]=2
a[3]=3
a[4]=4
a[5]=5
a[6]=6
a[7]=7
a[8]=8
a[9]=9
```

从上例可以看出，虽然定义数组时指定它包含 10 个元素，但指针变量可以指到数组以后的内存单元，系统并不认为其非法。

（3）由于++和 * 同优先级，结合方向自右而左，所以 * p++等价于 * (p++)。

（4）* (p++)与 * (++p)作用不同。若 p 的初值为 a，则 * (p++)等价于 a[0]，* (++p)等价于 a[1]。

（5）（＊p)＋＋表示 p 所指向的元素值加 1。

（6）如果 p 当前指向 a 数组中的第 i 个元素，则 ＊(p－－)相当于 a[i－－]；＊(＋＋p)相当于 a[＋＋i]；＊(－－p)相当于 a[－－i]。

8.3.2 指向多维数组的指针和指针变量

本小节以二维数组为例介绍多维数组的指针变量。

1. 多维数组的地址

设有短整型二维数组 a[3][4]如下：

```
0   1   2   3
4   5   6   7
8   9   10  11
```

它的定义为

多维数组的指针

short int a[3][4]＝{{0,1,2,3},{4,5,6,7},{8,9,10,11}};

设数组 a 的首地址为 1000，各元素的地址及其值如图 8.9 所示。

前面介绍过，C 语言允许把一个二维数组分解为多个一维数组来处理。因此数组 a 可分解为三个一维数组，即 a[0]、a[1]、a[2]。每一个一维数组又含有四个元素，如 a[0] 数组含有 a[0][0]、a[0][1]、a[0][2]、a[0][3]四个元素。

数组及数组元素的地址表示如图 8.10 所示。

10000	10021	10042	10063
10084	10105	10126	10147
10168	10189	102011	102212

图 8.9 各元素的地址及其值

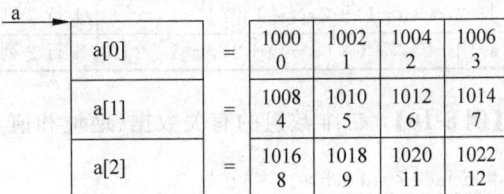

图 8.10 数组及数组元素的地址表示

从二维数组的角度来看，a 是二维数组名，a 代表整个二维数组的首地址，也是二维数组第 0 行的首地址，等于 1000。a＋1 代表第 1 行的首地址，等于 1008，如图 8.11 所示。

a[0]是第一个一维数组的数组名和首地址，因此也为 1000。＊(a＋0)或 ＊a 是与 a[0]等效的，它表示一维数组 a[0]的 0 号元素的首地址，也为 1000。

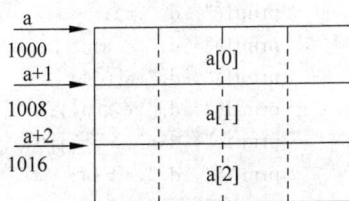

图 8.11 数组名表示地址

&a[0][0]是二维数组 a 的 0 行 0 列元素首地址，同样是 1000。因此，a、a[0]、＊(a＋0)、＊a、&a[0][0]是相等的。

同理，a＋1 是二维数组第 1 行的首地址，等于 1008。a[1]是第二个一维数组的数组名和首地址,因此也为 1008。&a[1][0]是二维数组 a 的 1 行 0 列元素地址,也是 1008。因此 a+1、a[1]、*(a+1)、&a[1][0]是相等的。

由此可得出:a+i,a[i]、*(a+i)、&a[i][0]是相等的。

此外,&a[i]和 a[i]也是相等的。因为在二维数组中不能把 &a[i]理解为元素 a[i]的地址,不存在元素 a[i],C 语言规定它是一种地址计算方法,表示数组 a 第 i 行首地址。由此,我们得出:a[i]、&a[i]、*(a+i)和 a+i 也都是相等的。

另外,a[0]也可以看作 a[0]+0,是一维数组 a[0]的 0 号元素的首地址,而 a[0]+1 则是 a[0]的 1 号元素首地址,由此可得出 a[i]+j 则是一维数组 a[i]的 j 号元素首地址,它等于 &a[i][j],如图 8.12 所示。

图 8.12   a[i]+j 表示地址

由 a[i]=*(a+i),得 a[i]+j=*(a+i)+j。由于 *(a+i)+j 是二维数组 a 的 i 行 j 列元素的首地址,所以,该元素的值等于 *(*(a+i)+j)。

二维数组 a 的有关指针如表 8.1 所示。

表 8.1   二维数组 a 的有关指针

表 示 形 式	含 义	值
a	二维数组名,指向一维数组 a[0],即 0 行起始地址	1000
a[0], *(a+0), *a	0 行 0 列元素地址	1000
a+1, &a[1]	1 行起始地址	1008
a[1], *(a+1)	1 行 0 列元素 a[1][0]的地址	1008
a[1]+2, *(a+1)+2, &a[1][2]	1 行 2 列元素 a[1][2]的地址	1012
*(a[1]+2), *(*(a+1)+2), a[1][2]	1 行 2 列元素 a[1][2]的值	6

【例 8-10】 二维数组的有关数据(地址和值)。

```c
#include <stdio.h>
int main()
{
    int a[3][4]={0,1,2,3,4,5,6,7,8,9,10,11};
    printf("%d,",a);
    printf("%d,",*a);
    printf("%d,",a[0]);
    printf("%d,",&a[0]);
    printf("%d\n",&a[0][0]);
    printf("%d,",a+1);
    printf("%d,",*(a+1));
    printf("%d,",a[1]);
    printf("%d,",&a[1]);
    printf("%d\n",&a[1][0]);
    printf("%d,",a+2);
    printf("%d,",*(a+2));
    printf("%d,",a[2]);
```

```
        printf("%d,",&a[2]);
        printf("%d\n",&a[2][0]);
        printf("%d,",a[1]+1);
        printf("%d\n",*(a+1)+1);
        printf("%d,%d\n",*(a[1]+1),*(*(a+1)+1));
        return 0;
}
```

运行结果：

```
6487536, 6487536, 6487536, 6487536, 6487536
6487552, 6487552, 6487552, 6487552, 6487552
6487568, 6487568, 6487568, 6487568, 6487568
6487556, 6487556
5, 5
```

在不同的环境中运行时显示的数据可能与上面的有所不同。

2. 指向二维数组的指针变量

把二维数组 a 分解为一维数组 a[0]、a[1]、a[2]之后，设 p 为指向二维数组的指针变量。可定义为

int (*p)[4]

它表示 p 是一个指针变量，它指向包含 4 个元素的一维数组。若指向第一个一维数组 a[0]，其值等于 a、a[0]或 &a[0][0]等。而 p+i 则指向一维数组 a[i]。从前面的分析可得出 *(p+i)+j 是二维数组 i 行 j 列元素的地址，而 *(*(p+i)+j)则是 i 行 j 列元素的值。

二维数组指针变量说明的一般形式为

类型说明符　(*指针变量名)[长度]

其中"类型说明符"为所指数组的数据类型，"*"表示其后的变量是指针类型，"长度"表示二维数组分解为多个一维数组时，一维数组的长度，也就是二维数组的列数。应注意"(*指针变量名)"两边的括号不可少，如缺少括号则表示是指针数组（本章后面介绍），意义就完全不同了。

【例 8-11】 指向二维数组的指针变量。

```
#include <stdio.h>
int main()
{
        int a[3][4]={0,1,2,3,4,5,6,7,8,9,10,11};
        int(*p)[4];
        int i,j;
        p=a;
        for(i=0;i<3;i++)
        {
                for(j=0;j<4;j++)
                    printf("%2d ",*(*(p+i)+j));
```

指向二维数组的
指针变量

189

```
        printf("\n");
    }
    return 0;
}
```

运行结果：

```
0   1   2   3
4   5   6   7
8   9  10  11
```

分析例8-11的程序可以看到，当指针变量指向二维数组的首地址后，二维数组的元素可以理解为先按行再按列排列而成的一维数组，因而可以用对指针变量每次加1的方式顺序处理二维数组的元素。

【例8-12】 按一维数组方式处理二维数组。

```
#include <stdio.h>
int main()
{
    int a[2][3], *p=a[0];
    int i,j;
    for(i=0;i<2;i++)
    for(j=0;j<3;j++)
    {
        scanf("%d",p);
        p++;
    }
    p=a[0];
    for(i=0;i<2;i++)
    {
        for (j=0;j<3;j++)
        {
            printf("%10d", *p);
            p++;
        }
        printf("\n");
    }
    return 0;
}
```

运行结果：

```
1 2 3
4 5 6
         1         2         3
         4         5         6
```

8.4 指针作为函数参数

在例7-2中定义了一个swap()函数用来实现两个数的交换，两个形参变量在函数调用过程中发生了交换，而对应的实参并没有发生改变。这是因为实参和形参属于不同的存储单元,它们之间是单向值传递。为了让 swap()函数能够实现两个实参的改变,可以使用指针来处理。

【例 8-13】 将输入的两个整数按从大到小的顺序输出。

```
# include < stdio. h >
void swap(int * p1, int * p2)
{
    int temp;
    temp= * p1;
    * p1= * p2;
    * p2=temp;
}
int main()
{
    int a,b, * pa, * pb;
    scanf("%d%d",&a,&b);
    pa=&a; pb=&b;
    printf("交换前:\n");
    printf("a=%d,b=%d\n",a,b);
    if(a < b)
        swap(pa,pb);
    printf("交换后:\n");
    printf("a=%d,b=%d\n",a,b);
    return 0;
}
```

指针作为
函数参数

运行结果:

```
5 9
交换前:
a=5,b=9
交换后:
a=9,b=5
```

现在让我们来看一看程序是怎么执行的。先执行 main()函数,输入 a 和 b 的值,然后将 a 和 b 的地址分别赋给 pa 和 pb,使 pa 指向 a,pb 指向 b,如图 8.13(a)所示,然后输出 a 和 b 的值。接着执行 if 语句,当 a<b 成立时,调用 swap()函数,实际参数是指针变量 pa 和 pb,传递的是变量 a 和 b 的地址。参数传递时仍然是传值的,但这回传递的值是地址,也就是把 a 的地址和 b 的地址传给相对应的形参。swap()的形参定义为指向整型的指针,它们正好可以接收整型变量 a、b 的地址值,所以参数传递相当于语句"p1=&a; p2=&b;",指针变量 p1 指向 a,p2 指向 b,如图 8.13(b)所示。这时 p1 和 pa 都指向变量 a,p2 和 pb 都指向 b,接着执行 swap()函数的函数体,使得 * p1 和 * p2 的值交换,也就是将 a 和 b 的值交换,互换后的情况如图 8.13(c)所示。swap()执行完后,形参 p1 和 p2 被释放,但地址 a 和地址 b 中仍存有数据,它们就是变量 a 和 b 的值。这时从 main()中再次输出 a、b,其值已经交换过了。

从这个例子中我们可以看到:虽然 C 语言的函数参数都是传值的,但是可以通过地址值间接地把被调函数的某些数值传送给主调函数,这样指针又为我们在函数之间传递数据提供了一种新的途径。需要理解的是即使指针作为参数,参数的传递仍然是传值的,

191

形参改变的只是它所指的变量的值，而不是形参自身的地址值。正是因为地址值没有改变，我们才间接地将改变参数造成的影响传递到主调函数。

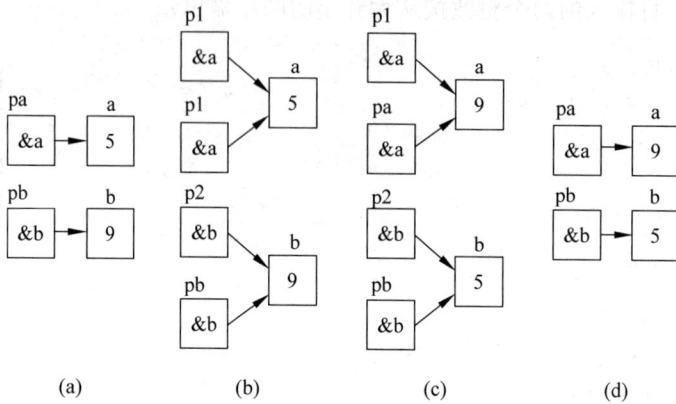

图 8.13　例 8-13 程序分析

【例 8-14】　在例 8-13 基础上进行变化。

```
#include <stdio.h>
void swap(int * p1, int * p2)
{
    int * temp;
    temp=p1;
    p1=p2;
    p2=temp;
}
int main()
{
    int a,b, * pa, * pb;
    scanf("%d%d",&a,&b);
    pa=&a; pb=&b;
    printf("交换前:\n");
    printf("a=%d,b=%d\n",a,b);
    if (a<b)
        swap(pa,pb);
    printf("交换后:\n");
    printf("a=%d,b=%d\n",a,b);
    printf(" * pa=%d, * pb=%d\n", * pa, * pb);
    return 0;
}
```

运行结果:

```
5 9
交换前:
a=5,b=9
交换后:
a=5,b=9
*pa=5,*pb=9
```

从运行结果可以看出，swap()中形参仍是指针变量，函数中交换的是两个形参变量

p1、p2 的值,而不是 * p1、* p2 的值。函数调用结束后,a、b 的值没有发生变化,而对应的实参 pa、pb 也没有改变。

通过上面两个例子的比较可以看出,通过函数调用来改变实参指针变量的值是不可能的,但可以改变实参指针变量所指变量的值,而且运用指针变量作参数,可以得到多个变化了的值。这是采用返回值方式不可能做到的,从而体会到使用指针的好处。

说明:

如想通过函数调用得到 n 个要改变的值,可以采用以下方法。

(1) 在主调函数中定义 n 个变量,用 n 个指针变量指向它们。

(2) 用指针变量作实参,将 n 个变量的地址传给所调用的函数的形参。

(3) 通过形参指针变量,改变该 n 个变量的值。

(4) 在主调函数中使用这些改变了值的变量。

【例 8-15】 利用指针完成输入 a、b、c 三个数,按从大到小的顺序输出。

```c
#include <stdio.h>
void swap(int * pt1, int * pt2)
{
    int temp;
    temp= * pt1;
    * pt1= * pt2;
    * pt2=temp;
}
void exchange(int * q1,int * q2,int * q3)
{
    if( * q1< * q2) swap(q1,q2);
    if( * q1< * q3) swap(q1,q3);
    if( * q2< * q3) swap(q2,q3);
}
int main()
{

    int a,b,c, * p1, * p2, * p3;
    scanf("%d,%d,%d",&a,&b,&c);
    p1=&a;
    p2=&b;
    p3=&c;
    exchange(p1,p2,p3);
    printf("%d,%d,%d\n",a,b,c);
    return 0;
}
```

运行结果:

```
3,4,1
4,3,1
```

前面我们讲过在数组中 a[i] 等价于 * (a+i),下标运算[]实际上就是指针运算 * ,所以除了使用指针变量作为函数参数外,也可以使用数组作为函数参数。

【例 8-16】 将数组 a 中的 n 个整数按相反顺序存放。

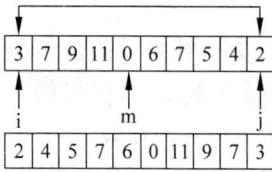

图 8.14 例 8-16 的图示

解题思路：将 a[0] 与 a[n−1] 对换，再将 a[1] 与 a[n−2] 对换……直到将 a[(n−1/2)] 与 a[n−int((n−1)/2)] 对换。今用循环处理此问题，设两个"位置指示变量"i 和 j，i 的初值为 0，j 的初值为 n−1。将 a[i] 与 a[j] 交换，然后使 i 的值加 1，j 的值减 1，再将 a[i] 与 a[j] 交换，直到 i＝(n−1)/2 为止，如图 8.14 所示。

```c
# include < stdio. h >
void inv(int x[], int n)                 /* 形参 x 是数组名 */
{
    int temp,i,j,m=(n−1)/2;
    for(i=0;i<=m;i++)
    {
        j=n−1−i;
        temp=x[i];
        x[i]=x[j];
        x[j]=temp;
    }
}
int main()
{
    int i,a[10]={1,2,3,4,5,6,7,8,9,0};
    printf("初始序列:\n");
    for(i=0;i<10;i++)
        printf("%d,",a[i]);
    printf("\n");
    inv(a,10);
    printf("反转后的序列:\n");
    for(i=0;i<10;i++)
        printf("%d,",a[i]);
    printf("\n");
    return 0;
}
```

运行结果：

```
初始序列:
1,2,3,4,5,6,7,8,9,0,
反转后的序列:
0,9,8,7,6,5,4,3,2,1,
```

【例 8-17】 对例 8-16 做一些改动，将函数 inv() 中的形参 x 改成指针变量。

```c
# include < stdio. h >
void inv(int * x, int n)                  /* 形参 x 为指针变量 */
{
    int * p,temp, * i, * j,m=(n−1)/2;
    i=x;
    j=x+n−1;
```

```
        p＝x＋m;
        for(;i<=p;i++,j--)
        {
            temp＝*i;
            *i＝*j;
            *j＝temp;
        }
}
int main()
{
    int i,a[10]＝{1,2,3,4,5,6,7,8,9,0};
    printf("初始序列:\n");
    for(i=0;i<10;i++)
        printf("%d,",a[i]);
    printf("\n");
    inv(a,10);
    printf("反转后的序列:\n");
    for(i=0;i<10;i++)
        printf("%d,",a[i]);
    printf("\n");
    return 0;
}
```

运行结果：

```
初始序列:
1,2,3,4,5,6,7,8,9,0,
反转后的序列:
0,9,8,7,6,5,4,3,2,1,
```

运行结果与例 8-16 相同。

如果有一个实参数组,想在函数中改变此数组元素的值,实参与形参的对应关系有以下 4 种。

(1) 形参和实参都是数组名。

```
int main()
{
    int a[10];
    ...
    f(a,10);
    ...
}
f(int x[],int n)
{
    ...
}
```

(2) 实参用数组名,形参用指针变量。

```
int main()
{
```

```
    int a[10];
    …
    f(a,10);
    …
}
f(int * x,int n)
{
    …
}
```

（3）实参、形参都用指针变量。

```
int main()
{
    int a[10];
    int * p=a;
    …
    f(p,10);
    …
}
f(int * x,int n)
{
    …
}
```

（4）实参为指针变量,形参为数组名。

```
int main()
{
    int a[10];
    int * p=a;
    …
    f(p,10);
    …
}
f(int x[],int n)
{
    …
}
```

【例 8-18】 用选择法对 10 个整数排序（使用指针作为实参）。

```
# include < stdio. h >
void sort(int x[],int n)
{
    int i,j,k,t;
    for(i=0;i<n-1;i++)
    {
        k=i;
        for(j=i+1;j<n;j++)
            if(x[j]> x[k])k=j;
```

```
        if(k!=i)
        {
            t=x[i];x[i]=x[k];x[k]=t;
        }
    }
}
int main()
{
    int * p,i,a[10]={3,7,9,11,0,6,7,5,4,2};
    printf("初始序列:\n");
    for(i=0;i<10;i++)
        printf("%d,",a[i]);
    printf("\n");
    p=a;
    sort(p,10);
    printf("排序后:\n");
    for(p=a,i=0;i<10;i++)
    {
        printf("%d ", * p);
        p++;
    }
    printf("\n");
    return 0;
}
```

运行结果:

```
初始序列:
3,7,9,11,0,6,7,5,4,2,
排序后:
11 9 7 7 6 5 4 3 2 0
```

说明:

函数 sort()既可用数组名作为形参,也可改为用指针变量,这时函数的首部可以改为 sort(int * x,int n),其他可一律不改。

8.5　字符串的指针和指向字符串的指针变量

8.5.1　字符串的表示形式

在 C 语言中,可以用两种方法访问一个字符串。

(1) 用字符数组存放一个字符串,然后输出该字符串。

【例 8-19】　字符数组存放字符串,其分析如图 8.15 所示。

```
# include < stdio. h >
int main()
{
    char str []="I like C!";
```

197

```
        printf("%s\n",str);
        return 0;
}
```

图 8.15　例 8-19 分析

运行结果：

I like C!

说明：

和前面介绍的数组属性一样，str 是数组名，它代表字符数组的首地址。

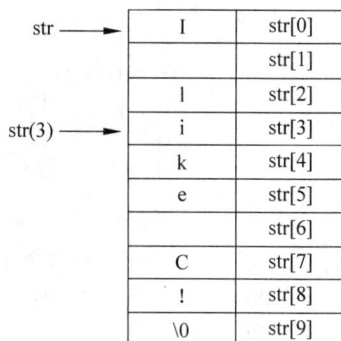

（2）用字符串指针指向一个字符串。

【例 8-20】　字符指针指向字符串，其分析如图 8.16 所示。

```
#include <stdio.h>
int main()
{
        char * str="I like C!";
        printf("%s\n",str);
        return 0;
}
```

运行结果：

I like C!

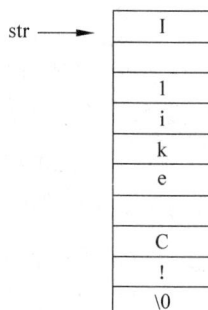

图 8.16　例 8-20 分析

字符串指针变量的定义说明与指向字符变量的指针变量说明是相同的。只能按对指针变量的赋值不同来区别。对指向字符变量的指针变量应赋予该字符变量的地址。

例如：

char c, * p=&c;

表示 p 是一个指向字符变量 c 的指针变量。

而

char * s="C Language";

则表示 s 是一个指向字符串的指针变量，把字符串的首地址赋予 s。

上例中，首先定义 str 是一个字符指针变量，然后把字符串的首地址赋予 str（应写出整个字符串，以便编译系统把该串装入一块连续的内存单元），并把首地址送入 str。程序中的

char * str="I like C!";

等效于

```
char * str;
str="I like C!";
```

【例 8-21】　将字符串 a 赋值给字符串 b。

字符串指针

```
#include <stdio.h>
int main( )
{
    char a[]="I am a student!",b[20], * p1, * p2;int i;
    p1=a;p2=b;
    for(; * p1!='\0';p1++,p2++)
        * p2= * p1;
    * p2='\0';
    printf("string a is:%s\n",a);
    printf("string b is:");
    for(i=0;b[i]!='\0';i++)
        printf("%c",b[i]);
    printf("\n");
    return 0;
}
```

运行结果：

```
string a is:I am a student!
string b is:I am a student!
```

【例 8-22】 在输入的字符串中查找有无'k'字符。

```
#include <stdio.h>
int main()
{
    char st[20], * ps;
    int i;
    printf("input a string:\n");
    ps=st;
    gets(ps);
    for(i=0;ps[i]!='\0';i++)
        if(ps[i]=='k')
        {
            printf("there is a 'k' in the string\n");
            break;
        }
    if(ps[i]=='\0')
        printf("There is no 'k' in the string\n");
    return 0;
}
```

运行结果：

```
input a string:
You are kind
there is a 'k' in the string
```

【例 8-23】 将指针变量指向一个格式字符串,用在 printf()函数中,用于输出二维数组的各种地址表示的值,但在 printf()语句中用指针变量 PF 代替了格式串。这也是程序中常用的方法。

```
#include<stdio.h>
int main()
{
    int a[3][4]={0,1,2,3,4,5,6,7,8,9,10,11};
    char * PF;
    PF="%d,%d,%d,%d,%d\n";
    printf(PF,a,*a,a[0],&a[0],&a[0][0]);
    printf(PF,a+1,*(a+1),a[1],&a[1],&a[1][0]);
    printf(PF,a+2,*(a+2),a[2],&a[2],&a[2][0]);
    printf("%d,%d\n",a[1]+1,*(a+1)+1);
    printf("%d,%d\n",*(a[1]+1),*(*(a+1)+1));
    return 0;
}
```

运行结果：

```
6487520,6487520,6487520,6487520,6487520
6487536,6487536,6487536,6487536,6487536
6487552,6487552,6487552,6487552,6487552
6487540,6487540
5,5
```

【例 8-24】 要求把一个字符串的内容复制到另一个字符串中，并且不能使用 strcpy()
函数。本例是把字符串指针作为函数参数使用。

函数 cprstr 的形参为两个字符指针变量，pss 指向源字符串，pds 指向目标字符串。

注意表达式"(*pds=*pss)!='\0'"的用法。

```
#include<stdio.h>
void cprstr(char * pss,char * pds)
{
    while((*pds=*pss)!='\0')
    {
        pds++;
        pss++;
    }
}
int main()
{
    char * pa="C Program",b[20],* pb;
    pb=b;
    cprstr(pa,pb);
    printf("string a=%s\nstring b=%s\n",pa,pb);
    return 0;
}
```

运行结果：

```
string a=C Program
string b=C Program
```

在本例中，程序完成了两项工作：一是把 pss 指向的源字符串复制到 pds 所指向的
目标字符串中。二是判断所复制的字符是否为'\0'：若是则表明源字符串结束，不再循

环；否则 pds 和 pss 都加 1，指向下一字符。在主函数中，以指针变量 pa、pb 为实参，分别取得确定值后调用 cprstr() 函数。由于采用的指针变量 pa、pss，pb、pds 均指向同一字符串，因此在主函数和 cprstr() 函数中均可使用这些字符串。

也可以把 cprstr 函数简化为以下形式：

```
void cprstr(char * pss,char * pds)
{
    while ((* pds++ = * pss++)! = '\0');
}
```

即把指针的移动和赋值合并在一个语句中。进一步分析还可发现 '\0' 的 ASCII 码为 0，对于 while 语句只看表达式的值，为非 0 就循环，为 0 则结束循环，因此也可省去 "! = '\0'" 这一判断部分，而写为以下形式：

```
void cprstr (char * pss,char * pds)
{
    while (* pdss++ = * pss++);
}
```

表达式的意义可解释为源字符向目标字符赋值，移动指针，若所赋值为非 0 则循环，否则结束循环，这样使程序更加简洁。

【例 8-25】 简化后的程序如下所示。

```
#include < stdio.h >
void cprstr(char * pss,char * pds)
{
    while(* pds++ = * pss++);
}
int main()
{
    char * pa="C Program",b[20], * pb;
    pb=b;
    cprstr(pa,pb);
    printf("string a=%s\nstring b=%s\n",pa,pb);
    return 0;
}
```

8.5.2　使用字符串指针变量与字符数组的区别

用字符数组和字符指针变量都可实现字符串的存储和运算，但是两者是有区别的，在使用时应注意以下几个问题。

（1）字符串指针变量本身是一个变量，用于存放字符串的首地址。而字符串本身是存放在以该首地址为首的一块连续的内存空间中，并以 '\0' 作为串的结束符。字符数组是由若干个数组元素组成的，它可用来存放整个字符串。

对字符串指针方式

```
char * ps="C Language";
```

可以写为

```
char * ps;
ps="C Language";
```

而对数组方式

```
char st[]="C Language";
```

不能写为

```
char st[20];
st="C Language";
```

而只能对字符数组的各元素逐个赋值。

（2）编译时为字符数组分配若干存储单元，以存放各元素的值，而对字符指针变量，只分配一个存储单元。

```
char * a;
scanf("%s",a);                    //错误
char * a,str[10];
a=str;
scanf ("%s",a);                   //正确
```

从以上几点可以看出字符串指针变量与字符数组在使用时的区别，同时也可看出使用指针变量更加方便。

前面说过，在指针变量未取得确定地址前使用它是危险的，容易引起错误。但是对指针变量直接赋值是可以的，因为C语言系统对指针变量赋值时要给予确定的地址。

因此，

```
char * ps="C Langage";
```

或

```
char * ps;
ps="C Language";
```

都是合法的。

8.6 函数的指针和指向函数的指针变量

在C语言中，一个函数总是占用一段连续的内存区，而函数名就是该函数所占内存区的首地址。我们可以把函数的这个首地址（或称入口地址）赋予一个指针变量，使该指针变量指向该函数，然后通过指针变量就可以找到并调用这个函数。我们把这种指向函数的指针变量称为"函数指针变量"。

函数指针变量定义的一般形式为

类型说明符 (＊指针变量名)();

其中"类型说明符"表示被指函数的返回值的类型,"(＊指针变量名)"表示"＊"后面的变量是定义的指针变量,最后的空括号表示指针变量所指的是一个函数。

例如:

int (＊pf)();

表示 pf 是一个指向函数入口的指针变量,该函数的返回值(函数值)是整型。

【例 8-26】 本例用来说明用指针形式实现对函数调用的方法。

```c
#include <stdio.h>
int max(int a, int b)
{
    if(a > b) return a;
    else return b;
}
int main()
{
    int(＊pmax)(int, int);
    int x, y, z;
    pmax＝max;
    printf("输入两个数:\n");
    scanf("%d, %d", &x, &y);
    z＝(＊pmax)(x, y);
    printf("最大值为%d\n", z);
    return 0;
}
```

函数的指针变量

运行结果:

```
输入两个数:
3, 5
最大值为5
```

从上述程序可以看出用函数指针变量形式调用函数的步骤如下。

(1) 先定义函数指针变量,如程序中的"int (＊pmax)();"定义 pmax 为函数指针变量。

(2) 把被调函数的入口地址(函数名)赋予该函数指针变量,如程序中的"pmax＝max;"。

(3) 用函数指针变量形式调用函数,如程序中的"z＝(＊pmax)(x, y);"。

(4) 调用函数的一般形式为

(＊指针变量名)(实参表)

使用函数指针变量还应注意以下两点。

- 函数指针变量不能进行算术运算,这是与数组指针变量不同的地方。数组指针变量加减一个整数可使指针移动指向后面或前面的数组元素,而函数指针的移动是毫无意义的。

- 函数调用中"（＊指针变量名）"两边的括号不可少，其中的"＊"不应该理解为求值运算，在此处它只是一种表示符号。

【例 8-27】 用函数指针变量作为参数，求较大值、较小值和两数之和。

```c
#include <stdio.h>
int max(int x,int y)
{
    printf("max=");
    return(x>y?x:y);
}
int min(int x,int y)
{
    printf("min=");
    return(x<y?x:y);
}
int add(int x,int y)
{
    printf("sum=");
    return(x+y);
}
void process(int x,int y,int (*fun)(int,int))
{
    int result;
    result=(*fun)(x,y);
    printf("%d\n",result);
}
int main()
{
    int a,b;
    scanf("%d,%d",&a,&b);
    process(a,b,max);
    process(a,b,min);
    process(a,b,add);
    return 0;
}
```

运行结果：

```
5,7
max=7
min=5
sum=12
```

8.7 返回指针值的函数

前面我们介绍过，所谓函数类型是指函数返回值的类型。在 C 语言中允许一个函数的返回值是一个指针（即地址），这种返回指针值的函数称为指针型函数。

定义指针型函数的一般形式为

类型说明符 ＊ 函数名(形参表)

```
{
    ...                              /＊函数体＊/
}
```

其中函数名之前加了 ＊ 号,表明这是一个指针型函数,即返回值是一个指针。类型说明符表示了返回的指针值所指向的数据类型。

例如:

```
int ＊ fun(int x,int y)
{
    ...                              /＊函数体＊/
}
```

返回指针
值的函数

表示 fun()是一个返回指针值的指针型函数,它返回的指针指向一个整型变量。

【例 8-28】 本程序是通过指针函数,输入一个 1～7 内的整数,输出对应的星期名。

```
# include < stdio. h >
# include < stdlib. h >
int main()
{
    int i;
    char ＊ day_name(int n);
    printf("输入一个整数:\n");
    scanf("%d", &i);
    if(i < 0) exit(1);
    printf("Day No:%2d——>%s\n",i,day_name(i));
}
char ＊ day_name(int n)
{
    static char ＊ name[] = { "Illegal day","Monday","Tuesday","Wednesday",
                          "Thursday","Friday","Saturday","Sunday"};
    return((n < 1||n > 7) ? name[0] : name[n]);
}
```

运行结果:

```
输入一个整数:
7
Day No: 7-->Sunday
```

```
输入一个整数:
0
Day No: 0-->Illegal day
```

本例中定义了一个指针型函数 day_name(),它的返回值指向一个字符串。该函数中定义了一个静态指针数组 name,name 数组初始化赋值为 8 个字符串,分别表示各个星期名及出错提示,形参 n 表示与星期名所对应的整数。在主函数中,把输入的整数 i 作为实参,在 printf 语句中调用 day_name()函数并把 i 值传送给形参 n。day_name()函数中的 return 语句包含一个条件表达式,n 值若大于 7 或小于 1,则把 name[0]指针返回主函数, 输出出错提示字符串 Illegal day,否则返回主函数并输出对应的星期名。主函数中的第 7 行 是个条件语句,其语义是,如输入为负数(i<0)则中止程序运行,退出程序。exit()是一个 库函数,exit(1)表示发生错误后退出程序,exit(0)表示正常退出。

应该特别注意的是函数指针变量和指针型函数这两者在写法和意义上的区别,如 int (*p)()和 int *p()是两个完全不同的量。

int (*p)()是一个变量说明,说明 p 是一个指向函数入口的指针变量,该函数的返回 值是整型量,(*p)两边的括号不能少。

int *p()则不是变量说明而是函数说明,说明 p 是一个指针型函数,其返回值是一个 指向整型量的指针,*p 两边没有括号。作为函数说明,在括号内最好写入形式参数,这 样便于区别变量说明。

对于指针型函数定义,int *p()只是函数头部分,一般还应该有函数体部分。

8.8   指针数组和指向指针的指针变量

8.8.1   指针数组的概念

一个数组的元素值为指针,则该数组是指针数组。指针数组是一组有序指针的集合, 它的所有元素都必须是具有相同存储类型和指向相同数据类型的指针变量。

指针数组说明的一般形式为

类型说明符 *数组名[数组长度]

其中类型说明符为指针值所指向变量的类型。

例如:

int *p[5]

表示 p 是一个指针数组,它有 5 个数组元素,每个元素值都是一个指针,指向整型 变量。

【例 8-29】   通常可用一个指针数组来指向一个二维数组。指针数组中的每个元素 被赋予二维数组每一行的首地址,因此也可理解为指向一个一维数组。

```
#include<stdio.h>
int main()
{
    int a[3][4]={1,2,3,4,5,6,7,8,9,10,11,12};
    int *p[3]={a[0],a[1],a[2]};
    int *q=a[0];
    int i;
    for(i=0;i<3;i++)
```

```
        printf("%d,%d,%d\n",a[i][3-i], * a[i], * ( * (a+i)+i));
    for(i=0;i<3;i++)
        printf("%d,%d,%d\n", * p[i],q[i], * (q+i));
    return 0;
}
```

运行结果：

```
4,1,1
7,5,6
10,9,11
1,1,1
5,2,2
9,3,3
```

本例程序中,p 是一个指针数组,三个元素分别指向二维数组 a 的各行。然后用循环语句输出指定的数组元素。其中 * a[i]表示 i 行 0 列元素值, * (* (a+i)+i)表示 i 行 i 列的元素值, * p[i]表示 i 行 0 列元素值。由于 q 与 a[0]相同,故 q[i]表示 0 行 i 列的值, * (q+i)表示 0 行 i 列的值。读者可仔细领会元素值的各种不同的表示方法。

应该注意指针数组和二维数组指针变量的区别。这两者虽然都可用来表示二维数组,但是其表示方法和意义是不同的。

二维数组指针变量是单个的变量,其一般形式中"(* 指针变量名)"两边的括号不可少。而指针数组类型表示的是多个指针(一组有序指针),在一般形式中" * 指针数组名"两边不能有括号。

例如：

```
int ( * p)[3];      //表示一个指向二维数组的指针变量,该二维数组的列数为 3 或分解为一维数
                        组的长度为 3
int * p[3];         //表示 p 是一个指针数组,有三个下标变量 p[0]、p[1]、p[2],均为指针变量
```

指针数组也常用来表示一组字符串,这时指针数组的每个元素被赋予一个字符串的首地址。指向字符串的指针数组的初始化更为简单,例如在例 8-28 中即采用指针数组来表示一组字符串,其初始化赋值为

```
char * name[]={ "Illegal day","Monday","Tuesday","Wednesday",
                    "Thursday","Friday","Saturday","Sunday"};
```

完成这个初始化赋值之后,name[0]即指向字符串"Illegal day",name[1]指向"Monday"……

指针数组也可以用作函数参数。

【例 8-30】 有 5 本图书,请按字母从小到大的顺序输出书名。

```
#include<stdio.h>
#include<string.h>
int main()
{
    void sort(char * name[],int count);
    char * name[5]={"C","PYTHON","JAVA","GO","SCALA"};
    int i=0;
    sort(name,5);
    for(;i<5;i++)
```

207

```
            printf("%s\n",name[i]);
        return 0;
}
void sort(char * name[],int count)
{
        char * p;
        int i,j,min;
        for(i=0;i<count-1;i++)
        {
            min=i;
            for(j=i+1;j<count;j++)
                if(strcmp(name[min],name[j])>0)
                    min=j;
            if(min!=i)
            {
                p=name[i];
                name[i]=name[min];
                name[min]=p;
            }
        }
}
```

运行结果：

```
C
GO
JAVA
PYTHON
SCALA
```

说明：

在以前的例子中采用了普通的排序方法，逐个比较之后交换字符串的位置，交换字符串的物理位置是通过字符串复制函数完成的。反复的交换将使程序执行的速度很慢，同时由于各字符串的长度不同，又增加了存储管理的负担。用指针数组能很好地解决这些问题。把所有的字符串存放在一个数组中，把这些字符数组的首地址放在一个指针数组中，当需要交换两个字符串时，只需交换指针数组相应两元素的内容（地址）即可，而不必交换字符串本身。

本程序定义了一个名为 sort()的函数来完成排序，其形参为指针数组 name，即为待排序的各字符串数组的指针。形参 count 为字符串的个数。主函数 main()中，定义了指针数组 name 并做了初始化赋值。然后调用 sort()函数完成排序并输出。值得说明的是在 sort()函数中，采用了 strcmp()函数对两个字符串进行了比较，strcmp()函数允许参与比较的字符串以指针形式出现。name[min]和 name[j]均为指针，因此是合法的。字符串比较后需要交换时，只交换指针数组元素的值，而不交换具体的字符串，这样将大大减少时间的开销，提高了运行效率。

8.8.2　指向指针的指针变量

如果一个指针变量存放的是另一个指针变量的地址，则称这个指针变量为指向指针的指针变量。

在前面已经介绍过，通过指针访问变量称为间接访问。由于指针变量直接指向变量，所以称为"单级间址"，而如果通过指向指针的指针变量来访问变量则构成"二级间址"，如图 8.17 所示。

从图 8.18 可以看到，name 是一个指针数组，它的每一个元素是一个指针型数据，其值为地址。数组名 name 代表该指针数组的首地址，name+1 是 name[1] 的地址，name+1 就是指向指针型数据的指针（地址）。还可以设置一个指针变量 p，使它指向指针数组元素，p 就是指向指针型数据的指针变量。

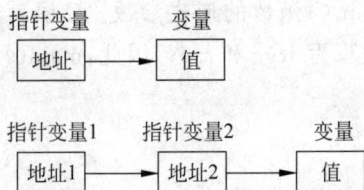

图 8.17　指向指针的指针变量　　　　图 8.18　name 指针数组

怎样定义一个指向指针型数据的指针变量呢？例如：

```
char * * p;
```

p 前面有两个 * 号，相当于 * (* p)。显然 * p 是指针变量的定义形式，如果没有最前面的 * ，那就是定义了一个指向字符数据的指针变量，现在它前面又有一个 * 号，表示指针变量 p 是指向一个字符指针型变量的，* p 就是 p 所指向的另一个指针变量。

如果有：

```
p=name+2;
printf("%o\n", * p);
printf("%s\n", * p);
```

则第一个 printf() 函数语句输出 name[2] 的值（它是一个地址），第二个 printf() 函数语句以字符串形式（%s）输出字符串"Great Wall"。

【例 8-31】　使用指向指针的指针变量。

```
#include < stdio. h >
int main()
{
    char * name[]={"Follow me","BASIC","Great Wall","FORTRAN","Computer design"};
    char * * p;
    int i;
    for(i=0;i<5;i++)
    {
        p=name+i;
        printf("%s\n", * p);
    }
    return 0;
}
```

209

运行结果：

```
Follow me
BASIC
Great Wall
FORTRAN
Computer design
```

8.8.3　main()函数的参数

前面介绍的 main()函数都是不带参数的，因此 main()中的括号都是空括号。实际上 main()函数可以带参数，这个参数可以认为是 main()函数的形式参数。C语言规定 main()函数的参数只能有两个，习惯上将这两个参数写为 argc 和 argv，因此，main()函数的函数头可写为

main(argc,argv)

C语言还规定 argc(第一个形参)必须是整型变量，argv(第二个形参)必须是指向字符串的指针数组，加上形参说明后，main()函数的函数头应写为

main(int argc,char * argv[])

由于 main()函数不能被其他函数调用，因此不可能在程序内部取得实际值。那么，在何处把实参值赋予 main()函数的形参呢? 实际上，main()函数的参数值是从操作系统命令行上获得的。当我们要运行一个可执行文件时，在 DOS 提示符下输入文件名，再输入实际参数即可把这些实参传送到 main()的形参中。

DOS 提示符下命令行的一般形式为

C:\>可执行文件名　参数　参数…;

但是应该特别注意的是，main()的两个形参和命令行中的参数在位置上不是一一对应的。因为，main()的形参只有两个，而命令行中的参数个数原则上未加限制。argc 参数表示了命令行中参数的个数(文件名本身也算一个参数)，argc 的值是在输入命令行时由系统按实际参数的个数自动赋予的。

例如，有命令行：

C:\>E24　BASIC　foxpro　FORTRAN

由于文件名 E24 本身也算一个参数，所以共有 4 个参数，因此 argc 取得的值为 4。argv 参数是字符串指针数组，其各元素值为命令行中各字符串(参数均按字符串处理)的首地址。指针数组的长度即为参数个数，数组元素初值由系统自动赋予，如图 8.19 所示。

【例 8-32】　显示命令行中输入的参数。

```
#include < stdio.h >
int main(int argc,char * argv[])
{
```

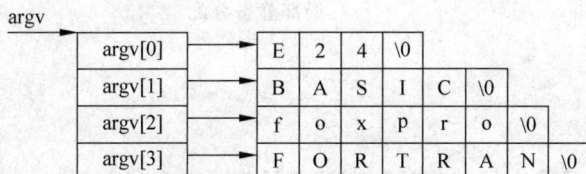

图 8.19　argv 指针数组

```
    while(——argc)
        printf("%s\n", *++argv);
    return 0;
}
```

如果例 8-32 的可执行文件名为 8-32.exe,存放在 E 盘内。因此输入的命令行为

E:\Debug>8-32 this is a test

运行结果:

```
Microsoft Windows [版本 10.0.22631.4460]
(c) Microsoft Corporation. 保留所有权利。

E:\Debug>8-32 this is a test
this
is
a
test
```

该行共有 5 个参数,执行 main()函数时,argc 的初值即为 5。argv 的 5 个元素分别为 5 个字符串的首地址,执行 while 语句,每循环一次 argc 值减 1,当 argc 等于 0 时停止循环,共循环 4 次,因此共可输出 4 个参数。在 printf()函数中,由于打印项 *++argv 是先加 1 再打印,故第一次打印的是 argv[1]所指的字符串 this。第二、第三、第四次循环分别打印后 3 个字符串。而参数 8-32 是文件名,不必输出。

8.9　内存分配

8.9.1　内存分配方式

在 C 语言中,内存分配主要有三种方式,即静态分配、栈分配、堆分配。

1. 静态分配

静态分配是在程序编译时就已经确定了内存大小和生命周期,通常用于全局变量和静态变量。
例如:

```
int global_var;                    //全局静态分配
void function()
{
```

```
        static int static_var;                    //局部静态分配
}
```

2. 栈分配

在执行函数时，函数内局部变量的存储单元都可以在栈上创建，函数执行结束时这些存储单元自动被释放。栈内存分配运算内置于处理器的指令集中，效率很高，但是分配的内存容量有限。

例如：

```
void function()
{
        int local_var;                            //局部栈分配
}
```

3. 堆分配

堆分配亦称动态内存分配。程序在运行的时候用 malloc() 或 new() 申请任意大小的内存，程序员自己负责在何时用 free() 或 delete() 释放内存。动态内存的生存期由程序员决定，使用非常灵活，但如果在堆上分配了空间，就有责任回收它，否则运行的程序会出现内存泄露，频繁地分配和释放不同大小的堆空间将会产生堆内碎块。

例如：

```
void *  malloc(size_t size);
void *  calloc(size_t nmemb, size_t size);
void *  realloc(void *  ptr, size_t size);
void free(void *  ptr);
int *  dynamic_var = malloc(sizeof(int));  //堆分配一个整型变量
//使用完后释放内存
free(dynamic_var);
dynamic_var = NULL;
```

8.9.2　程序的内存分区

在 C 语言程序中，内存通常被分为以下几个区域，如图 8.20 所示。

(1) 栈区(stack)：用于存储局部变量、函数参数、返回地址等。栈是向下增长的。

(2) 堆区(heap)：动态分配内存，使用 malloc()、calloc()、realloc() 等函数分配，手动使用 free() 释放。

(3) 全局/静态存储区(global/static storage)：全局变量和静态变量存储在这里。

(4) 常量存储区(constant storage)：存储常量字符串，程序结束后由编译器自动释放。

(5) 代码区(code segment)：存储程序的可执行代码。

下面是一个简单的 C 语言程序，用于演示这些内存区域的使用。

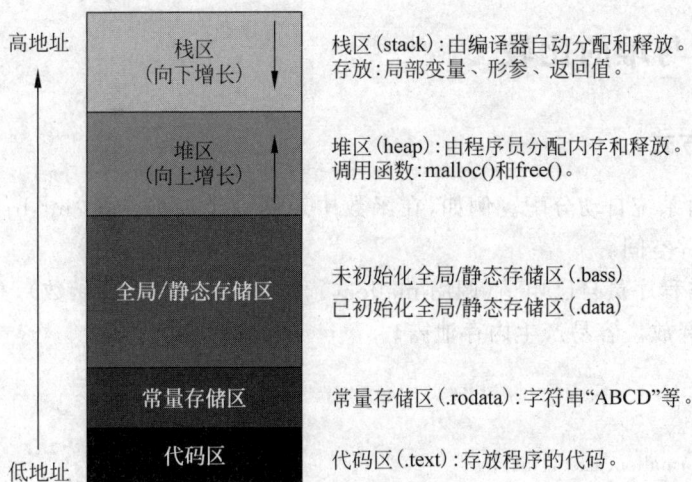

图 8.20 内存区域

【例 8-33】 内存区域的使用。

```
#include <stdio.h>
#include <stdlib.h>
int global_var = 1;                                  //全局变量
static int static_var = 2;                           //静态变量
void stack_and_heap() {
    int local_var = 3;                               //局部变量,在栈上
    int * heap_var = (int *)malloc(sizeof(int));     //动态分配内存
    * heap_var = 4;
    printf("Local variable at stack: %p\n", &local_var);
    printf("Heap variable: %p, contents: %d\n", heap_var, * heap_var);
    free(heap_var);                                  //释放堆内存
}
int main() {
    printf("Global variable (static): %p, contents: %d\n", &global_var, global_var);
    printf("Static variable: %p, contents: %d\n", &static_var, static_var);
    stack_and_heap();
    return 0;
}
```

运行结果:

```
Global variable (static): 0000000000403010, contents: 1
Static variable: 0000000000403014, contents: 2
Local variable at stack: 000000000062FDE4
Heap variable: 0000000000C82390, contents: 4
```

编译并运行这个程序,你将看到各个变量的内存地址。请注意,实际地址会因你的系统和编译器而异,但它们的分配方式应该是相似的。

8.9.3 栈与堆的比较

1．申请方式

（1）栈：由系统自动分配。例如，在函数中声明一个局部变量"int b;"，系统会自动在栈中为 b 开辟空间。

（2）堆：需程序员自己申请（调用 malloc()、realloc()、calloc()函数），并指明大小，并由程序员进行释放。容易产生内存泄露。

例如：

int ＊p;
p ＝ (int ＊)malloc(sizeof(int));

但是 p 本身是在栈中。

2．申请大小的限制

（1）栈：在 Windows 下栈是向底地址扩展的数据结构，是一块连续的内存区域（它的生长方向与内存的生长方向相反）。栈的大小是固定的。如果申请的空间超过栈的剩余空间，将提示溢出。

（2）堆：堆是高地址扩展的数据结构（它的生长方向与内存的生长方向相同），是不连续的内存区域。这是由于系统使用链表来存储空闲内存地址，自然是不连续的，而链表的遍历方向是由低地址向高地址。堆的大小受限于计算机系统中有效的虚拟内存。

3．系统响应

（1）栈：只要栈的空间大于所申请空间，系统将为程序提供内存，否则将报异常，提示栈溢出。

（2）堆：首先应该知道操作系统有一个记录空闲内存地址的链表，当系统收到程序的申请时，会遍历该链表，寻找第一个空间大于所申请空间的堆节点，然后将该节点从空闲链表中删除，并将该节点的空间分配给程序。另外，对于大多数系统，会在这块内存空间中的首地址处记录本次分配的大小，这样，代码中的 free 语句才能正确地释放本内存空间。另外，找到的堆节点的大小不一定正好等于申请的大小，系统会自动地将多余的那部分重新放入空闲链表中。

说明：对于堆来讲，频繁地增加/删除势必会造成内存空间的不连续，从而造成大量的碎片，使程序效率降低。对于栈来讲，则不会存在这个问题。

4．申请效率

（1）栈由系统自动分配，速度快。但程序员是无法控制的。

（2）堆是由 malloc()分配的内存，一般速度比较慢，而且容易产生碎片，不过用起来很方便。

5. 堆和栈中的存储内容

（1）栈：在函数调用时，第一个进栈的是主函数中的下一条语句的地址，然后是函数的各个参数，参数是从右往左入栈的，最后是函数中的局部变量。注：静态变量是不入栈的。

当本次函数调用结束后，局部变量先出栈，然后是参数，最后栈顶指针指向最开始存储的地址，也就是主函数中的下一条指令，程序由该点继续执行。

（2）堆：一般是在堆的头部用 1 字节存放堆的大小。

6. 存取效率

（1）堆："char ＊ s1＝"hellow tigerjibo";"是在编译时就确定的。

（2）栈："char s1[]＝"hellow tigerjibo";"是在运行时赋值的。用数组比用指针速度更快一些，指针在底层汇编中需要用 EDX 寄存器中转一下，而数组在栈上读取。

栈是机器系统提供的数据结构，计算机会在底层对栈提供支持：分配专门的寄存器存放栈的地址，压栈/出栈都有专门的指令执行，这就决定了栈的效率比较高。堆则是 C/C++ 函数库提供的，它的机制是很复杂的。例如为了分配一块内存，库函数会按照一定的算法（具体的算法可以参考数据结构/操作系统）在堆内存中搜索可用的足够大小的空间，如果没有足够大小的空间（可能是由于内存碎片太多），就有可能调用系统功能去增加程序数据段的内存空间，这样就有机会分到足够大小的内存，然后返回。显然，堆的效率比栈要低得多。

7. 分配方式

（1）堆都是动态分配的，没有静态分配的堆。

（2）栈有两种分配方式：静态分配和动态分配。静态分配是编译器完成的，比如局部变量的分配。动态分配由 alloca() 函数进行分配，但是栈的动态分配和堆是不同的。它的动态分配是由编译器进行释放，无须手工实现。

8.9.4　动态内存分配

传统的数组具有一定的缺点。

（1）数组长度必须事先制定，且只能是常整数，不能是变量。

```
int a[10];                          //正确
int len＝5; int a[len];              //错误
```

（2）程序员无法手动释放传统形式定义的数组的内存。

（3）在一个函数运行期间，系统为该函数中数组所分配的空间会一直存在，直到该函数运行完毕，数组的空间才会被系统释放。

（4）数组的长度一旦定义，其长度就不能再更改，数组的长度不能在函数运行的过程中动态地扩充或缩小。

（5）在一个函数 B()中定义的数组,在该函数运行期间可以被其他函数使用,但 B()函数运行完毕之后,B()函数中的数组将无法被其他函数使用。

为了解决以上问题,我们可以采用动态内存分配。动态分配存储器涉及的库函数有 malloc()、free()、calloc()和 realloc(),这些函数都是在 stdlib. h 头文件中定义的。

1. malloc( )

malloc()函数是 C 语言中用于动态内存分配的标准库函数,其作用是在程序的运行时动态地分配指定大小的内存空间。

1）malloc()函数的基本用法

malloc()函数的原型如下:

void ∗ malloc(size_t size);

其中,size 参数表示要分配的内存大小(以字节为单位),返回值是一个指向分配的内存区域的指针。如果内存分配失败,则返回 NULL。

2）使用场景

malloc()常用于动态创建数组、结构体等数据结构。例如,动态创建整型数组:

```
int ∗ ptr = (int ∗)malloc(100 ∗ sizeof(int));
if (ptr == NULL) {
    //处理内存分配失败的情况
}
//使用 ptr 指向的内存空间
//...
//释放内存
free(ptr);
```

3）实现机制

malloc()函数在内存的动态存储区中分配一个长度为 size 的连续空间。如果内存不足,函数将返回 NULL。在使用时,通常需要将返回的指针类型转换为适当的类型,例如:

```
double ∗ ptd = (double ∗)malloc(30 ∗ sizeof(double));
```

这样可以将返回的通用指针转换为指向 double 类型的指针。

2. free( )

free()函数是 C 语言中用于释放动态分配内存的函数,通常与 malloc()、calloc()和 realloc()等函数结合使用。

1）基本用法

free()函数的定义如下:

void free(void ∗ ptr);

这个函数的功能是释放由 malloc()、calloc()和 realloc()函数动态分配的内存空间,

使其可以被重新分配。被释放的内存通常会被送入可用存储区池,以后可以再调用
malloc()、realloc()以及 calloc()来再分配。

2)使用场景

在使用 malloc()、calloc()或 realloc()动态开辟内存空间后,当不再需要这些内存时,
应该使用 free()函数来释放它们,以避免内存泄露。内存泄露会导致程序运行速度变慢,
甚至崩溃。以下是一个使用 free()函数的示例代码。

【例 8-34】　free()函数示例。

```
#include <stdlib.h>
#include <stdio.h>
#include <string.h>
int main()
{
    char * str;
    /* 为字符串分配空间 */
    str = (char * )malloc(10);
    if (str == NULL) {
        perror("malloc");
        exit(1);
    }
    /* 为 str 赋值 Hello */
    strcpy(str, "Hello");
    /* 打印字符串 */
    printf("String is %s\n", str);
    /* 释放空间 */
    free(str);
    return 0;
}
```

运行结果:

```
String is Hello
```

在这个示例中,首先使用 malloc()分配了一块内存,然后使用 strcpy()将字符串
"Hello" 复制到这块内存中,最后使用 printf()打印字符串并使用 free()释放内存。

3)注意事项

(1)确保指针指向动态分配的内存:只有指向动态分配内存的指针才能使用 free()
函数,否则会导致未定义行为。

(2)避免重复释放内存:对同一块动态内存多次调用 free()会导致未定义行为。

(3)将指针置为 NULL:在调用 free()后,通常将指针置为 NULL,以避免悬空指针
问题。

例如:

ptr = NULL;

3. calloc()

calloc()函数是 C 语言中用于动态内存分配的函数。

1) 基本用法

其原型为

void * calloc(unsigned int num, unsigned int size);

函数功能：calloc()函数在内存的动态存储区中分配 num 个长度为 size 的连续空间，并返回一个指向分配起始地址的指针。如果分配不成功，则返回 NULL。与 malloc()函数不同，calloc()会初始化分配的内存区域，将每个字节设置为 0。

2) 使用场景

当需要动态分配内存，并且希望内存初始化为 0 时，可以使用 calloc()。例如，分配一个包含 10 个整数的数组，并将每个元素初始化为 0。

int * p = (int *)calloc(10, sizeof(int));

3) 与 malloc()的区别

malloc()函数仅分配指定大小的内存空间，但不初始化内存内容。而 calloc()不仅分配内存，还会将分配的内存初始化为 0。此外，malloc()的参数类型为 size_t，而 calloc()的参数类型为 unsigned int 34。

【例 8-35】 calloc()函数的用法。

```c
#include <stdio.h>
#include <stdlib.h>
int main()
{
    int * p = (int * )calloc(10, sizeof(int));
    if (p == NULL) {
        printf("Memory allocation failed\n");
        return 1;
    }
    for (int i = 0; i < 10; i++) {
        printf("%d ", * (p + i));    //输出应为 0,因为 calloc()将内存初始化为 0
    }
    free(p);                        //释放内存
    return 0;
}
```

运行结果：

0000000000

218

这段代码演示了如何使用 calloc()分配一个包含 10 个整数的数组,并初始化每个元素为 0,最后通过 free()函数释放分配的内存。

4. realloc()

realloc()函数是 C 语言中用于动态调整已分配内存块大小的函数。

1)基本用法

realloc()函数的原型如下:

void ＊ realloc(void ＊ ptr, size_t size);

其中,ptr 是指向之前分配的内存块的指针,如果 ptr 为 NULL,则 realloc()的行为与 malloc()相同,size 是新分配的大小(以字节为单位)。

2)使用场景

realloc()函数用于动态地改变之前分配的内存块的大小。如果新的内存块比原来小,内存块可能会被移动;如果新的内存块比原来大,内存块会尝试扩展。如果扩展失败,原来的内存块会被保留,只是其大小变为新的大小。如果调整大小失败,则返回 NULL。在使用这些函数时,应当总是检查返回的指针是否为 NULL,以避免潜在的空指针引用错误。

3)返回值和错误处理

(1)成功:如果内存调整成功,realloc()返回一个指向调整大小后的内存块的指针。如果返回的指针与原指针相同,则原来的内存块未移动;否则,原来的内存块会被释放,返回的新指针指向新的内存位置。

(2)失败:如果内存调整失败,realloc()返回 NULL。此时,原来的指针仍然有效,但不应再次释放。

4)注意事项和最佳实践

(1)检查返回值:在使用 realloc()返回的指针之前,应检查其是否为 NULL,以避免潜在的空指针引用错误。

(2)避免内存泄露:在使用 calloc()或 realloc()分配的内存后,应当在不再需要时使用 free()函数来释放内存,以避免内存泄露。

(3)空指针行为:如果传递给 realloc()的指针为 NULL,其行为与调用 malloc(size)相同。

8.10　有关指针的数据类型和指针运算的小结

8.10.1　有关指针的数据类型的小结

有关指针的数据类型的小结如表 8.2 所示。

表 8.2　有关指针的数据类型的小结

定　　义	含　　义
int i;	定义整型变量 i
int * p	p 为指向整型数据的指针变量
int a[n];	定义整型数组 a,它有 n 个元素
int * p[n];	定义指针数组 p,它由 n 个指向整型数据的指针元素组成
int (* p)[n];	p 为指向含 n 个元素的一维数组的指针变量
int f();	f 为返回整型函数值的函数
int * p();	p 为返回一个指针的函数,该指针指向整型数据
int (* p)();	p 为指向函数的指针,该函数返回一个整型值
int ** p;	p 是一个指针变量,它指向一个指向整型数据的指针变量

8.10.2　指针运算的小结

现把全部指针运算列出。

(1) 指针变量加(减)一个整数。例如,p++、p--、p+i、p-i、p+=i、p-=i。

一个指针变量加(减)一个整数并不是简单地将原值加(减)一个整数,而是将该指针变量的原值(是一个地址)和它指向的变量所占用的内存单元字节数加(减)。

(2) 指针变量赋值:将一个变量的地址赋给一个指针变量。

```
p=&a;                    //将变量 a 的地址赋给 p
p=array;                 //将数组 array 的首地址赋给 p
p=&array[i];             //将数组 array 第 i 个元素的地址赋给 p
p=max;                   //max 为已定义的函数,将 max 的入口地址赋给 p
p1=p2;                   //p1 和 p2 都是指针变量,将 p2 的值赋给 p1
```

注意,以下赋值是错误的:

```
p=1000;
```

(3) 指针变量可以有空值,即该指针变量不指向任何变量:

```
p=NULL;
```

(4) 两个指针变量可以相减:如果两个指针变量指向同一个数组的元素,则两个指针变量值之差是两个指针之间的元素个数之差。

(5) 两个指针变量比较:如果两个指针变量指向同一个数组的元素,则两个指针变量可以进行比较。指向前面元素的指针变量"小于"指向后面元素的指针变量。

8.10.3　void 指针类型

ANSI 新标准增加了一种 void 指针类型,即可以定义一个指针变量,但不指定它是指向哪一种类型数据。

例如：

void * p;

注意：使用时要进行强制类型转换。

8.11　常见错误

（1）对指针变量赋予非指针值，如：

int i, * p;
p = i;

由于 i 是整型，而 p 是指向整型的指针，它们的类型并不相同，p 所要求的是一个指针值，即一个变量的地址，因此应该写作

p = &i;

（2）使用指针之前没有让指针指向确定的存储区，如：

char * str; scanf("%s", str);

这里 str 没有具体的指向，接收的数据是不可控制的，应该特别记住：指针不是数组！上面的语句可改为

char c[80], * str; str = c;
scanf("%s", str);

（3）向字符数组赋予字符串。

由于看到字符指针指向字符串的写法，如：

char * str; str = "This is a string";

就以为字符数组也可以如此，写作

char s[80]; s = "This is a string";

这是错误的。C 语言不允许同时操作整个数组的数据，这时，你可用字符串拷贝函数：

strcpy(s, "This is a string");

（4）对指针做非法操作，如：

int * p, * r, * x;
x - (p + r) / 2;

由于 r 和 p 都是指针，它们不能相加。

（5）指针超越数组范围，如：

221

```
int a[10],i,* p;
p = a;
for (i = 0; i < 10; i + + ) { scanf("%d",p); p + +;}
for (i = 0; i < 10;i + + ) {printf("%d",* p);p + +;}
```

第一个 for 循环已使指针 p 移出了数组 a 的范围,第二个 for 循环操作时 p 始终处在数组 a 之外。使用指针操作数组元素时,应随时注意不要让指针越界。

(6) 指向不同类型数据的指针一起操作,如:

```
int  *  ipt;
float  * fpt;
if (ipt－fpt > 0)
```

由于 fpt 和 ipt 指向不同类型的数据,它们之间根本不能一起参加运算,所以这是错误的。

职业素养小故事

钱学森,我国著名科学家,被誉为"中国航天之父"。1911 年生于上海,1934 年毕业于上海交通大学,后赴美国深造,获加州理工学院航空工程博士学位。在美期间,钱学森在航空、火箭等领域取得显著成就,成为国际知名学者。

1955 年,钱学森克服重重困难回国,投身于新中国的科技事业。他主持了我国第一枚原子弹、第一枚氢弹和第一颗人造卫星的研制工作,为中国的航天事业奠定了坚实基础。钱学森还提出了系统工程理论,对中国的科技管理产生了深远影响。

钱学森一生荣获诸多荣誉,包括中国两弹一星功勋奖章、国家最高科学技术奖等。他曾任中国科学院院士、中国工程院院士,为中国的科技事业培养了大批人才。2009 年,钱学森在北京逝世,享年 98 岁。

钱学森的一生,是爱国、创新、奉献的一生。他用自己的智慧和才华,为中国的科技事业作出了巨大贡献,成为中华民族的骄傲。

第 8 章课后习题

第9章 结构型与共享型——数据组织与协作启蒙

有了计算机后,人们总是试图用程序去描述自然世界中的每一个事物。

比如,用计算机处理一个人的姓名、年龄、身高、体重等基本信息。也就是说,"人"是一种"数据",而"姓名""年龄""身高""体重"等也各自是一种数据,彼此之间具备不同的"数据类型"。

但是在多数情况下,"人"是一种不可再分的整体。当我们想用程序管理 30 个人时,我们的习惯是定义一个数组,存储 30 个人的信息,而不是分开来定义成 30 个姓名数据、30 个年龄数据、30 个身高数据、30 个体重数据。

C 语言的数据类型中有一种是"构造类型",它是由若干个类型相同或不相同的数据组合而成的。前面介绍的数组就是一种构造类型数据,但是它只能存放数据类型相同的若干个数据。如果出现数据类型不同的若干个数据,就无法用单个数组将它们存放在一起。为了整体存放这些类型不同的相关数据,C 语言提供了另一种构造类型数据:结构型(结构体类型),它可以将若干个不同类型的数据存放在一起。

本章首先详细介绍了结构型变量的定义、赋初值、使用方法等,同时还介绍了另外一种用于节省内存的构造类型数据"共享型"(共享体),最后简单地介绍了枚举型数据的使用。

9.1 结 构 型

9.1.1 结构型的定义

在现实中经常会遇到这样的问题,几个数据之间有着密切的联系,它们用来描述一个事物的几个方面,但它们并不属于同一类型。例如,在学生登记表中,学生的信息包括姓名、学号、年龄、性别、成绩等:姓名应为字符型;学号可为整型或字符型;年龄应为整型;性别应为字符型;成绩可为整型或实型。显然不能用一个数组来存放这一组数据,因为数组中各元素的类型和长度都必须一致。为了解决这个问题,C 语言中给出了另一种构造类型数据——结构型,它相当于其他高级语言中的记录。结构型是一种构造类型,它是由若干个"成员"组成的,每一个成员可以是一个基本数据类型,或者又是一个构造类型。结构型是一种通过"构造"而成的数据类型,在使用之前必须先定义它,也就是构造它,如同在声明和调用函数之前要先定义函数一样。

结构型定义的一般形式如下：

struct 结构体名

{

　　数据类型 1　成员名 1；

　　数据类型 2　成员名 2；

　　...

　　数据类型 *n*　成员名 *n*；

};

说明：

（1）struct 是 C 语言的关键字，它表明进行结构型的定义，"struct 结构体名"共同构成结构型名。

（2）大括号中的内容是结构所包括的成员及成员类型，成员可以有多个，结构型成员的类型可以是 C 语言所允许的任何数据类型。

（3）C 语言把结构型定义视为一条语句，所以大括号后面的分号是不可少的。

例如，定义一个描述学生学号、姓名、性别、成绩信息的结构型，如下所示：

```
struct Stu                          /*定义结构型 struct Stu*/
{
    int num;                        /*学号为整型*/
    char name[20];                  /*姓名为字符型数组*/
    char sex;                       /*性别为字符型*/
    float score;                    /*成绩为实型*/
};
```

结构型的定义

说明：

（1）经过上面的指定，struct Stu 就是一个在程序中可以使用的合法类型名，它和系统提供的标准类型（如 int、char、float 等）具有相似的作用。

（2）结构体名、成员名都是由用户自己按照标识符的命名规则指定的，结构体名习惯上首字母用大写。

在具体应用中，为了满足实际需要，成员的数据类型也可以是其他结构型，这样就形成了结构的嵌套。

例如，定义一个描述如图 9.1 所示的数据结构的结构型。

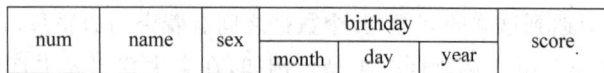

| num | name | sex | birthday | | | score |
| | | | month | day | year | |

图 9.1　数据结构

结构型定义如下所示：

```
struct Date                          /*定义结构型 struct Date*/
{
    int month;
    int day;
    int year;
```

```
};
struct Student                          /*定义结构型 struct Student*/
{
    int num;
    char name[20];
    char sex;
    struct Date birthday;               /*成员 birthday 属于 struct Date 类型*/
    float score;
};
```

此例先定义一个结构型 struct Date，由 month(月)、day(日)、year(年)3 个成员组成。然后在定义 struct Student 类型时，将成员 birthday 指定为 struct Date 类型。结构的嵌套定义使其成员信息被进一步细化，这有利于对数据进行深入的分析和处理。

注意：

(1) 结构型是由用户定义的一种数据类型，并非只有几种，而是可以根据需要设计出若干种类型。

(2) 结构型的定义相当于设计了一个数据仓库的图纸，其中的成员并没有具体的数据，系统也不对其分配存储单元。

9.1.2　结构型变量的定义与初始化

类型和变量是不同的概念，只能对变量进行赋值、存取或运算操作，而不能对一个类型进行这些操作。因此，在定义了结构型后，还需要定义该结构型的变量，以便在程序中引用它。结构型变量和其他类型变量一样，必须先定义后使用。在定义变量的同时，还可以给变量的每个成员赋初值，即变量的初始化。

定义结构型变量的方法有 3 种，以上面定义的 struct Stu 类型为例来加以说明。

(1) 先定义结构型，后定义变量。例如：

```
struct Stu                              /*定义结构型*/
{
    int num;
    char name[20];
    char sex;
    float score;
};
struct Stu x, y;                        /*定义 struct Stu 结构型的变量 x 和 y*/
```

这种方法将类型定义和变量定义分开进行，是一种比较常用的定义方法。

定义变量的同时，可以对变量赋初值，例如上例中的定义语句可以改写如下：

```
struct Stu   x={99033, "Li Ruing", 'M', 85},
             y={99025, "Zhang Hua", 'F', 96};
```

注意： 对结构型变量初始化时，需要按照其成员出现的顺序对每个成员依次赋值，不能跳过前面的成员给后面的成员赋值。

（2）定义结构型的同时定义变量。例如：

```
struct Stu
{
    int num;
    char name[20];
    char sex;
    float score;
} x={99033, "Li Ruing", 'M', 85},
  y={99025, "Zhang Hua", 'F', 96};
```

结构型变量的
定义与初始化

这种方法是将类型定义和变量定义同时进行的，以后仍然可以使用这种结构型来定义其他变量。

（3）定义无名称的结构型的同时定义变量。例如：

```
struct
{
    int num;
    char name[20];
    char sex;
    float score;
} x={99033, "Li Ruing", 'M', 85},
  y={99025, "Zhang Hua", 'F', 96};
```

这种方法是将类型定义和变量定义同时进行，但是省略了结构体的名称，以后将无法使用这种结构型来定义其他变量。

3 种方法定义的 x、y 变量都具有 struct Stu 类型的结构，变量的结构及各成员的数据如图 9.2 所示。

	num	name	sex	score
x	99033	Li Ruing	M	85
y	99025	Zhang Hua	F	96

图 9.2　变量的结构及各成员的数据

在定义了结构型变量后，系统会为变量分配连续的一段内存区域。在不同的编译器下，结构型变量占用的内存大小是不同的，但每个变量所分配内存的大小不少于全部成员之和。

9.1.3　结构型变量成员的引用

定义了结构型变量后就能在程序中使用它了，在 ANSI C 中除了允许具有相同类型的结构型变量可以相互赋值以外，不能整体引用结构型变量，而只能引用结构型变量的成员，即对结构型变量进行赋值、输入/输出、运算等操作实质上是通过引用其成员进行的。引用结构型变量成员的方式为

结构型变量名.成员名

其中"."称为成员运算符,优先级最高。

例如:

x.num   //第一个人的学号

y.sex   //第二个人的性别

结构型变量
成员的引用

如果成员本身又是一种结构型,则必须逐级找到最低级的成员才能
使用。

例如:

x.birthday.month

即第一个人出生的月份成员可以在程序中单独使用。

结构型变量成员的用法与普通变量完全相同。

【例 9-1】　结构型变量成员的引用。

```
#include <stdio.h>
#include <string.h>
struct Student
{
    int number;
    char name[20];
    char sex;
    float score[3];
};
int main()
{
    struct Student x;
    x.number=1000011;
    strcpy(x.name, "zhaolin");
    x.sex='f';
    x.score[0]=89;
    x.score[1]=94;
    x.score[2]=86;
    printf("number=%d name=%s sex=%c\n",x.number,x.name,x.sex);
    printf("score1=%.2f score2=%.2f score3=%.2f\n",x.score[0], x.score[1], x.score[2]);
    return 0;
}
```

运行结果:

```
number=1000011 name=zhaolin sex=f
score1=89.00 score2=94.00 score3=86.00
```

9.1.4　结构型数组的定义

数组的元素也可以是结构型的,因此可以构成结构型数组。结构型数组的每一个元
素都具有相同结构型。在实际应用中,经常用结构型数组来表示具有相同数据结构的一

个群体,如一个班的学生档案、一个车间的职工工资表等。

结构型数组定义方法和结构型变量相似,也有 3 种方法,只需声明它为数组类型即可。

例如:

```
struct Stu
{
    int num;
    char name[20];
    char sex;
    float score;
}boy[5];
```

定义了一个结构型数组 boy,共有 5 个元素,即 boy[0]～boy[4],每个数组元素都具有 struct Stu 的结构形式。对结构型数组也可以作初始化赋值。

例如:

```
struct Stu
{
    int num;
    char name[20];
    char sex;
    float score;
}boy[5]={{101,"Zhou ping", 'M',45},{102,"Zhang ping",'M',62.5},{103,"Liu fang",'F',
92.5},{104, "heng ling",'F',87 },{105,"Wang ming",'M',58}};
```

结构型数组的使用也是通过引用数组元素的成员进行的。结构型数组元素中成员的访问方法与结构型变量成员的访问方法类似,通过成员运算符“.”来引用。

【例 9-2】 计算学生的平均成绩和不及格的人数。

```
#include<stdio.h>
struct Stu
{
    int num;
    char name[20];
    char sex;
    float score;
}boy[5]={{101,"Zhou ping", 'M',45},{102,"Zhang ping",'M',62.5},
{103,"Liu fang",'F',92.5},{104, "heng ling",'F',87 },{105,"Wang ming",
'M',58}};
int main()
{
    int i,c=0;
    float ave,s=0;
    for(i=0;i<5;i++)
    {
        s+=boy[i].score;
        if (boy[i].score<60) c+=1;
    }
    ave=s/5;
```

结构型数组的
定义与使用

228

```
        printf("average=%.2f\ncount=%d\n",ave, c);
        return 0;
}
```

运行结果：

```
average=69.00
count=2
```

本例程序中定义了一个外部结构型数组 boy，共 5 个元素，并做了初始化赋值。在 main() 函数中用 for 语句逐个累加各元素的 score 成员值并存储于 s 之中，如果 score 的值小于 60(不及格)，则计数器 c 加 1，循环完毕后计算平均成绩，并输出平均分及不及格人数。

【例 9-3】　建立同学通讯录。

```
#include<stdio.h>
#define NUM 3
struct Mem
{
        char name[20];
        char phone[12];
};
int main()
{
        struct Mem man[NUM];
        int i;
        for (i=0;i<NUM;i++)
        {
                printf("input name:\n");
                gets(man[i].name);
                printf("input phone:\n");
                gets(man[i].phone);
        }
        printf("\nname\t\t\tphone\n");
        for (i=0;i<NUM;i++)
                printf("%-24s%s\n",man[i].name,man[i].phone);
        return 0;
}
```

运行结果：

```
input name:
zhangsan
input phone:
15953591234
input name:
lisi
input phone:
13664567890
input name:
wangwu
input phone:
15953594567

name                    phone
zhangsan                15953591234
lisi                    13664567890
wangwu                  15953594567
```

本程序中定义了 struct Mem 结构型，它的两个成员 name 和 phone 用来表示姓名和电话号码。在主函数中定义 man 为 struct Mem 类型的数组；在 for 语句中，用 gets()函数分别输入各个元素中两个成员的值；然后又在 for 语句中用 printf()函数语句输出各元素中两个成员的值。

9.1.5 结构型指针变量的定义和使用

1. 指向结构型变量的指针变量

一个指针变量当用来指向一个结构型变量时，称之为结构型指针变量。结构型指针变量中的值是所指向的结构型变量的首地址。通过结构型指针即可访问该结构型变量，这与数组的指针和函数的指针是相同的。

结构型指针变量定义的一般形式为

结构型名 * 指针变量名;

例如，在前面的例题中定义了 struct Stu 这种结构型，如要定义一个指向 struct Stu 型的指针变量 pstu，可写为

struct Stu * pstu;

当然也可在定义 struct Stu 结构型时同时声明 pstu。与前面讨论的各类指针变量相同，结构型指针变量也必须要先赋值后才能使用。

赋值是把结构型变量的首地址赋予该指针变量，不能把结构名赋予该指针变量。假如 boy 是被声明为 struct Stu 类型的结构型变量，则 pstu＝&boy 是正确的，而 pstu＝&Stu 是错误的。

有了结构型指针变量，就能更方便地访问结构型变量的各个成员，可以采用两种方式。

(1)(* 结构型指针变量).成员名。例如：

(* pstu). num

应该注意"(* pstu)"两侧的括号不可少，因为成员符"."的优先级高于指针运算符" * "，如果去掉括号写作 * pstu. num，则等效于" * (pstu. num)"，意义就完全不同了。

(2)结构型指针变量->成员名。"->"称为指向成员运算符。例如：

pstu—> num

下面通过例子来说明结构型指针变量的具体定义和使用方法。

【例 9-4】 结构型指针变量的定义与使用。

```
# include < stdio. h >
struct Stu
{
    int num;
```

```
        char name[20];
        char sex;
        float score;
}boy1= {102,"Zhang ping",'M',78.5 }, * pstu;
int main()
{
        pstu=&boy1;
        //使用"结构型变量.成员名"方式
        printf("Number=%d\nName=%s\n",boy1.num,boy1.name);
        printf("Sex=%c\nScore=%.2f\n\n",boy1.sex,boy1.score);
        //使用"( * 结构型指针变量).成员名"方式
        printf("Number=%d\nName=%s\n", ( * pstu).num,( * pstu).name);
        printf("Sex=%c\nScore=%.2f\n\n", ( * pstu).sex, ( * pstu).score);
        //使用"结构型指针变量->成员名"方式
        printf("Number=%d\nName=%s\n",pstu-> num,pstu-> name);
        printf("Sex=%c\nScore=%.2f\n\n",pstu-> sex,pstu-> score);
        return 0;
}
```

结构型指针变量
的定义与使用

运行结果：

```
Number=102
Name=Zhang ping
Sex=M
Score=78.50

Number=102
Name=Zhang ping
Sex=M
Score=78.50

Number=102
Name=Zhang ping
Sex=M
Score=78.50
```

本例程序定义了一个 struct Stu 结构型及这种类型的变量 boy1 并做了初始化赋值，还定义了一个指向这种类型的指针变量 pstu。在 main()函数中，pstu 被赋予 boy1 的地址，因此 pstu 指向 boy1，然后在 printf()语句内用 3 种形式输出 boy1 的各个成员值。从运行结果可以看出："结构型变量.成员名""(* 结构型指针变量).成员名""结构型指针变量->成员名"这 3 种用于表示结构型成员的形式是完全等效的。

2. 指向结构型数组的指针变量

指针变量可以指向一个结构型数组，这时结构型指针变量的值是这个结构型数组的首地址。结构型指针变量也可指向结构型数组的一个元素，这时结构型指针变量的值是该结构型数组元素的首地址。

设 ps 为指向结构型数组首地址的指针变量，则 ps 就指向该结构型数组的 0 号元素，ps+1 指向 1 号元素，ps+i 则指向 i 号元素，这与普通数组的情况是一致的。

【例 9-5】 用指针变量输出结构型数组。

```
# include < stdio. h >
struct Stu
```

```
{
    int num;
    char name[20];
    char sex;
    float score;
}boy[5]={{101,"Zhou ping", 'M',45},{102,"Zhang ping", 'M',62.5},{103,"Liu fang", 'F',
92.5},{104, "heng ling", 'F',87},{105,"Wang ming",'M',58}};
int main ()
{
    struct Stu * ps;
    printf("No\tName\t\t\tSex\tScore\n");
    for(ps=boy;ps<boy+5;ps++)
        printf("%d\t%s\t\t%c\t%.2f\n",ps->num,ps->name,ps->sex,ps->score);
    return 0;
}
```

运行结果：

```
No        Name              Sex       Score
101       Zhou ping         M         45.00
102       Zhang ping        M         62.50
103       Liu fang          F         92.50
104       heng ling         F         87.00
105       Wang ming         M         58.00
```

在程序中，定义了 struct Stu 结构型的外部数组 boy 并做了初始化赋值。在 main() 函数内定义 ps 为指向 struct Stu 类型的指针。在 for 语句的表达式 1 中，ps 被赋予 boy 的首地址，然后循环 5 次，输出 boy 数组中各成员值。

注意：一个结构型指针变量虽然可以用来访问结构型变量或结构型数组元素的成员，但是不能使它指向一个成员，也就是说不允许取一个成员的地址来赋予它。

因此，"ps=&boy[1].sex;"是错误的。

而只能是

ps=boy;   //赋予数组首地址

或

ps=&boy[0];   //赋予 0 号元素首地址

原因是结构型变量和结构型变量成员两者的类型是不同的，结构型数组元素和结构型数组元素成员的类型也是不同的，指向结构型变量、结构型数组或结构型数组元素的指针变量不能指向结构型变量或结构型数组元素的成员。当然，若要使用指针变量指向结构型变量的成员，可以采用强制类型转换或另定义指向成员类型指针变量的方式实现。

3. 结构型指针变量作为函数参数

在 ANSI C 标准中允许用结构型变量作为函数参数进行整体传送。但是这种传送要将全部成员逐个传送，特别是成员为数组时将会使传送的时间和空间开销很大，严重地降低了程序的效率。因此最好的办法就是使用指针，即用指针变量作为函数参数进行传送。

结构型指针作为函数的参数，要求对应的实参与形参是一个同类型的结构型指针，此时实参传向形参的只是地址,减少了时间和空间的开销,体现了使用指针的好处。

【例 9-6】　结构型指针变量作为函数参数。

计算一组学生的平均成绩和不及格人数,用结构型指针变量作为函数参数编程。

```
# include < stdio. h >
struct Stu
{
    int num;
    char name[20];
    char sex;
    float score;
}boy[5]={{101,"Zhou ping", 'M',45},{102,"Zhang ping", 'M',62.5},{103,"Liu fang", 'F',
92.5},{104, "heng ling", 'F',87},{105,"Wang ming", 'M',58}};
int main ()
{
    void ave(struct Stu * ps);
    struct Stu * ps;
    ps=boy;
    ave(ps);
    return 0;
}
void ave(struct Stu * ps)
{
    int c=0,i;
    float ave,s=0;
    for (i=0;i<5;i++,ps++)
    {
        s+=ps-> score;
        if (ps-> score<60) c+=1;
    }
    ave=s/5;
    printf("average=%.2f\ncount=%d\n",ave,c);
}
```

运行结果:

```
average=69.08
count=2
```

本程序中定义了函数 ave(),其形参为结构型指针变量 ps。boy 被定义为外部结构型数组,因此在整个源程序中有效。在 main()函数中定义了结构型指针变量 ps,并把 boy 的首地址赋予它,使 ps 指向 boy 数组,然后以 ps 作实参调用函数 ave(),在函数 ave()中完成计算平均成绩和统计不及格人数的工作并输出结果。

由于本程序采用指针变量进行处理,故速度更快,效率更高。

9.2 共 享 型

9.2.1 共享型的定义

共享型和结构型类似，也是一种由用户自己定义的数据类型，也可以由若干种数据类型组合而成，组成共享型数据的若干数据也称为成员。和结构型不同的是，共享型数据中所有成员共占同一段内存空间，所占内存长度等于需要内存空间最大的成员所占的长度，某个时刻只有一个成员有效。共享型结构实际上采用了覆盖技术，即在计算机内存中分配一个特殊的存储空间，使各种不同类型的数据均可存放在该存储空间中，增强了使用的灵活性，节省了存储空间。

共享型需要用户在程序中自己定义，然后才能用这种数据类型来定义相应的变量、数组、指针等。

共享型定义的一般形式为

```
union 共享体名
{
    数据类型 1 成员名 1;
    数据类型 2 成员名 2;
    ...
    数据类型 n 成员名 n;
};
```

共享型的定义

其中 union 是关键字，“union 共享体名”共同构成共享型类型名，共享型成员的数据类型可以是 C 语言所允许的任何数据类型，在大括号外的分号表示共享型定义结束。

例如：

```
union Utype
{
    int i;
    char ch;
    double f;
    char c[4];
};
```

在这里定义了一个类型名为 union Utype 的共享型，它包括 4 个成员，这些成员将共享同一段内存空间。本例中，共享型数据所占空间大小由 f 成员决定，为 8 字节。

需要强调说明的是，这里的“共享”不是把多个成员同时存储在内存空间内，而是某个时刻只有一个成员有效，并且都是从分配的连续内存单元中第一个内存单元开始存放。所以，对共享型数据来说，所有成员的首地址都是相同的，这是共享型数据的一个特点。

9.2.2　共享型变量的定义和使用

1. 共享型变量的定义

共享型变量的定义与结构型变量定义相似,包括 3 种形式。

(1) 形式如下:

union 共享体名 变量名表;

(2) 形式如下:

```
union 共享体名
{
    成员表;
}变量名表;
```

(3) 形式如下:

```
union
{
    成员表;
}变量名表;
```

例如:

```
union Utype
{
    int i;
    char ch;
    double f;
    char c[4];
}a,b;
union Utype c;
```

这样变量 a、b、c 就被定义为同一种共享型变量,所占内存空间各为 8 字节,它的 4 个成员根据自己的需要共享这个空间。

2. 共享型变量成员的引用

定义了共享型变量后就能在程序中引用它了,但是不能整体引用共享型变量,只能引用其成员,并且不能同时引用多个成员,在某一时刻,只能使用某一个成员。

与结构型变量类似,共享型成员的引用也有 3 种形式。例如:

```
union U
{
    char u1;
    int u2;
}x, * p=&x;
```

235

则 x 变量 u1 成员的引用形式如下：

（1）x. u1

（2）（＊p）. ul

（3）p-> ul

【例 9-7】 引用共享型变量成员。

```
#include < stdio.h >
union Data
{
    int a;
    char b;
    long c;
}u1;
int main()
{
    printf("union size:%d\n",sizeof(u1));
    printf("&a=%p\n",&u1.a);
    printf("&b=%p\n",&u1.b);
    printf("&c=%p\n",&u1.c);
    u1.a=1;
    u1.b='A';
    u1.c=2;
    printf("%d\n",u1.a);
    printf("%d\n",(int)u1.b);
    printf("%ld\n",u1.c);
    return 0;
}
```

共享型变量的
定义和使用

运行结果：

```
union size:4
&a=0042C2E4
&b=0042C2E4
&c=0042C2E4
2
2
2
```

从程序的运行结果看出：

（1）通过 sizeof()计算共享型变量 u1 的大小为 4 字节，其大小不等于各成员大小的总和，而等于所占内存最大的成员的大小；

（2）成员 a、b、c 的地址相同，由此可知共享型变量各成员共用一段内存空间；

（3）虽然分别为 u1 的 a、b、c 成员赋了值，但只有最后一次赋值是有效的，说明某一时刻该内存空间只能存储一个成员的信息，而不能同时存放所有的成员信息。

结构型和共享型可以嵌套使用，即结构型中的成员可以是共享型，共享型中的成员也可以是结构型，引用内部成员的方式如下：

结构型变量.共享型成员.成员
　共享型变量.结构型成员.成员

【例 9-8】　设有若干个人员的数据,其中有学生和教师。学生的数据中包括编号、姓名、性别、身份、班级。教师的数据包括编号、姓名、性别、身份、职务。现要求编程实现,先输入人员的数据,然后输出相关信息。

为了简化起见,只设两个人(一个学生、一个教师),相关信息如表 9.1 所示。

表 9.1　学生和教师数据表

num	name	sex	job	class(班号)/position(职务)
1011	Li	f	s	2301
2085	Wang	m	t	professor

由表可以看出,学生和教师所包含的数据项目只有第 5 项是不同的。如果 job 项为 s(学生),则第 5 项为 class(班号);如果 job 项为 t(教师),则第 5 项为 position(职务)。显然对第 5 项可以用共享型来处理(将 class 和 position 放在同一段内存中)。

```c
# include < stdio. h >
union U2
{
    int clas;
    char position[10];
};
struct
{
    int num;
    char name[10];
    char sex;
    char job;
    union U2 category;
}person[2];
int main()
{
    int i;
    printf("plese enter the data of person\n");
    for (i=0; i<2; i++)
    {
        scanf("%d %s %c %c ",&person[i].num,person[i].name,    /* 输入前 4 项 */
            &person[i].sex,&person[i].job);
        if (person[i].job=='s')
            scanf ("%d",&person[i].category.clas);             /* 如是学生,输入班号 */
        else if (person[i].job=='t')
            scanf ("%s", person[i].category.position);         /* 如是教师,输入职务 */
        else printf ("input error!");
    }
    printf ("\n");
    printf ("No. NameSex Job class/position\n");
```

结构型嵌套共享型的编程实例

237

```
        for (i=0; i<2; i++)
        {
            if (person[i].job=='s')
                printf ("%−6d %−8s %−3c %−3c %−6d\n", person[i].num,person[i].name,
                person[i].sex,person [i].job,person [i].category.clas);
            else
                printf ("%−6d %−8s %−3c %−3c %−6s\n", person[i].num,person[i].name,
                person[i].sex,person[i].job,person[i].category.position);
        }
        return 0;
    }
```

运行结果：

```
plese enter the data of person
1011 li f s 2301
2085 wang m t professor

No.    Name    Sex Job class/position
1011   li       f   s   2301
2085   wang     m   t   professor
```

9.3 枚 举 型

在实际问题中,有些变量只有几种可能的取值,如一个星期只有 7 天,交通信号灯只有红、黄、绿 3 种颜色,人的性别只有男、女两种等。在 C 语言中,可以将这些只有有限个取值的变量定义为枚举类型。枚举是将变量的可能取值一一列举出来,枚举变量只能在列举出来的值的范围内取值。应该说明的是,枚举类型是一种基本数据类型,而不是一种构造类型,因为它不能再分解为任何基本类型。

9.3.1 枚举型的定义

枚举型定义的一般形式为

enum 枚举名
{枚举元素列表}；

说明:

(1) 关键字 enum 是枚举类型的标志,"enum 枚举名"构成枚举类型名。

(2) 枚举元素(也称为枚举成员或枚举常量)列表是一组用户自定义的标识符,枚举元素之间用逗号分隔。

例如,定义一个表示星期的枚举型:

enum Weekday
{sun,mon,tue,wed,thu,fri,sat}；

（3）枚举元素实质是代表一个整数的符号常量,枚举元素的值通常由系统自动按顺序定义,从 0 开始顺序定义为 0、1、2…。例如,enum Weekday 中,sun 值为 0,mon 值为 1,…,sat 值为 6。

（4）在定义枚举类型时用户可以指定部分或全部枚举元素的值,对于未指定值的元素,其值是在前一个值的基础上顺序加 1。例如：

```
enum Weekday
{sun=7,mon=1,tue,wed,thu,fri,sat};
```

其中 sun 的值指定为 7,mon 的值指定为 1,则 tue、wed、thu、fri、sat 的值在前一个值的基础上顺序加 1,分别为 2、3、4、5、6。

（5）同一个程序中不能定义同名的枚举类型,不同的枚举类型中也不能存在同名的枚举元素。

9.3.2　枚举变量的定义

如同定义结构型和共享型变量一样,枚举变量的定义也有如下 3 种不同的形式。

（1）先定义枚举类型,然后定义变量。

```
enum Weekday
{ sun,mou,tue,wed,thu,fri,sat };
enum Weekday a,b,c;
```

（2）定义枚举类型的同时定义枚举变量。

```
enum Weekday
{ sun,mou,tue,wed,thu,fri,sat }a,b,c;
```

（3）直接定义枚举变量。

```
enum { sun,mou,tue,wed,thu,fri,sat }a,b,c;
```

9.3.3　枚举变量的赋值和使用

使用枚举变量时需注意如下事项。

（1）给枚举变量赋值时,只能把枚举类型中列举出来的枚举元素之一赋予枚举变量,不能把元素的数值直接赋予枚举变量。如"a=sun; b=mon;"是正确的,而"a=0; b=1;"是错误的。

如果一定要把数值赋予枚举变量,则必须用强制类型转换。例如：

```
a=(enum Weekday)2;
```

表示将顺序号为 2 的枚举元素赋予枚举变量 a,相当于

```
a=tue;
```

（2）枚举元素既不是字符常量也不是字符串常量，而是符号常量，使用时不要加单、双引号。

（3）同一种枚举类型数据可以进行关系运算，枚举类型数据的比较是对其值进行比较。

【例 9-9】 枚举变量的赋值和使用。

```
#include<stdio.h>
int main()
{
    enum Weekday
    {sun,mon,tue,wed,thu,fri,sat} a,b,c;
    a=sun;
    b=mon;
    c=tue;
    printf("%d, %d, %d\n",a, b, c);
    return 0;
}
```

枚举型的
定义与使用

运行结果：

```
0, 1, 2
```

【例 9-10】 某商店有西瓜、桃子、香蕉、菠萝、苹果 5 种水果，商品编号分别为 1001、2001、3001、4001、5001，编程实现从键盘上输入一个商品编号，显示与该编号对应的水果名称。

```
#include<stdio.h>
enum Fruits
{watermelon=1001,peach=2001,banana=3001,pineapple=4001,apple=5001};
int main()
{
    enum Fruits x;
    int k;
    printf("input number \n");
    scanf("%d",&k);
    x=(enum Fruits) k;
    printf("对应的水果名称为：");
    switch(x)
    {
        case watermelon :          printf("西瓜\n");break;
        case peach :               printf("桃子\n");break;
        case banana :              printf("香蕉\n");break;
        case pineapple :           printf("菠萝\n");break;
        case apple :               printf("苹果\n");break;
        default :                  printf("输入错误");
    }
```

```
    return 0;
}
```

运行结果：

```
input number
3001
对应的水果名称为：香蕉
```

9.4　用 typedef 定义类型

C 语言不仅提供了丰富的数据类型,而且还允许用户用类型定义符 typedef 定义类型说明符,也就是说允许用户为数据类型取"别名"。

用 typedef 定义类型说明符的一般形式为

typedef 原类型名 新类型名

其中,新类型名一般用大写表示,以便于区别。

例如,整型变量 a、b 的定义如下：

int a,b;

其中 int 是整型说明符。int 的完整写法为 integer,为了增加程序的可读性,可把整型说明符用 typedef 定义为 INTEGER：

typedef int INTEGER;

之后就可用 INTEGER 来代替 int 做整型类型说明,如：

INTEGER a,b;

等效于

int a,b;

用 typedef 定义数组、指针、结构型等类型将带来很大的方便,不仅使程序书写简单,而且使意义更为明确,因而增强了可读性。

例如：

typedef char NAME[20];

定义 NAME 是字符数组类型,数组长度为 20,然后可用 NAME 说明变量,如：

NAME al,a2,sl,s2;

完全等效于

char al[20],a2[20],s1[20],s2[20];

又如：

241

typedef char * PCHAR；

这里定义了 PCHAR 是一个字符型指针的类型名，然后就可用 PCHAR 来定义指向字符型变量的指针变量，如：

PCHAR pa，pb；

等效于

char * pa，* pb；

再如：

```
typedef struct Stu
{
    char name[20]；
    int age；
    char sex；
}STU；
```

定义 STU 表示 struct Stu 结构型，然后可用 STU 来说明 struct Stu 结构型变量：

STU body1，body2；

等效于

struct Stu body1，body2；

使用 typedef 进行类型定义，可以给编程带来很大方便，不仅使程序书写简洁，而且能够增强程序的可读性。

虽然也可用 ♯define 宏定义来代替 typedef 的功能，但是宏定义是由编译预处理完成的，它只能作简单的字符串替换，而用 typedef 定义类型是在编译时完成的，后者更为灵活方便。

职业素养小故事

结构体是用户自己建立由不同类型数据组成的复合型数据结构。只有先声明结构体类型，才能定义结构体类型变量。也就是说这种声明后的结构体数据类型定义就是对变量的规范。

在发明电灯的过程中，爱迪生及其团队对铂、钡、钛、锢等稀有金属以及 1600 余种耐热材料进行了分类细致的试验。尽管经历了无数次的失败，但他们从未放弃，坚持不懈地进行试验工作，最终成功发明了能够持续点亮 1200 小时的电灯。王羲之的书法技艺炉火纯青，笔力透纸；鲁班学艺，三年不下终南山，潜心钻研；贾岛作诗，韩愈助其反复斟酌……这些历史上的名人故事均表明，在规范操作的基础上，还需追求卓越、细致入微，并持之以恒地坚持与努力。

　　严格的标准在任何时候都有至关重要的作用。从小到大,我们学习过不少的日常行为规范。行为规范不仅是一种标准,也是一种要求,更是一种养成习惯的教育。遵守规范的人,一定也是有着良好习惯的人,只有好习惯伴随,我们才能走向成功,迎接辉煌!

第 9 章课后习题

第 10 章　文件——数据存储与读取的关键

听说过"黑瞎子"吗？就是狗熊,东北人管狗熊叫"黑瞎子"。

"黑瞎子"有个特别爱好:进玉米地掰玉米,而且还很贪心,恨不得把地里所有的玉米全部都掰回去。于是,天一擦黑,"黑瞎子"就进了玉米地,掰一个夹在胳肢窝里,再掰一个夹到另一边的胳肢窝里……

天快亮了,"黑瞎子"觉得该收工了,于是高高兴兴地一边胳肢窝夹着一个玉米就回山洞去了。

前面程序的功能大多如此,每次运行的结果只是看看而已,却不能在程序中保存下来,下次运行时又要从头再来,那么 C 语言怎样保存程序运行中处理的数据或者以前运行时处理的结果的呢?

文件操作是程序设计的一个重要概念,本章将着重介绍与文件处理相关的标准库函数,完成对文件数据的处理。

10.1　C 语言文件概述

C 语言文件概述

所谓"文件"是指一组相关数据的有序集合,这个数据集有一个名称,叫作文件名。实际上在前面的各章中我们已经多次使用了文件,如源程序文件(.c 文件),编译后生成的目标文件(.obj 文件),连接后生成的可执行文件(.exe 文件)、库文件(.h 头文件)等。

文件通常是驻留在外部介质(如磁盘等)上的,在使用时才调入内存。从不同的角度可对文件做不同的分类。从用户的角度看,文件可分为普通文件和设备文件两种。

普通文件是指驻留在磁盘或其他外部介质上的一个有序数据集,可以是源文件、目标文件、可执行程序,也可以是一组待输入处理的原始数据,或者是一组输出的结果。源文件、目标文件、可执行程序可以称为程序文件,输入/输出数据可称为数据文件。

设备文件是指与主机相连的各种外部设备,如显示器、打印机、键盘等。在操作系统中,把外部设备也视为一个文件来进行管理,把它们的输入/输出等同于对磁盘文件的读和写。

通常把显示器定义为标准输出文件,一般情况下在屏幕上显示的有关信息就是向标准输出文件的输出,如前面经常使用的 printf( )、putchar( )函数就是向显示器输出的函数。

键盘通常被定义为标准输入文件,从键盘上输入就意味着从标准输入文件上输入数据,scanf()、getchar()函数就是从键盘输入数据的函数。

从文件存储时的编码方式来看,文件可分为 ASCII 码文件和二进制文件两种。

ASCII 码文件也称为文本文件,在磁盘中存放这种文件时,将需要保存到文件中的数据按字节使用 ASCII 码字符表示,每个字符对应 1 字节。

例如,整数 10000 的 ASCII 码存储形式为

00110001	00110000	00110000	00110000	00110000
'1'	'0'	'0'	'0'	'0'

ASCII 码文件的优点是编码方式公开,可以被其他文本编辑器打开;缺点是读写文件时需要进行 ASCII 码与二进制形式之间的转换,效率比较低,信息冗余度高。

二进制文件是将数据在内存中的二进制形式原样存储到文件中。

例如,在 32 位的 C 语言编译系统中(如 Visual C++),整数 10000 在内存中和文件中的二进制存储形式均为 00000000 0000000 00100111 00010000,占 4 字节。

二进制文件的优点是存储效率比较高,节省外存空间,但可读性差。

尽管文件被区分为 ASCII 码文件和二进制文件,但 C 系统在处理这些文件时,并不区分类型,而是都视为字符流,按字节进行处理,输入/输出字符流的开始和结束只由过程控制,而不受物理符号(如回车符)的控制。因此也把这种文件称为“流式文件”。

本章讨论流式文件的打开、关闭、读、写、定位等各种操作。

10.2　文件指针

文件指针

在 C 语言中用一个指针变量指向一个文件,这个指针变量称为文件指针。通过文件指针就可对它所指向的文件进行各种操作。

定义文件指针的一般形式为

FILE ＊指针变量标识符;

其中 FILE 应为大写,FILE 实际上是由系统定义的一个结构型(文件型),其中含有文件名、文件状态和文件当前位置等信息。

例如:

FILE ＊fp;

表示 fp 是指向 FILE 类型的指针变量(文件指针)。当 fp 指向某个文件时,就可以通过它找到存放某个文件信息的结构型变量(文件型变量),然后按结构型变量提供的信息找到该文件,实施对文件的操作。习惯上笼统地把 fp 称为指向一个文件的指针。

10.3 文件的打开与关闭

在读/写文件之前要先打开文件，使用完毕后要关闭。所谓打开文件，实际上是建立文件的各种有关信息，并使文件指针指向该文件，以便进行其他操作。关闭文件则是断开指针与文件之间的联系，也就是禁止再通过文件指针对该文件进行操作。

在 C 语言中，文件操作都是由库函数来完成的，使用时都要求包含头文件 stdio.h。在本章内将介绍主要的文件操作函数。

10.3.1 文件的打开函数 fopen()

fopen()函数用来打开一个文件，其调用的一般形式为

文件指针名＝fopen("文件名","使用文件方式");

其中，"文件指针名"必须是被说明为 FILE 类型的指针变量；"文件名"指的是要打开文件的文件名；"使用文件方式"是指文件的操作方式。

例如：

FILE ＊fp;
fp＝fopen ("file.txt","r");

表示在当前目录下打开文件 file.txt，只允许进行"读"操作，并使文件指针指向该文件。

又如：

FILE ＊fphzk
fphzk＝fopen("C:\\hzkl6","rb");

表示打开 C 盘根目录下的文件 hzkl6，这是一个二进制文件，只允许按二进制方式进行读操作。文件名中两个反斜线为转义字符，表示根目录。

使用文件的方式共有 12 种，表 10.1 给出了它们的符号和含义。

表 10.1 文件使用方式及其含义

文件使用方式	含　义
"r"（只读）	以只读方式打开文本文件，文件必须存在
"rb"（只读）	以只读方式打开二进制文件，文件必须存在
"r＋"（读写）	以读写方式打开文本文件，文件必须存在，写入方式为覆盖写入
"rb＋"（读写）	以读写方式打开二进制文件，文件必须存在，写入方式为覆盖写入
"w"（只写）	以只写方式打开文本文件，如果文件不存在，则自动创建；如果文件存在，则清空文件内容后写入新内容
"wb"（只写）	以只写方式打开二进制文件，如果文件不存在，则自动创建；如果文件存在，则清空文件内容后写入新内容

续表

文件使用方式	含　义
"w+"(读写)	以读写方式打开文本文件,如果文件不存在,则自动创建;如果文件存在,则清空文件内容,写入新内容后可以读取
"wb+"(读写)	以读写方式打开二进制文件,如果文件不存在,则自动创建;如果文件存在,则清空文件内容,写入新内容后可以读取
"a"(追加)	以只写方式打开文本文件,如果文件不存在,则自动创建;如果文件存在,则追加数据到文件末尾,即原有数据不清空,在原数据末尾继续写入
"ab"(追加)	以只写方式打开二进制文件,如果文件不存在,则自动创建;如果文件存在,则追加数据到文件末尾,即原有数据不清空,在原数据末尾继续写入
"a+"(读写)	以读写方式打开文本文件,如果文件不存在,则自动创建;如果文件存在,则追加数据到文件末尾,即原有数据不清空,在原数据末尾继续写入或读取
"ab+"(读写)	以读写方式打开二进制文件,如果文件不存在,则自动创建;如果文件存在,则追加数据到文件末尾,即原有数据不清空,在原数据末尾继续写入或读取

对于文件使用方式有以下几点说明。

(1) 文件使用方式主要由 r、w、a、b、+ 等字符拼成,各字符的含义如下。

r(read):读。

w(write):写。

a(append):追加。

b(banary):二进制文件。

+:读和写。

(2) 凡用"r"打开一个文件时,该文件必须已经存在,且只能从该文件读出。

(3) 用"w"打开的文件,只能向该文件写入。若打开的文件不存在,则以指定的文件名建立该文件;若打开的文件已经存在,则清空文件内容。

(4) 若要向一个已存在的文件追加新的信息,只能用"a"相关方式打开文件。

(5) "r+"、"w+"、"a+"都是既可读亦可写:使用"r+"与"r"一样,文件必须已经存在;"w+"和"w"一样,如文件不存在则新建文件,写后可以读;"a+"则是打开文件后可以在文件末尾增加新数据,亦可以读取文件。

(6) 二进制模式与文本模式操作相似,只不过带 b 的模式是以二进制流的形式读写而已。从理论上说,文本文件也可以用带 b 的模式打开。

(7) 在打开一个文件时,如果出错,fopen()将返回一个空指针值 NULL。在程序中可以用这一信息来判别是否完成打开文件的工作,并作相应的处理。因此常用以下类似的程序段来判别是否打开成功:

```
fp= fopen("c:\\hzkl6","rb");
if(fp==NULL)
{
    printf("cannot open file\n");
```

```
        exit (1);
    }
```

或

```
if((fp=fopen("c:\\hzkl6","rb"))==NULL)
{
        printf("cannot open file\n");
        exit (1);
}
```

文件的打
开与关闭

这段程序表示，如果返回的指针为空，则不能打开 C 盘根目录下的 hzkl6 文件，给出提示信息 cannot open file。exit()是系统标准函数，作用是关闭所有打开的文件，并终止程序的执行，参数 0 表示程序正常结束，非 0 则表示不正常的程序结束，用此函数时在程序的开头应包含 stdlib.h 头文件。

（8）标准输入文件（键盘，文件指针为 stdin）、标准输出文件（显示器，文件指针为 stdout）、标准出错输出文件（出错信息，文件指针为 stderr）是由系统打开的，可直接使用。

10.3.2　文件的关闭函数 fclose()

文件一旦使用完毕，应用 fclose()函数把文件关闭，以避免出现文件的数据丢失等错误。关闭文件就是撤销文件信息区和文件缓冲区，使文件指针变量不再指向该文件。

fclose()函数调用的一般形式是

fclose（文件指针）;

例如：

fclose(fp);

正常完成关闭文件操作时，fclose()函数返回值为 0；否则返回 EOF(EOF 称为结束标志，是在 stdio.h 中定义的符号常量，值为−1)。

10.4　文件的读/写

对文件的读和写是最常用的文件操作。在 C 语言中提供了多种文件读/写的函数，都在 stdio.h 中进行了定义，常用的有：

（1）字符读/写函数 fgetc()/fputc()。
（2）字符串读/写函数 fgets()/fputs()。
（3）数据块读/写函数 fread()/fwrite()。
（4）格式化读/写函数 fscanf()/fprinf()。

10.4.1　字符读/写函数 fgetc()/fputc()

字符读/写函数是以字符(字节)为单位的读/写函数,每次可从文件读出或向文件写入一个字符。

字符读/写函数

说明:

在文件内部有一个位置指针,用来指向文件的当前读/写位置。使用 fgetc()或 fputc()函数后,该位置指针将向后移动 1 字节。文件末尾有一个结束标志 EOF。

应注意文件指针和文件内部的位置指针不是一回事。文件指针是指向整个文件的,须在程序中定义,只要不重新赋值,文件指针的值是不变的;文件内部的位置指针用以指示文件内部的当前读写位置,每读写一次,该指针均向后移动 1 字节,它无须在程序中定义,是由系统自动设置的。

1. 读字符函数 fgetc()

fgetc()函数的功能是从指定的文件中读一个字符,调用的形式一般为

字符型变量＝fgetc (文件指针);

例如:

ch＝fgetc(fp);

表示从 fp 指向的文件中读取一个字符并送入 ch 中。

说明:

(1) 在 fgetc()函数调用中,读取的文件必须是以读或读/写方式打开的。

(2) 读取的字符也可以不向字符型变量赋值。

例如,"fgetc(fp);"对读出的字符不予保存。

(3) 每读取一个字符,文件内部位置指针向后移动 1 字节,遇到文件结束符时,则返回一个文件结束标志 EOF。

【例 10-1】　读入 D 盘上的文件 c1. txt,在屏幕上输出。

```
# include < stdio. h >
# include < stdlib. h >
int main()
{
    FILE  * fp;
    char ch;
    fp＝fopen("d:\\c1.txt", "r");
    if(fp＝＝NULL)
    {
        printf("\n 不能打开此文件!\n");
        exit(1);
    }
    ch＝fgetc(fp);
```

```
        while(ch! = EOF)
        {
            putchar(ch);
            ch = fgetc(fp);
        }
        fclose (fp);
        printf("\n");
        return 0;
}
```

例 10-1 程序的功能是从文件中逐个读取字符，在屏幕上显示。程序定义了文件指针 fp，以读文本文件方式打开文件"d:\\c1.txt"，并使 fp 指向该文件。如打开文件出错，则给出提示并退出程序。程序先读出一个字符，然后进入循环，只要读出的字符不是文件结束标志（每个文件末有一个结束标志 EOF），就把该字符显示在屏幕上，再读入下一个字符。每读一次，文件内部的位置指针就向后移动一个字符，文件结束时，该指针指向 EOF。执行本程序后将显示整个文件内容。

2. 写字符函数 fputc()

fputc() 函数的功能是把一个字符写入指定的文件中，函数调用的形式为

fputc (字符量,文件指针);

其中待写入的字符量可以是字符型常量或变量。例如：

fputc('a',fp);

表示把字符 a 写入 fp 所指向的文件中。

说明：

（1）被写入的文件应用写、读/写、追加方式打开，用写或读/写方式打开一个已存在的文件时将清除原有的文件内容，写入字符从文件首开始。如需保留原有文件内容，希望写入的字符从文件末开始存放，必须以追加方式打开文件。被写入的文件若不存在，则创建该文件。

（2）每写入一个字符，文件内部位置指针向后移动 1 字节。

（3）fputc() 函数有一个返回值，如写入成功则返回写入的字符，否则返回 EOF，可用此来判断写入是否成功。

【例 10-2】 从键盘输入一行字符，写入一个文件，再把该文件内容读出并显示在屏幕上。

```
#include < stdio.h >
#include < stdlib.h >
int main()
{
    FILE  * fp;
    char ch;
    if((fp = fopen("d:\\c1.txt","w+")) == NULL)
```

```
    {
        printf("Cannot open file!\n");
        exit (1);
    }
    printf("input a string:\n");
    ch=getchar();
    while (ch!= '\n')
    {
        fputc(ch,fp);
        ch=getchar();
    }
    rewind (fp);                    /* 文件定位函数,使内部位置指针移到文件头 */
    ch=fgetc(fp);
    while(ch!=EOF)
    {
        putchar(ch);
        ch=fgetc(fp);
    }
    printf("\n");
    fclose(fp);
    return 0;
}
```

　　程序中第 7 行以读/写文本文件的方式打开文件 c1. txt。程序第 13 行从键盘读入一个字符后进入循环,当读入字符不为回车符时,则把该字符写入文件之中,然后继续从键盘读入下一字符,每输入一个字符,文件内部位置指针向后移动 1 字节,写入完毕,该指针已指向文件末。如要把文件从头读出,须把指针移向文件头,程序第 19 行 rewind()函数用于把 fp 所指文件的内部位置指针移到文件头。第 20～25 行用于读出文件的内容。

10.4.2　字符串读/写函数 fgets()/fputs()

1. 读字符串函数 fgets()

　　函数的功能是从指定的文件中读一个字符串到字符数组中,函数调用的形式为

fgets (字符数组名,n,文件指针);

　　其中的 n 是一个正整数,表示从文件中读出的字符串不超过 n−1 个字符。在读入最后一个字符后由系统自动加上串结束标志'\0'。

　　例如:

fgets(str,n,fp);

　　表示从 fp 所指的文件中读 n−1 个字符并送入字符数组 str 中。

字符串读/写函数

　　说明:

　　(1) 在读出 n−1 个字符之前,如遇到了换行符或 EOF,则读出结束。

251

（2）fgets()函数也有返回值，其返回值是字符数组的首地址。

【例 10-3】 从 string.txt 文件中读一个含 10 个字符的字符串。

```
# include < stdio. h >
# include < stdlib. h >
int main()
{
    FILE  * fp;
    char str[11];
    if((fp＝fopen("string.txt","r"))＝＝NULL)
    {
        printf ("\nCannot open file\n");
        exit (1);
    }
    fgets(str,11,fp);
    printf("%s\n",str);
    fclose(fp);
    return 0;
}
```

例 10-3 定义了一个字符数组 str，共 11 字节，在以读文本文件方式打开文件 string.txt 后，从中读出 10 个字符并送入 str 数组，系统将在数组最后一个单元内加上 '\0'，然后在屏幕上显示输出 str 数组。

2. 写字符串函数 fputs()

fputs()函数的功能是向指定的文件写入一个字符串，其调用形式为

fputs (字符串,文件指针);

其中字符串可以是字符串常量，也可以是字符数组名或指针变量。

例如：

fputs ("abcd", fp);

表示把字符串"abcd"写入 fp 所指的文件之中。

【例 10-4】 在文件 string.txt 中追加一个字符串，并把该文件内容读出显示在屏幕上。

```
# include < stdio. h >
# include < stdlib. h >
int main()
{
    FILE * fp;
    char ch, str[20];
    if ((fp＝fopen ("string.txt","a＋"))＝＝NULL)
    {
        printf ("\nCannot open file!\n");
        exit (1);
```

```
    }
    printf("input a string:\n");
    scanf ("%s", str);
    fputs(str, fp);
    rewind(fp);                          /* 文件定位函数 */
    ch=fgetc(fp);
    while(ch!=EOF)
    {
        putchar(ch);
        ch=fgetc(fp);
    }
    printf("\n");
    fclose(fp);
    return 0;
}
```

例 10-4 要求在 string. txt 文件末追加字符串,因此,在程序第 7 行以追加读/写文本文件的方式打开文件 string,然后输入字符串,并用 fputs()函数把该字符串写入文件 string。在程序第 15 行用 rewind()函数把文件内部位置指针移到文件首,进入循环逐个显示当前文件中的全部内容。

10. 4. 3 数据块读/写函数 fread()/fwrite()

C 语言还提供了用于整块数据的读/写函数 fread()/fwrite(),用来以二进制形式读/写一组数据,如一个数组、一个结构型变量的值等。fread()函数从文件中读一个数据块,fwrite()函数向文件写一个数据块。

读数据块函数调用的一般形式为

fread(buffer, size, count, fp);

写数据块函数调用的一般形式为

fwrite(buffer, size, count, fp);

数据块读/写函数

其中:

buffer 是一个指针,在 fread()函数中,它表示待存放数据的内存区首地址;在 fwrite()函数中,它表示待读取的数据所在的内存区首地址。size 表示数据块的字节数,count 表示要读写的数据块块数,fp 表示文件指针。

例如:

fread(fa, 4, 5, fp);

假设 fa 是一个 float 型数组名(代表数组的首地址),这个函数表示从 fp 所指向的文件中,每次读 4 字节的数据,存入数组 fa 中,连续读 5 次,即读 5 个实数到 fa 中。

例如:

fwrite(fb, 4, 5, fp);

假设 fb 是一个存放着若干实数的 float 型数组的数组名，fp 必须指向一个以写方式打开的文件。这个函数表示从 fb 数组中每次读 4 字节的数据，写入 fp 所指向的文件中，连续读写 5 次，即读 5 个实数到文件中。

【例 10-5】 从键盘输入两个学生的数据（包括姓名、学号、年龄、住址），写入 D 盘上 stu_list 文件中，再读出这两个学生的数据并显示在屏幕上。

```c
#include <stdio.h>
#include <stdlib.h>
struct Stu
{
    char name[10];
    int num;
    int age;
    char addr[15];
}boya[2], boyb[2], * pp, * qq;
int main()
{
    FILE * fp;
    int i;
    pp=boya;
    qq=boyb;
    if((fp=fopen("d:\\stu_list","wb+"))==NULL)      //以读/写方式打开
    {
        printf("Cannot open file!\n");
        exit (1);
    }
    printf("\ninput data\n");              //输入数据并存入 boya 数组
    for(i=0;i<2;i++,pp++)
        scanf("%s %d %d %s",pp->name,&pp->num,&pp->age,pp->addr);
    pp=boya;                               //pp 重新指向 boya 数组首元素
    fwrite(pp,sizeof(struct Stu),2,fp); //写入文件
    rewind(fp);
    fread(qq,sizeof(struct Stu),2,fp); //从文件中读出并存入 boyb 数组
    printf("\n\nname        number      age       addr\n");      //输出 boyb 数组
    for (i=0;i<2;i++,qq++)
        printf ("%-12s%-8d%-5d%-12s\n", qq->name, qq->num, qq->age, qq->addr);
    fclose(fp);
    return 0;
}
```

例 10-5 程序定义了一个 struct Stu 结构型，说明了两个结构型数组 boya 和 boyb，以及两个结构型指针变量 pp 和 qq，pp 指向 boya，qq 指向 boyb。程序以读/写方式打开二进制文件 stu_list，输入两个学生数据之后，写入该文件中，然后把文件内部位置指针移到文件首，读出两个学生数据后，在屏幕上显示。

10.4.4　格式化读/写函数 fscanf( )/fprintf( )

fscanf( )函数、fprintf( )函数与前面使用的 scanf( )和 printf( )函数的功能相似,都是格式化读/写函数。两者的区别在于 fscanf( )函数和 fprintf( )函数的读/写对象不是键盘和显示器,而是磁盘文件。

这两个函数的调用格式为

fscanf (文件指针,格式字符串,输入列表);
fprintf (文件指针,格式字符串,输出列表);

例如:

fscanf (fp, "%d%s", &i, s);
fprintf (fp,"%d%c",j,ch);

格式化读/写函数

【例 10-6】　用 fscanf( )/fprintf( )函数完成例 10-5 的问题。

```
#include<stdio.h>
#include<stdlib.h>
struct Stu
{
    char name[10];
    int num;
    int age;
    char addr[15];
}boya[2],boyb[2], * pp, * qq;
int main()
{
    FILE * fp;
    int i;
    pp=boya;
    qq=boyb;
    if((fp=fopen("d:\\stu_list","wb+"))==NULL)
    {
        printf("Cannot open file!");
        exit (1);
    }
    printf("\ninput data\n");
    for(i=0;i<2;i++,pp++)
        scanf("%s %d %d %s",pp-> name,&pp-> num,&pp-> age,pp-> addr);
    pp=boya;
    for (i=0;i<2;i++, pp++)
        fprintf(fp,"%s %d %d %s\n",pp-> name,pp-> num,pp-> age,pp-> addr);
    rewind(fp);
    for(i=0;i<2;i++,qq++)
        fscanf(fp,"%s%d%d%s",qq-> name,&qq-> num,&qq-> age,qq-> addr);
    printf("\n\nname          number   age      addr\n");
    qq=boyb;
```

```
    for (i=0;i<2;i++,qq++)
     printf ("%-12s%-8d%-5d%-12s\n", qq->name, qq->num, qq->age, qq->
addr);
    fclose(fp);
    return 0;
}
```

与例 10-5 相比,本程序中 fscanf()/fprintf() 函数每次只能读/写一个结构型数组元素,因此采用了循环语句来读写全部数组元素。还要注意指针变量 pp、qq,由于循环改变了它们的值,因此在程序的第 24 和第 31 行分别对它们重新赋予了数组的首地址。

说明:

用 fprintf()/fscanf() 函数对磁盘文件进行读/写,使用方便,容易理解,但由于在输入时要将文件中的 ASCII 码转换为二进制形式再保存在内存变量中,在输出时又要将内存中的二进制形式转换成字符,要花费较多时间,因此,在内存与磁盘频繁交换数据的情况下,最好不用这两个函数,而用前面介绍的 fread()/fwrite() 函数进行二进制的读/写。

10.5 文件的随机读/写

前面介绍的对文件的读/写都是顺序读/写,即只能从头开始顺序读/写各个数据。但在实际问题中常要求只读/写文件中某一指定的部分。为了解决这个问题,可移动文件内部的位置指针到需要读/写的位置,再进行读写,这种读/写称为随机读/写。

实现随机读/写的关键是要按要求移动位置指针,这称为文件的定位。

10.5.1 文件的定位函数

移动文件内部位置指针的函数主要有两个,即 rewind() 函数和 fseek() 函数。
rewind() 函数前面已多次使用过,其调用形式为

rewind（文件指针）;

它的功能是把文件内部的位置指针移到文件首。
fseek() 函数用来移动文件内部位置指针,其调用形式为

fseek（文件指针,位移量,起始点）;

其中:
"文件指针"指向被移动的文件。
"位移量"表示移动的字节数,要求位移量是 long 型数据,以便在文件长度大于 64KB 时不会出错。当用常量表示位移量时,要求加后缀 L。"位移量"为负时,表示后退的字节数。
"起始点"表示从何处开始计算位移量,规定的起始点有 3 种,即文件首、当前位置和

文件尾。其表示方法如表 10.2 所示。

表 10.2　fseek()函数起始点的表示方法

起始点	符号表示	数字表示
文件首	SEEK_SET	0
当前位置	SEEK_CUR	1
文件尾	SEEK_END	2

例如：

fseek(fp,100L,0);

表示把位置指针移到离文件首 100 字节处。

需要说明的是，fseek()函数一般用于二进制文件。在文本文件中由于要进行转换，计算的位置往往会出现错误。

10.5.2　文件的随机读/写

在移动位置指针之后，即可用前面介绍的任一种读/写函数进行读/写。由于一般是读/写一个数据块，因此常用 fread()和 fwrite()函数。

【例 10-7】　在学生文件 stu_list 中读出第二个学生的数据。

```
# include < stdio. h >
# include < stdlib. h >
struct Stu
{
    char name[10];
    int num;
int age;
    char addr[15];
}boy, * qq;
int main()
{
    FILE  * fp;
    int i=1;
    qq=&boy;
    if((fp=fopen("d:\\stu_list", "rb"))==NULL)
    {
        printf("Cannot open file!");
        exit (1);
    }
    fseek(fp,i * sizeof(struct Stu),0);
    fread(qq,sizeof(struct Stu),1,fp);
    printf("\n\nname       number  age   addr\n");
    printf ("%-12s%-8d%-5d%-12s\n", qq-> name, qq-> num, qq-> age,qq-> addr);
```

文件的随机读/写

```
    fclose(fp);
    return 0;
}
```

文件 stu_list 已由例 10-5 的程序建立，本程序用随机读的方法读出第二个学生的数据。程序中定义 boy 为 struct Stu 类型变量，qq 为指向 boy 的指针。以读二进制文件方式打开文件，程序第 20 行移动文件位置指针，其中的 i 值为 1，该语句表示从文件头开始，移动一个 struct Stu 类型的长度，读出的数据即为第二个学生的数据。

10.6　文件的检测

C 语言中常用的文件检测函数有以下几个。

1. 文件结束检测函数 feof()

功能：判断文件是否处于文件结束位置，如处于文件结束位置，则返回值为 1；否则为 0。

调用格式为

feof（文件指针）；

通常在读文件时，都要先利用该函数来判断文件是不是处于结束位置，是的话方可进行。常用形式为

```
while(!feof（文件指针))
{
    读文件
}
```

文件的检测

2. 读/写文件出错检测函数 ferror()

功能：检查文件在用各种输入/输出函数进行读/写时是否出错。如 ferror() 返回值为 0，表示未出错；否则表示有错。

调用格式为

ferror（文件指针）；

3. 文件出错标志和文件结束标志置 0 函数 clearerr()

功能：清除出错标志和文件结束标志，使它们为 0 值。

调用格式为

clearerr（文件指针）；

职业素养小故事

在 C 语言编程的世界里,文件打开与关闭、读出与写入、更新与追加等操作贯穿于众多项目之中,其中所映射出的严谨细致、团队协作、责任意识等职业素养值得我们在今后的工作中时刻铭记与践行。

在 C 语言文件操作时,文件指针极为关键,如果在打开文件后忘记检查文件指针是否为空,就使得测试时一旦文件不存在或打开失败,程序就会崩溃,这充分体现出编程中严谨细致的重要性。在任何职业中,对细节的高度关注都是不可或缺的,一个小失误就可能引发严重后果,就像医生写错一个小数点,可能危及病人生命;建筑设计师漏标一个尺寸,就可能影响建筑安全。在做到严谨细致的同时要树立责任意识,有责任意识的人能保证工作质量,反之则会给工作带来混乱和损失,如同认真负责的快递员能确保包裹准确送达,而失职的快递员则可能导致包裹丢失或延误。

第 10 章课后习题

第 11 章　人工智能编程赋能 C 语言

随着人工智能(AI)技术的迅猛发展,如何将传统编程语言与现代 AI 技术相结合,成为开发者们关注的焦点。在众多编程语言中,C 语言凭借其高效、灵活和可移植等优点,在系统编程和嵌入式开发等领域依然占据着重要地位。本章将重点探讨如何在现代开发环境中,利用 C 语言的优势接入深度学习模型——DeepSeek,以实现智能编程。

在本章中,我们将使用 Visual Studio Code(VS Code)这一功能强大的代码编辑器来编写和调试 C 语言程序。VS Code 不仅提供了丰富的扩展和插件,能够帮助开发者提高效率,还拥有良好的用户界面,适合各种水平的程序员。同时,我们还将借助 Trae CN 这一中文编程平台,获取丰富的学习资源和技术支持,进一步提升我们的编程能力。

接入 DeepSeek 大模型将是本章的核心内容之一。DeepSeek 作为一种先进的深度学习模型,能够进行复杂的数据分析和提供决策支持。我们将详细介绍如何通过 C 语言调用 DeepSeek 的 API,实现数据的交互和处理。这一过程不仅展示了 C 语言的强大能力,还让我们深入理解 AI 模型的应用场景。

通过本章的学习,读者将掌握在 VS Code 和 Trae CN 中编写 C 语言程序的基本技巧,并能够有效地将 C 语言与 DeepSeek 大模型结合起来,推动智能应用的开发。希望大家能够在实践中不断探索,充分发挥 C 语言的潜力,迎接人工智能时代的挑战。

11.1　在 VS Code 中编写 C 语言程序

11.1.1　VS Code 简介

VS Code 是一款由微软推出的免费、开源、跨平台的代码编辑器。VS Code 支持 Windows、macOS 和 Linux,拥有强大的功能和灵活的扩展性。

VS Code 首次发布时间为 2015 年 4 月 29 日。在 2019 年的 Stack Overflow 组织的开发者调查中,VS Code 被认为是最受开发者欢迎的开发环境之一。

VS Code 的主要特点如下。

(1) 跨平台支持:VS Code 可以在 Windows、macOS 和 Linux 等多个操作系统上运行,无论是 PC 还是笔记本电脑,都能轻松使用。

(2) 轻量级:相对于传统的 IDE(集成开发环境),VS Code 更加轻巧,资源占用更少,启动速度更快。

（3）强大的扩展性：VS Code 拥有丰富的插件生态系统，用户可以根据自己的需求安装各种插件，从而个性化和增强编辑器的功能。

（4）多语言支持：VS Code 支持多种编程语言，包括但不限于 JavaScript、TypeScript、Python、PHP、C♯、C++、Go 等，可以满足不同开发者的需求。

（5）内置调试支持：VS Code 内置了调试器，支持多种语言的调试，方便开发者进行代码调试。

（6）版本控制集成：VS Code 内置了对 Git 的支持，可以直接进行提交、拉取、分支管理等操作，提供了友好的界面和命令行工具。

VS Code 的核心功能如下。

（1）编辑器功能：VS Code 拥有优秀的代码编辑器，支持代码高亮、智能提示、缩进调整、代码片段（Snippets）等功能，极大地提升了编码效率。

（2）文件管理：通过资源管理器，用户可以轻松创建、打开、保存和删除文件和文件夹，同时支持编辑多个文件。

（3）集成终端：VS Code 内置了终端功能，用户可以在编辑器中直接执行命令，无须切换到外部终端窗口，提高了操作的便捷性。

（4）代码片段：VS Code 提供了代码片段的功能，帮助用户快速生成常用的代码模板，减少重复劳动。

（5）多光标编辑：用户可以通过按住 Ctrl 键（或 macOS 下的 Command 键）并单击，在文本中创建多个光标，从而同时编辑多个位置的内容，提高编辑效率。

（6）Emmet 插件：安装并启用 Emmet 插件后，用户可以通过简单的语法快速编写 HTML 和 CSS 代码，提高编码速度。

11.1.2　VS Code 的安装

（1）进入官网，下载 VSCodeUserSetup-x64-1.98.2.exe 版本，直接双击安装包，安装完成后，正常打开，如图 11.1 所示。

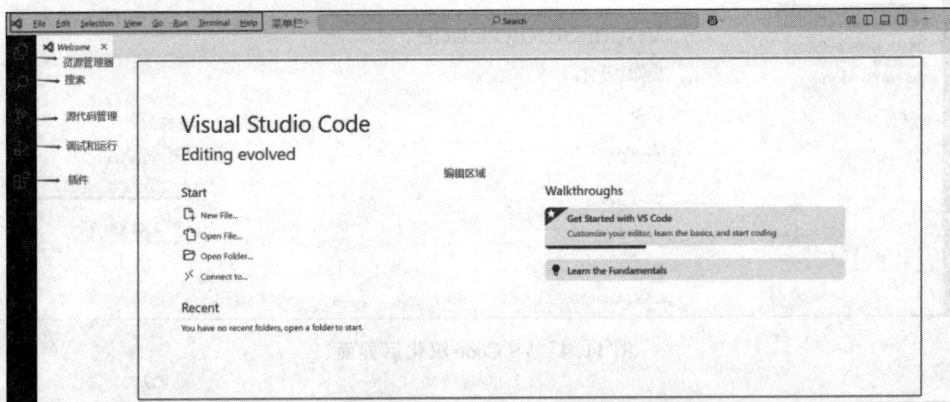

图 11.1　VS Code 环境介绍

（2）安装中文插件。VS Code 默认是英文的，可以安装中文插件将 VS Code 的界面汉化，在左边的侧边栏中单击插件，再搜索 Chinese，显示的第一个插件就是汉化包，直接安装即可，如图 11.2 所示。

图 11.2　VS Code 安装中文插件界面

（3）安装完汉化包后，立马就在右下角提示，如图 11.3 所示，单击 Restart 按钮，会自动重启 VS Code，即可汉化使用。

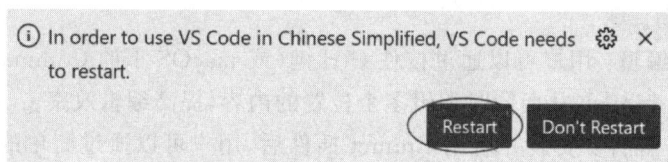

图 11.3　自动重启 VS Code 提示界面

VS Code 汉化之后的界面如图 11.4 所示。

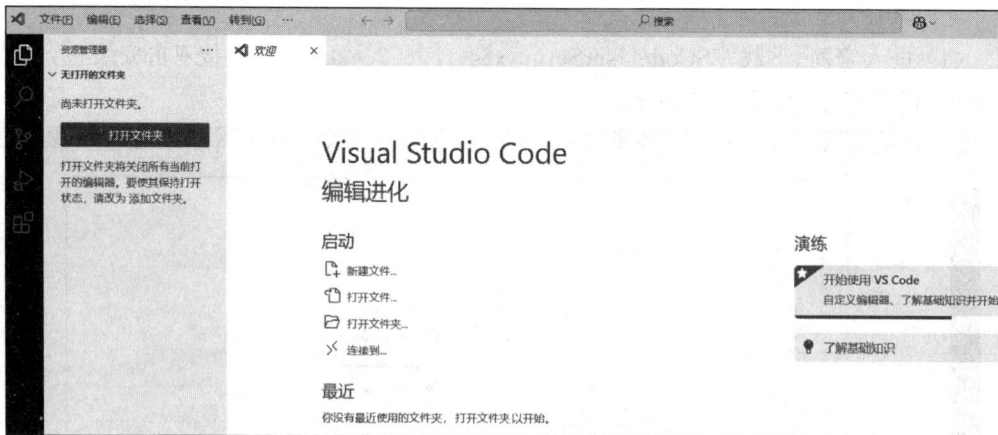

图 11.4　VS Code 汉化后界面

11.1.3 VS Code 配置 C/C++ 开发环境

VS Code 安装好之后,由于 VS Code 只是一个编辑器,只能用来写 C/C++ 代码,不能直接编译代码。所以,如果要能使用 VS Code 搭建 C/C++ 的编译和调试环境,还必须使用编译器。为了方便,我们就使用 MinGW-w64,MinGW-w64 是移植到 Windows 平台的一个 gcc 编译器,使用起来也是非常方便的。接下来就演示怎么下载和配置 MinGW-w64。

1. 下载和配置 MinGW-w64 编译器

(1) 下载 MinGW-w64。下载 MinGW-W64GCC-8.1.0 版本,解压后,进入文件夹中,复制 mingw64 这个文件夹到一个最简单的目录下,路径的名字不能有中文、空格、特殊字符等,如 C 盘或者 D 盘的根目录,这里放在 C 盘,复制过来后,如图 11.5 所示。

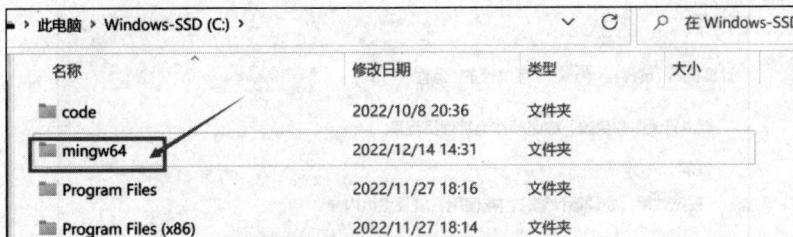

图 11.5 mingw64 放置目录界面

此时 mingw64 的编译器的路径就是 C:\mingw64,如图 11.6 所示。

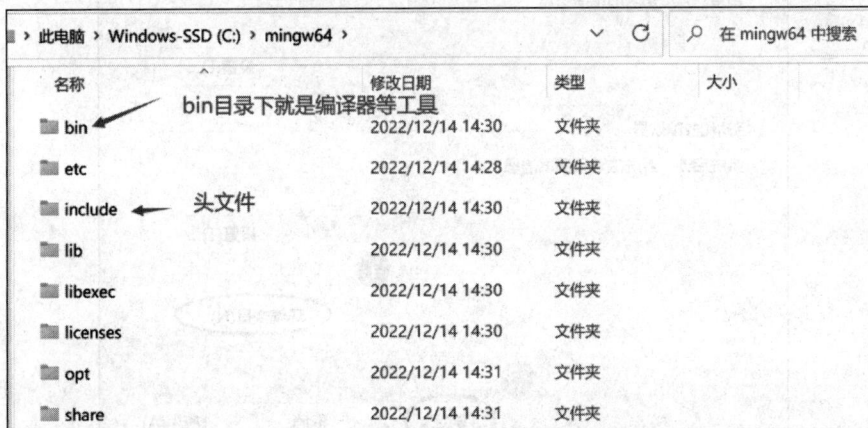

图 11.6 mingw64 编译器的路径

(2) 配置 MinGW-w64。在 Windows 计算机上,按 Win+S 组合键,或者直接在搜索框中搜"环境变量",如图 11.7 所示。

单击"编辑系统环境变量",进入"系统属性"界面,如图 11.8 所示,再单击"环境变量"。

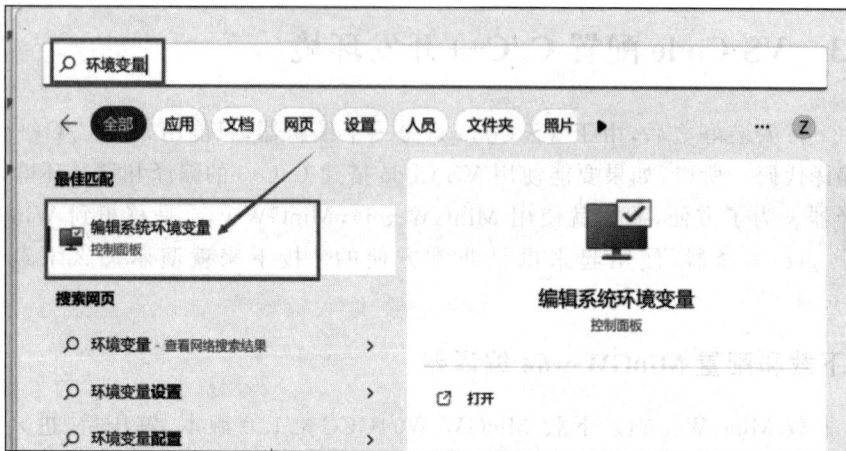

图 11.7　搜索环境变量

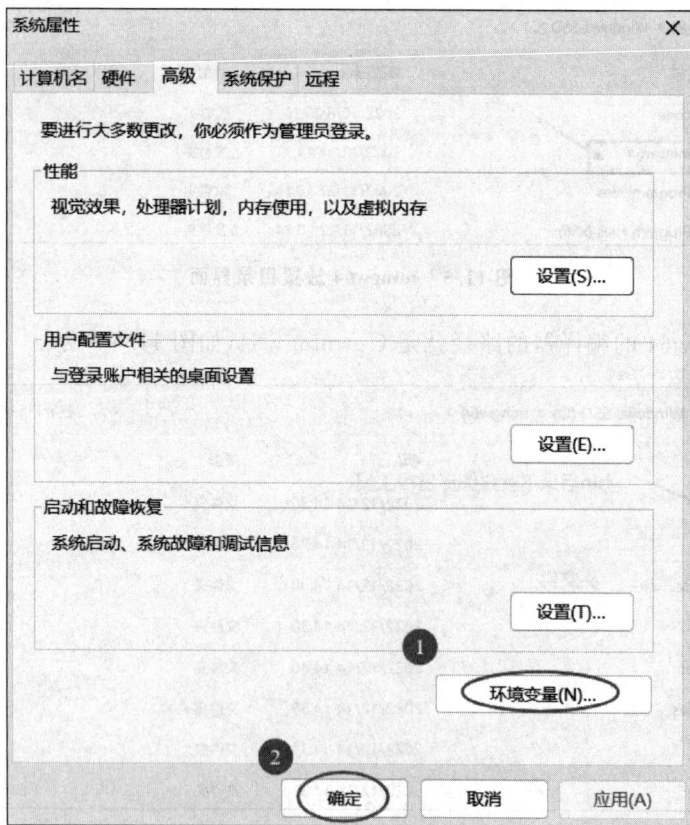

图 11.8　系统属性界面

进入"环境变量"界面，如图 11.9 所示，找到 Path 环境变量，单击"编辑"按钮。

新加一个环境变量值，前面已经将 mingw64 复制到 C:\mingw64 目录下了，在这个目录下有一个 bin 文件夹，这个文件夹下是 gcc 等编译器的可执行文件，所以将

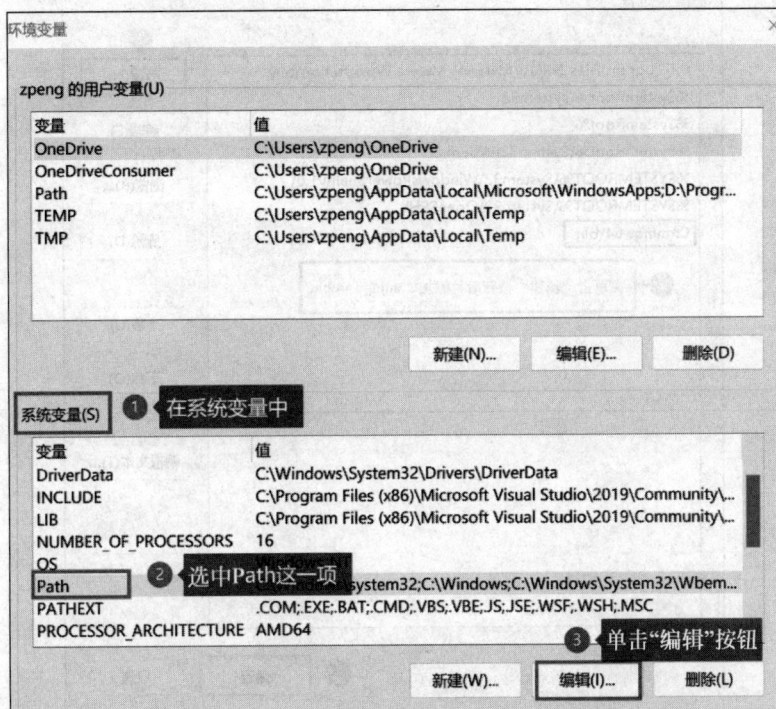

图 11.9　环境变量界面

C:\mingw64\bin 添加到 path 的环境变量中即可，单击"确定"按钮，如图 11.10、图 11.11 所示。

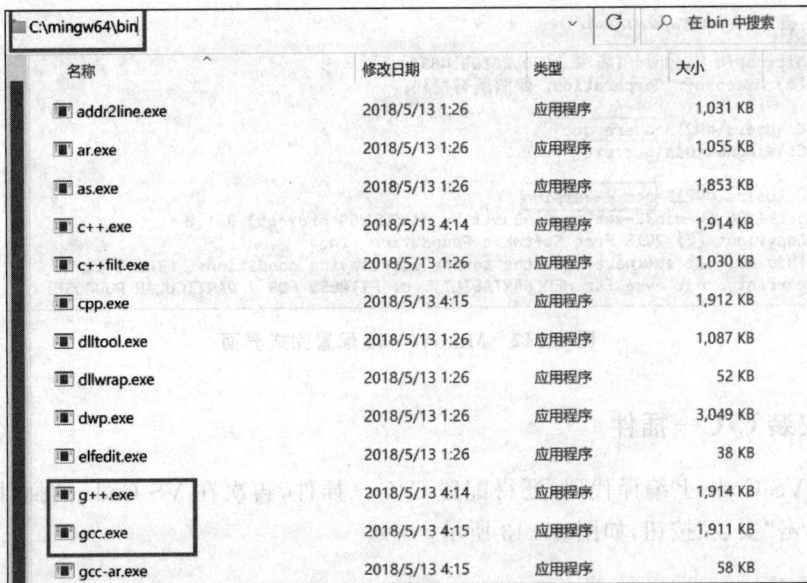

图 11.10　C:\mingw64\bin 目录

265

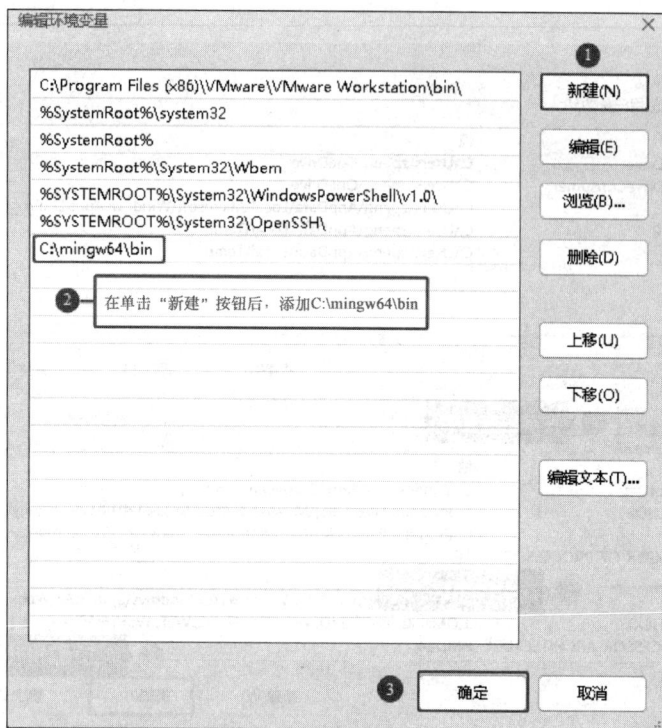

图 11.11　编辑环境变量

在 Windows 计算机上打开 cmd 窗口，输入 gcc --version 或者 where gcc，要是能看到下面的界面，就说明 MinGW-w64 的编译器已经配置好了，如图 11.12 所示。

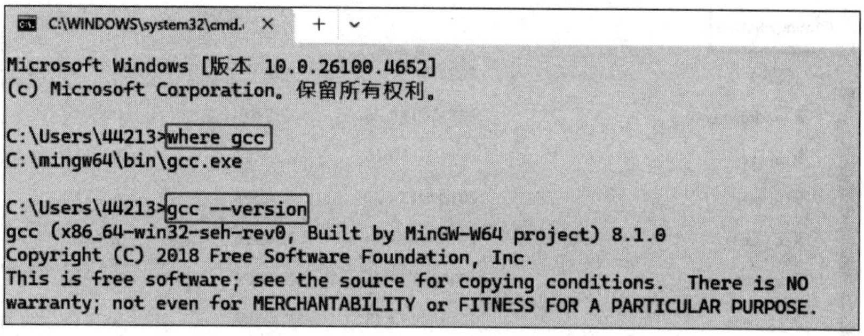

图 11.12　MinGW-w64 配置完成界面

2. 安装 C/C++ 插件

要在 VS Code 上编译代码，还得配置 C/C++ 插件，再次在 VS Code 的插件中搜索：C/C++，单击“安装”按钮，如图 11.13 所示。

3. 重启 VS Code

这一步很重要，可以让前面的设置生效，要不然后面会出现问题。

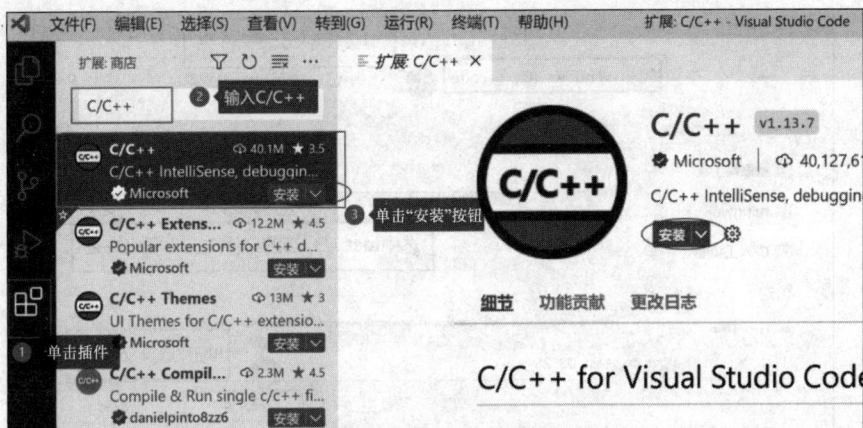

图 11.13　安装 C/C++ 插件

11.1.4　在 VS Code 上编写 C 语言代码并编译执行

1. 打开文件夹

在 VS Code 上写代码都是首先要打开文件夹的,这样也方便管理代码和编译器产生的可执行程序和 VS Code 生成的配置文件等。

在写代码前,要想清楚想把代码放在什么地方管理。比如,在 C 盘下创建一个 code 文件夹,把以后写的代码都放在 code 目录下,再使用一个文件夹管理每天写的代码,如 test_03_25,如图 11.14 所示。

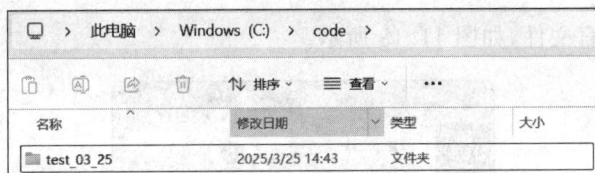

图 11.14　创建文件夹

在写代码前先创建好文件夹,如在 3 月 25 日写代码,就打开 test_03_25 文件夹,如图 11.15、图 11.16 所示。

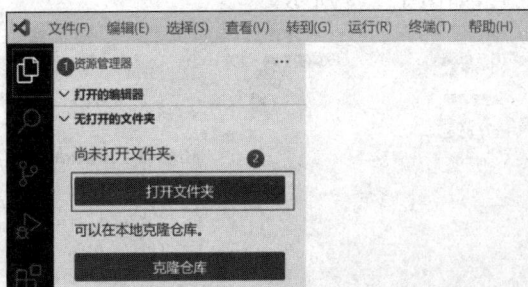

图 11.15　打开文件夹

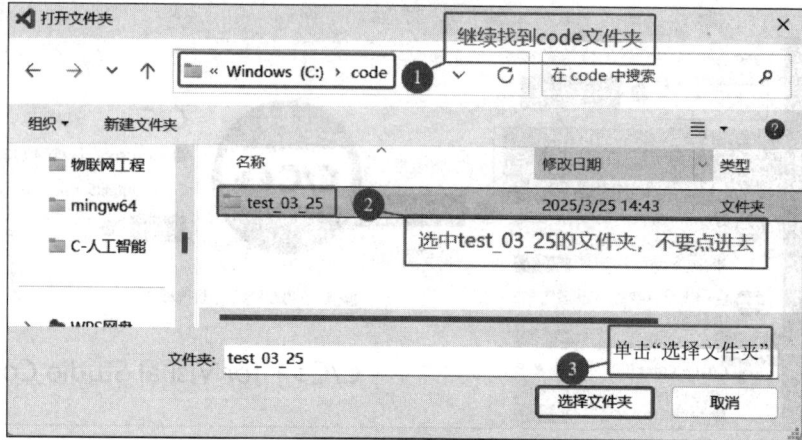

图 11.16　选择文件夹

这样就打开了 test_03_25 文件夹，在 VS Code 里显示的都是大写字母，如图 11.17 所示。

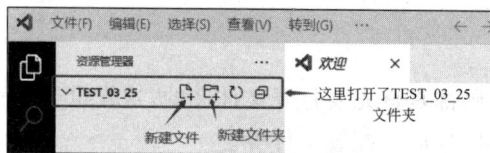

图 11.17　新建文件或文件夹

2. 新建 C 语言文件，编写 C 语言代码

（1）创建 C 语言文件，如图 11.18 所示。

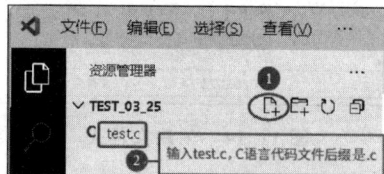

图 11.18　创建 C 语言文件

（2）编写 C 语言代码，如图 11.19 所示。

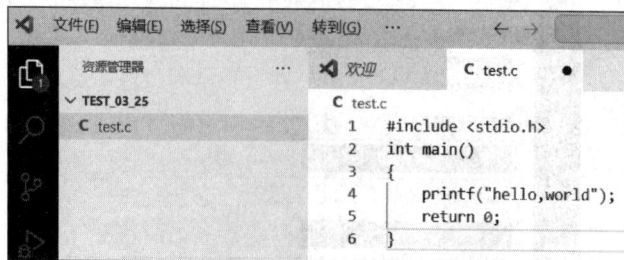

图 11.19　编写 C 语言代码

3. 编译并执行 C 语言文件

(1) 首先在 VS Code 中安装 Code Runner 插件,在插件中搜索 Code Runner,单击"安装"按钮,如图 11.20 所示。

图 11.20 安装 Code Runner 插件

(2) 选择"文件"→"首选项"→"设置"命令,在搜索框里搜索 Code Runner,选择 Code-runner:Run In Terminal,如图 11.21 所示。

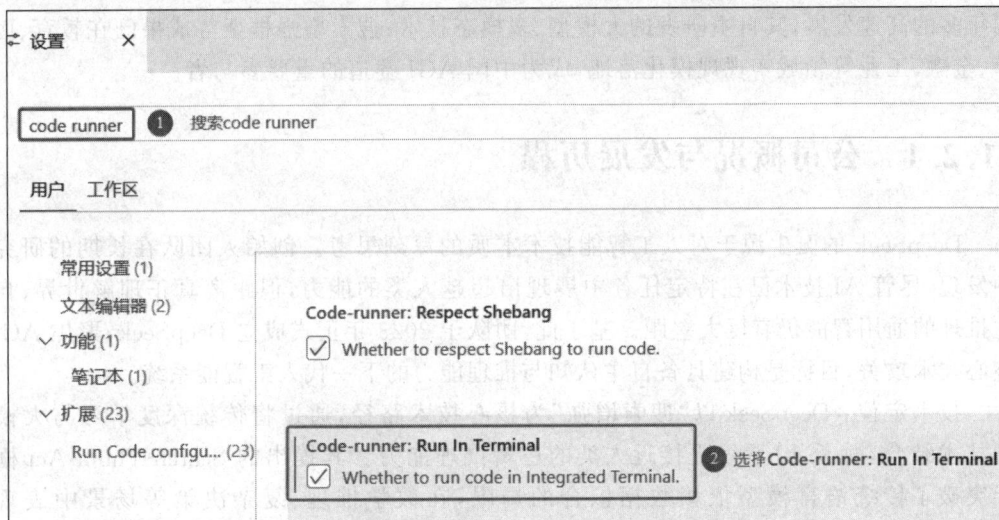

图 11.21 选择 Code-runner:Run In Terminal

(3) 右击要编译的 C 语言代码,选择 Run Code 命令,在下面"终端"里输出执行结果,如图 11.22 所示。

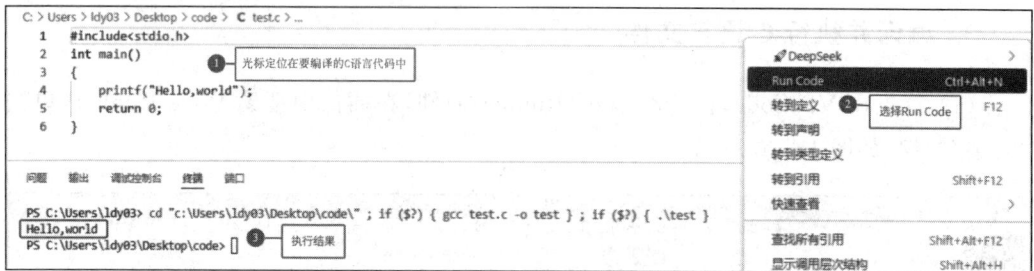

图 11.22　编译并执行 C 语言文件

11.2　DeepSeek 简介

DeepSeek(深度求索)是一家中国领先的人工智能科技公司,专注于通用人工智能(AGI)技术的研发与应用。公司成立于 2023 年,总部位于杭州,核心团队由来自清华大学、北京大学、麻省理工学院(MIT)等全球顶尖高校的科学家,以及曾在谷歌、微软、Meta 等科技巨头任职的资深工程师组成。DeepSeek 以"探索智能本质,释放人类潜能"为使命,致力于通过技术创新拓宽人工智能的边界,解决复杂社会问题,赋能千行百业。经过两年多的高速发展,其自主研发的大模型、多模态技术、搜索增强框架等成果已在教育、医疗、金融、工业等领域实现规模化落地,成为中国 AGI 赛道的重要参与者。

11.2.1　公司概况与发展历程

DeepSeek 的诞生源于对人工智能技术本质的深刻思考。创始人团队在长期的研究中发现,尽管 AI 技术已在特定任务中展现出超越人类的能力,但距离真正理解世界、自主推理的通用智能仍有巨大差距。基于此,团队于 2023 年正式成立 DeepSeek,聚焦 AGI 核心技术攻关,目标是构建具备自主认知与推理能力的下一代人工智能系统。

技术定位:DeepSeek 以"搜索增强"为核心技术路径,通过将传统深度学习与大模型技术结合,赋予 AI 系统更接近人类的逻辑推理能力。其提出的 Search-Think-Act 框架突破了传统语言模型依赖数据拟合的局限,在数学推理、复杂决策等场景中表现出色。

发展里程碑如下。

(1) 2024 年 5 月:发布基于混合专家系统(MoE)的 DeepSeek V2,推理成本降至 GPT-4 Turbo 的 1/70。同年推出开源模型 DeepSeek-200B,吸引超 10 万名开发者,形成社区生态。

之后,代码模型 DeepSeek Coder V2(2024 年 6 月)和数学推理模型 DeepSeek-Prover-V1.5(2024 年 8 月)相继发布,技术能力覆盖多场景。

（2）2024 年 12 月：推出通用模型 DeepSeek-V3 和视觉语言模型 DeepSeek-VL2，训练效率与生成速度显著提升。

（3）2025 年 1 月：发布推理模型 DeepSeek-R1，多项测评指标超越 ChatGPT。同时推出"模型即服务"（MaaS）平台，降低中小企业使用门槛。

（4）2025 年 2 月：DeepSeek App 累计下载量超 1.1 亿次，周活跃用户近 9700 万名，成为全球增长最快的 AI 工具之一。

11.2.2　核心技术体系

DeepSeek 的技术体系围绕 AGI 的三大核心能力构建：认知、推理与交互，形成了覆盖算法、框架、硬件的全栈创新能力。

1. 大模型技术

（1）架构创新：提出"动态稀疏专家网络"（DSEN），通过动态路由机制激活不同领域的子模型，在保持万亿参数规模的同时，将推理成本降低至传统密集模型的 1/5。

（2）训练方法：首创"渐进式课程学习"策略，模拟人类从简单到复杂的学习过程，使模型在数学证明、代码生成等任务中表现提升 40% 以上。

（3）典型成果：DeepSeek-R1 模型在编程竞赛平台 Codeforces 中达到候选大师（Candidate Master）水平，可独立解决 1700 分难度题目。

2. 多模态技术

（1）统一表征学习：通过跨模态对比学习框架，将图像、文本、语音映射到同一语义空间，实现"看图说病""听音识机"等复杂任务。

（2）应用案例：在电力巡检场景，DeepSeek-Vision 可识别输电线路图像中的微小裂纹（精度达 0.1mm），误报率低于 0.01%。

3. 搜索增强技术

（1）混合推理引擎：结合传统搜索引擎与神经检索模型，构建实时知识库，使 AI 系统在回答法律、医疗等专业问题时，事实错误率从 15% 降至 2% 以下。

（2）典型场景：DeepSeek-Search 已应用于金融风控领域，通过实时抓取企业舆情、财报数据，自动生成风险评估报告，效率较人工提升 20 倍。

4. 推理优化技术

（1）硬件协同设计：自研 DeepSeek-Inference 芯片，采用存算一体架构，针对稀疏计算优化，使大模型推理能效比达到 20 TOPS/W（较英伟达 H100 提升 3 倍）。

（2）软件栈创新：推出编译工具链 DeepSeek-LLM，支持模型从 FP32 到 4-bit 整数量化无缝转换，在保持 95% 精度的前提下，内存占用减少 80%。

11.2.3 产品与服务体系

DeepSeek 的产品矩阵覆盖 B 端与 C 端市场，形成了"技术—场景—生态"的闭环。

1. 企业级解决方案

（1）DeepSeek-Industry：面向制造业的智能质检平台，已在汽车、消费电子行业部署，平均缺陷检出率 99.7%，误检率低于 0.3%。

（2）DeepSeek-Finance：金融智能投研系统，支持财报分析、风险预警、自动化报告生成，服务超过 200 家银行与基金公司。

（3）DeepSeek-Edu：教育个性化学习助手，通过认知诊断模型精准定位学生知识盲点，已进入全国 3000 所中小学。

2. 消费级产品

（1）DeepSeek Chat：智能对话助手，支持长文本创作、代码调试、知识问答，月活用户突破 500 万，平均响应速度 0.8 秒。

（2）DeepSeek Studio：AI 内容创作工具，可一键生成营销文案、短视频脚本，累计生成内容超 10 亿条。

3. 开发者生态

（1）开源社区：开放 DeepSeek-7B、DeepSeek-13B 等轻量级模型，下载量超 300 万次，衍生出 1.2 万个行业微调版本。

（2）云服务平台：提供模型训练、部署、监控一站式服务，支持私有化部署与混合云架构，日均 API 调用量超 50 亿次。

11.2.4 技术理念与社会责任

DeepSeek 始终坚持"技术向善"原则，将伦理设计融入技术研发全流程。

（1）安全可信：建立"红蓝对抗"机制，通过对抗训练与规则引擎结合，使模型有害内容拒绝率超过 99.9%。

（2）普惠包容：推出 DeepSeek-Access 无障碍交互系统，支持方言、手语、脑机接口输入，惠及 200 万名视障、听障用户。

（3）绿色计算：通过模型压缩与分布式训练优化，使单次大模型训练碳排放降低 60%，获评"中国 AI 能效标杆企业"。

在教育公益领域，DeepSeek 发起"智能支教计划"，向中西部乡村学校捐赠 AI 教学设备，并开发彝语、藏语版教育大模型，累计覆盖 50 万名学生。

11.2.5　行业影响与未来规划

DeepSeek 的技术突破推动了中国 AGI 产业的跨越式发展。其研发的搜索增强框架被写入《人工智能发展白皮书(2025 版)》,多模态模型成为 IEEE 标准测试基准。2024年,DeepSeek 入选《麻省理工科技评论》"全球 50 家最聪明公司",并获评"中国 AI 发明专利十强"。

未来三年,DeepSeek 计划投入 50 亿元研发资金,聚焦三大方向。

(1) 认知跃迁:构建具备跨领域迁移能力的 AGI 系统,突破"情境理解"与"因果推理"瓶颈。

(2) 人机共生:开发脑机接口、具身智能机器人,实现物理世界的自主交互。

(3) 超级应用:打造"城市智能体",整合交通、能源、医疗数据,实现城市级实时决策优化。

DeepSeek 以技术探索为根基,以社会价值为导向,正逐步成为全球 AGI 领域的重要创新力量。其独特的"搜索+推理"技术路径、全栈自主研发能力,以及对场景化落地的深刻理解,为中国人工智能产业提供了"硬科技突围"的范本。随着 AGI 技术从实验室走向千行百业,DeepSeek 将持续探索智能的边界,践行"用智能之光,照亮人类未来"的愿景。

11.3　在 VS Code 中接入 DeepSeek

在 VS Code 中引入 DeepSeek(如 DeepSeek Chat 或 DeepSeek Coder)可以显著提升开发效率,利用其强大的 AI 辅助编程和代码理解能力,可以实现以下主要功能。

(1) 智能代码补全:根据上下文预测代码,减少手动输入。

(2) 错误检测与修复:实时提示语法和逻辑错误,并提供修正建议。

(3) 代码优化:识别性能瓶颈,推荐高效写法(如简化循环)。

(4) 跨语言转换:支持 Python/Java/C++ 等语言互转。

(5) 文档生成:自动添加注释或生成 README。

DeepSeek 免费、支持中文,且比 Copilot 更适配长代码分析,适合开发者高效编程。

11.3.1　VS Code 接入本地部署 DeepSeek 服务

1. 为何要在本地部署 DeepSeek

(1) 在本地搭建大模型(如 DeepSeek)具有多个重要的优势,如保护隐私与数据安全。数据不外传:本地运行模型可以完全避免数据上传至云端,确保敏感信息不被第三方访问。

(2) 可定制化与优化。支持微调(fine-tuning):可以根据特定业务需求对模型进行微调,以适应特定任务,如行业术语、企业内部知识库等。

（3）离线运行,适用于无网络环境。可在离线环境下运行：适用于无互联网连接或网络受限的场景。提高系统稳定性：即使云服务宕机,本地大模型依然可以正常工作,不受外部因素影响。

2. 本地部署 DeepSeek

（1）下载安装 Ollama。Ollama 是一个免费开源的本地大语言模型运行平台,支持多种大语言模型的工具,用于简化模型的下载和管理。

进入 Ollama 官网,直接单击 Download 按钮,再单击 Download for Windows 按钮,下载安装包,如图 11.23、图 11.24 所示。下载完成之后,双击安装程序并按照提示完成安装。

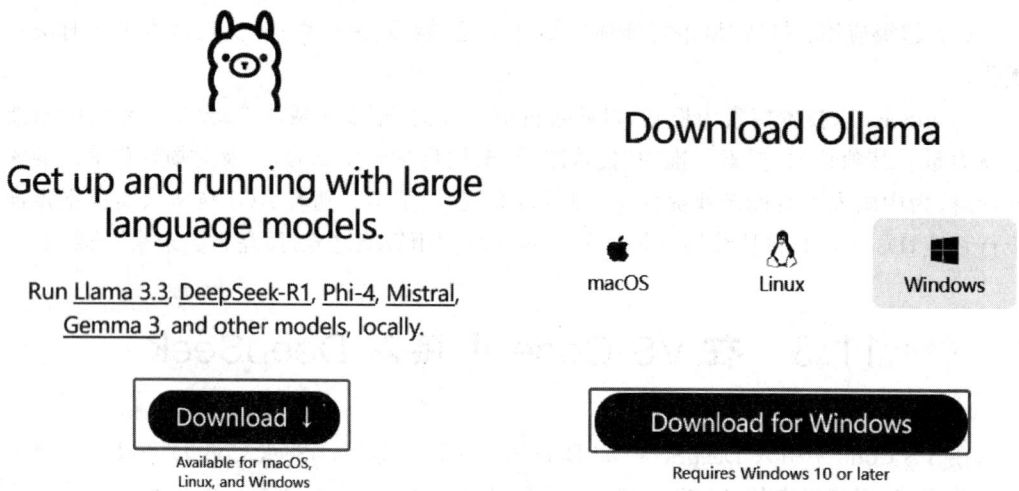

图 11.23　进入 Ollama 官网　　　　图 11.24　单击 Download for Windows

安装后,打开命令窗口,输入 ollama,就能看到它的相关命令,一共有 12 个,如图 11.25 所示,它们能帮我们管理好不同的大模型。

```
C:\Users\44213>ollama
Usage:
  ollama [flags]
  ollama [command]

Available Commands:
  serve    Start ollama
  create   Create a model from a Modelfile
  show     Show information for a model
  run      Run a model
  stop     Stop a running model
  pull     Pull a model from a registry
  push     Push a model to a registry
  list     List models
  ps       List running models
  cp       Copy a model
  rm       Remove a model
  help     Help about any command
```

图 11.25　Ollama 常用的命令

（2）在命令窗口输入：ollama pull deepseek-r1:1.5b,将大模型 DeepSeek-R1 下载到本地计算机上,如图 11.26 所示。

```
C:\Users\44213>ollama pull deepseek-r1:1.5b
pulling manifest
pulling aabd4debf0c8... 100%                                          1.1 GB
pulling 369ca498f347... 100%                                          387 B
pulling 6e4c38e1172f... 100%                                          1.1 KB
pulling f4d24e9138dd... 100%                                          148 B
pulling a85fe2a2e58e... 100%                                          487 B
verifying sha256 digest
writing manifest
success
```

图 11.26　将 DeepSeek-R1 下载到本地计算机

至此 DeepSeek 大模型就下载到本地计算机上了。

（3）本地计算机与 DeepSeek 对话。在 cmd 执行命令：ollama run deepseek-r1:1.5b,很快就能进入对话界面。接下来提问 DeepSeek 一个问题：请帮我分析如何从零开始学习 Python 编程。下面是它的回答,首先会有一个< think >标签,这里面嵌入的是它的思考过程,而不是正式的回复,如图 11.27 所示。

```
C:\Users\44213>ollama run deepseek-r1:1.5b
>>> 请帮我分析如何从零开始学习Python编程。
<think>
嗯,我现在在想,作为刚开始学习Python的新手,应该怎么学呢?我以前对编程有点兴趣,
但对Python还不怎么熟悉。首先,我觉得应该先了解基础知识吧。那什么是编程基础呢?
是不是像变量、数据类型这些东西?

对了,我记得变量可以用x = 5来表示,这样变量就可以访问和使用了。然后是数据类型,
比如整数、浮点数、字符串之类的。我应该先把这些基本概念弄清楚。

接下来应该是输入输出,也就是读取和写入文件。Python有input()函数可以读取用户输
入的值,而print()函数用来显示结果。这部分可能需要用到一些简单的例子,比如打印
自己的年龄或者成绩。
```

图 11.27　DeepSeek-R1 回复之思考部分

等看到另一个结束标签</think >后,表明它的思考已经结束,下面一行就是正式回答,如图 11.28 所示。

```
总的来说,我觉得我应该按照从基础开始学起的顺序逐步深入学习
Python,同时利用各种资源来辅助学习,比如在线教程、视频课程和实
际的实战项目。每天花一些时间练习,可能会让我逐渐熟悉起来。
</think>
为了解决用户对如何从零开始学习Python编程的问题,以下是分步骤的
分析与建议:

### 步骤 1: 理解基本概念
**目标**: 掌握编程的基础知识,包括变量、数据类型、输入输出和基
本控制结构。

- **变量与数据类型**: 了解变量命名规则 (如缩写不可用)、数值类
型及其作用 (整数、浮点、字符串)。
- **输入与输出**: 学习如何使用`input()`读取用户输入,并使用
`print()`显示结果。
- **条件判断与循环**: 掌握if语句和while循环,用于处理逻辑问题
和重复计算。
```

图 11.28　DeepSeek-R1 回复之正式回答部分

3. 把本地部署 DeepSeek 服务共享给局域网其他用户使用

（1）将 Ollama 服务公开。首先，在已经部署了 DeepSeek 大模型的本地计算机上设置两个环境变量。具体操作：在 Windows 计算机上按 Win＋S 组合键，或者直接在搜索框中搜"环境变量"，单击"编辑系统环境变量"，进入"系统属性"界面，单击"环境变量"，再单击"确定"按钮，如图 11.29 所示，进入"环境变量"界面。

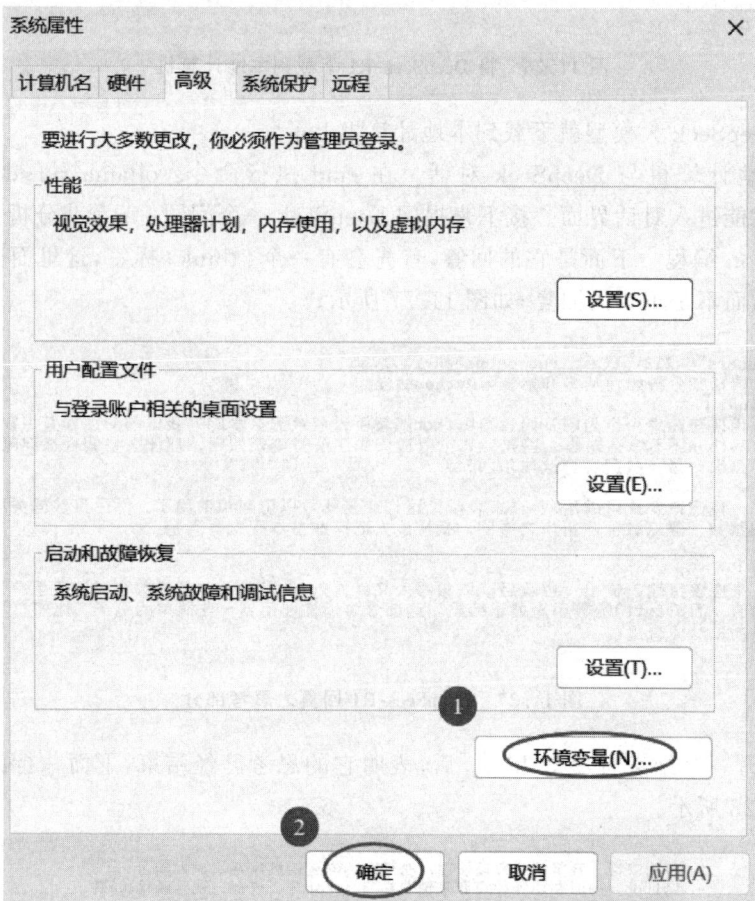

图 11.29　系统属性界面

在"系统变量"下面，单击"新建"按钮，新建两个变量（注意所有的标点符号都必须在英文状态下），如图 11.30～图 11.32 所示。

接下来，重启 Ollama 服务即可。这样，Ollama 服务公开已完成。

（2）在 VS Code 中接入本地部署 DeepSeek 服务。在 VS Code 的左侧插件中搜索 DeepSeek，选择 DeepSeek R1，单击"安装"按钮，如图 11.33 所示。安装完成之后，单击 ⚙ 按钮，打开设置界面，配置 DeepSeek，如图 11.34 所示。

完成 DeepSeek 配置之后，VS Code 中就成功接入了本地部署的 DeepSeek 服务。

图 11.30　环境变量界面

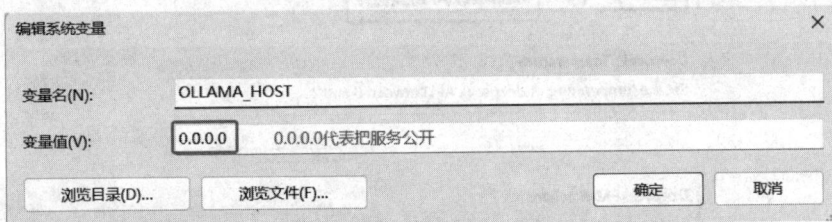

图 11.31　新建 OLLAMA_HOST 系统变量

图 11.32　新建 OLLAMA_ORIGINS 系统变量

图 11.33　安装 DeepSeek

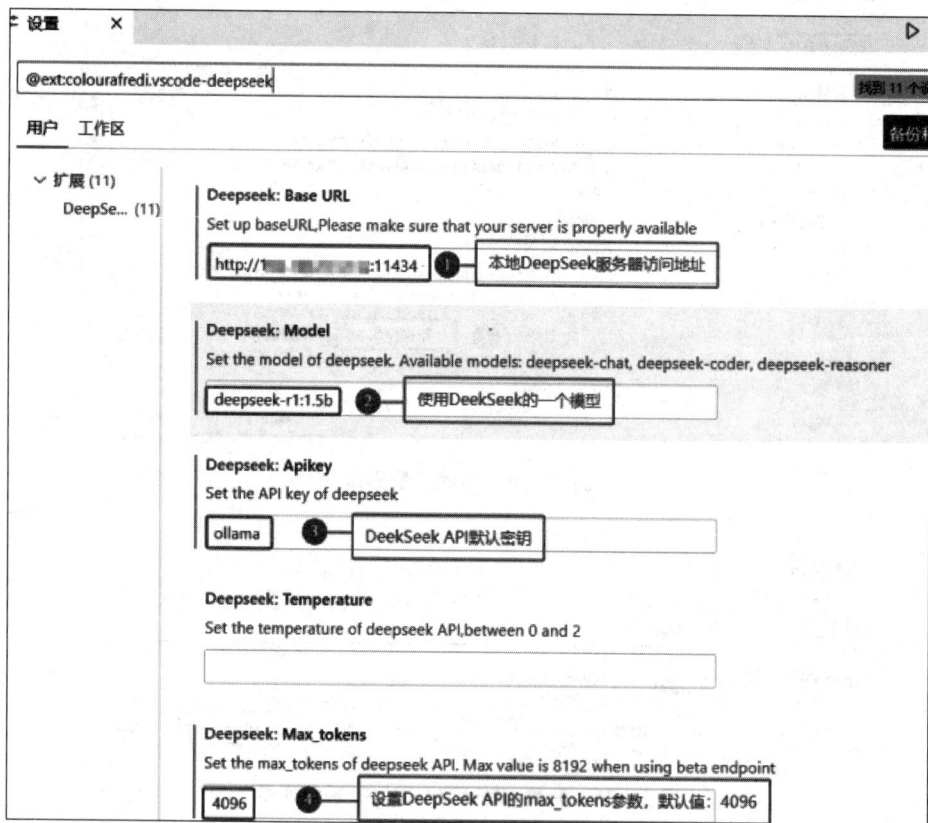

图 11.34　配置 DeepSeek

4. 在 VS Code 中使用本地部署 DeepSeek 功能介绍

（1）智能对话交互。单击左侧 DeepSeek，在下方输入搜索内容，单击 ▶ 按钮，上方就会出现搜索结果，如图 11.35 所示。

（2）代码分析与修复。使用 DeepSeek 可以检查 C 语言程序源代码是否有 Bug，并给出修复建议，详细讲解代码，添加代码测试等。具体操作如图 11.36 所示。

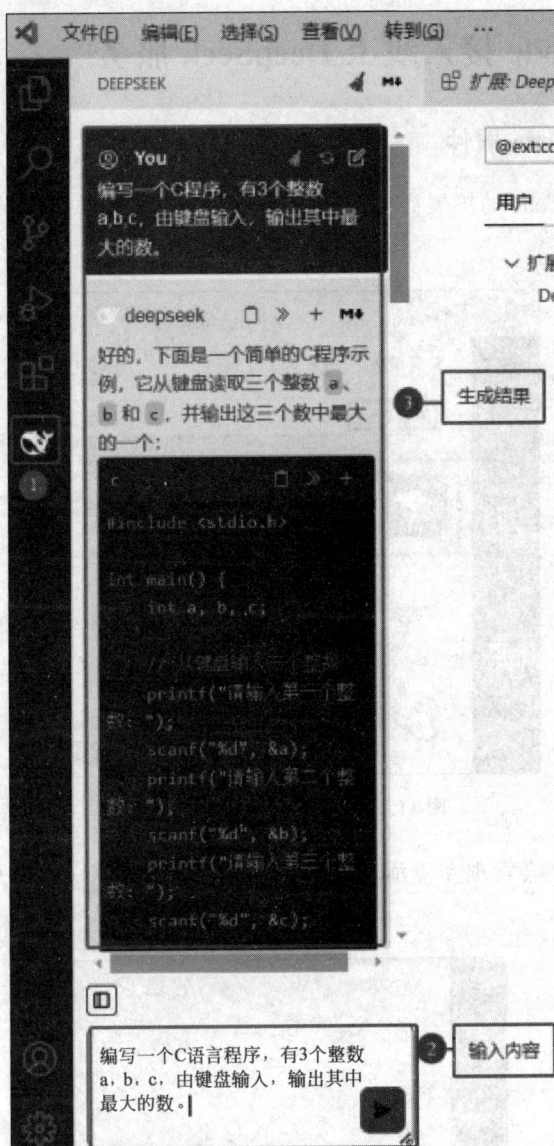

图 11.35 DeepSeek 智能对话

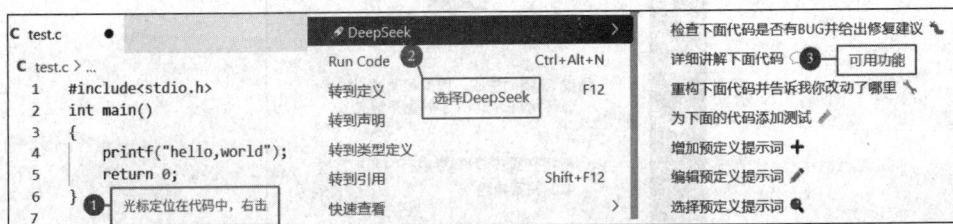

图 11.36 DeepSeek 代码分析与修复

11.3.2　VS Code 接入线上 DeepSeek 服务

1. 安装 Roo Code 插件

我们需要在 VS Code 的扩展商店中搜索 Roo Code 插件，单击"安装"按钮，如图 11.37 所示。

图 11.37　Roo Code 插件的安装

安装完成之后，就会发现左侧活动栏多了一个小袋鼠图标，这就是 Roo Code 插件的标志，如图 11.38 所示。

图 11.38　Roo Code 插件安装成功界面

2. 配置 DeepSeek

Roo Code 插件安装完毕后,接下来就需要配置 DeepSeek 了,DeepSeek 是一个强大的大模型,可以帮助你进行各种复杂的推理和生成任务。要想在 Roo Code 中使用 DeepSeek,我们需要先申请一个 API Key。

DeepSeek API Key 是用于访问 DeepSeek 服务的身份验证密钥,由一串字符构成,允许开发者通过编程方式调用其人工智能模型接口。我们需要登录 DeepSeek 官网进行 API Key 申请,如图 11.39 所示。

图 11.39　DeepSeek 官网

单击"API 开放平台"之后,便进入如图 11.40 所示的界面,选择 API keys→"创建 API key",在弹出的对话框中随意输入一些字符,再单击"创建"按钮,就可以得到如图 11.41 所示的 key。注意 API key 仅在创建时可见可复制,请妥善保存,不支持二次查看。不要与他人共享你的 API key,或将其暴露在浏览器、其他客户端代码中。

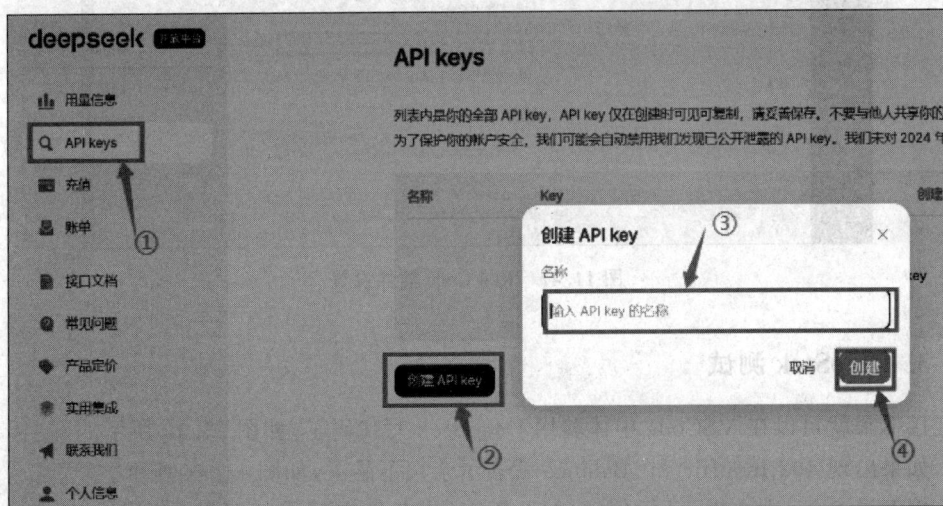

图 11.40　DeepSeek API Key 申请过程

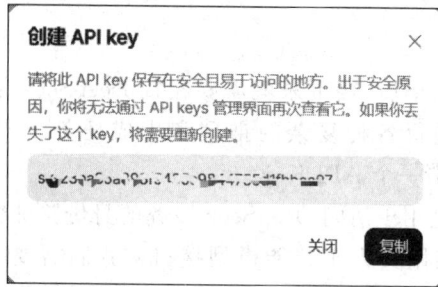

图 11.41　DeepSeek API Key 创建成功

API Key 申请成功后，把它复制下来，回到 VS Code，进入 Roo Code 插件的设置页面，粘贴刚才复制的 API Key。这样，你就能开始使用 DeepSeek 了。如图 11.42 所示，其中"API 提供商"选择 DeepSeek，"DeepSeek API 密钥"填写刚才申请成功的 key 即可。

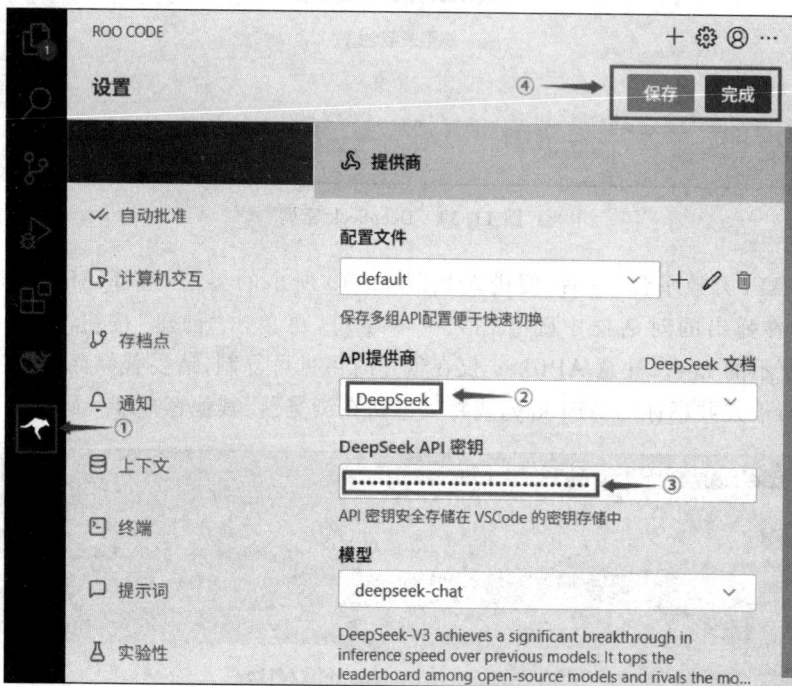

图 11.42　Roo Code 插件设置

3. DeepSeek 测试

接下来就可以在 VSCode 中体验用 DeepSeek 写代码了，如图 11.43 所示。

如果出现 402 Insufficient Balance 就表示余额不足了，如图 11.44 所示。

因 DeepSeek 太火爆，已暂停 API 服务充值，存量充值金额可继续调用。若充值完成，即可进行 AI 对话，如图 11.45 所示。

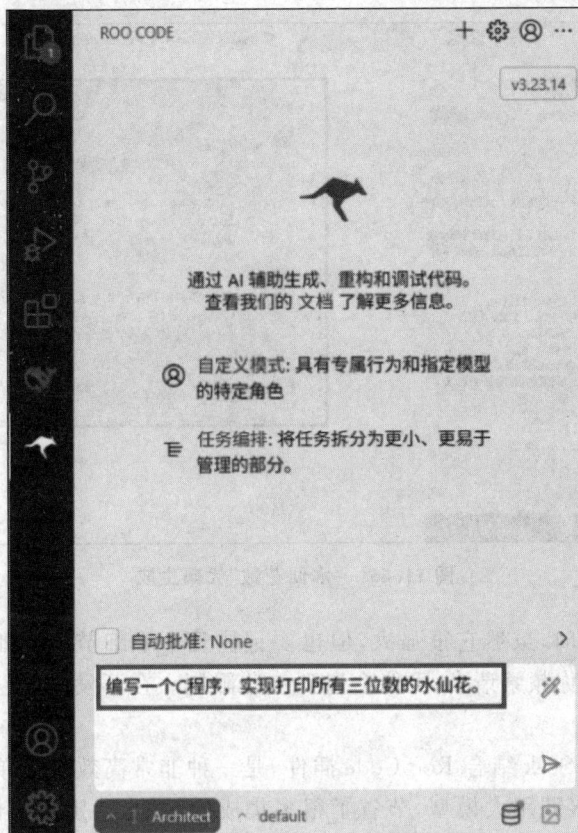

图 11.43　DeepSeek 写代码

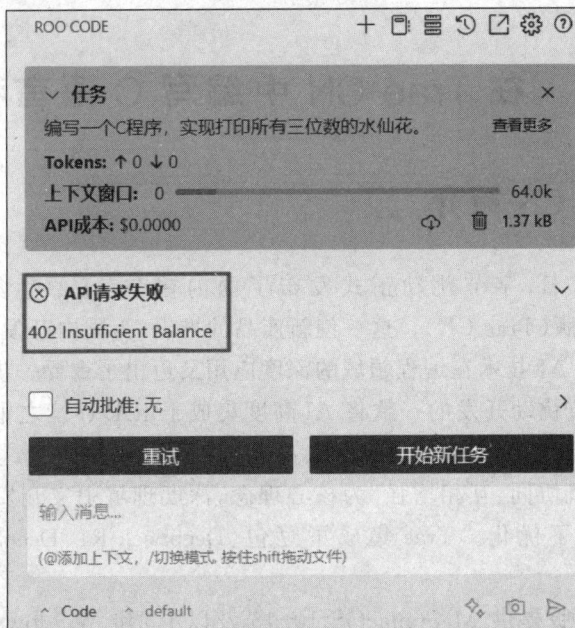

图 11.44　余额不足

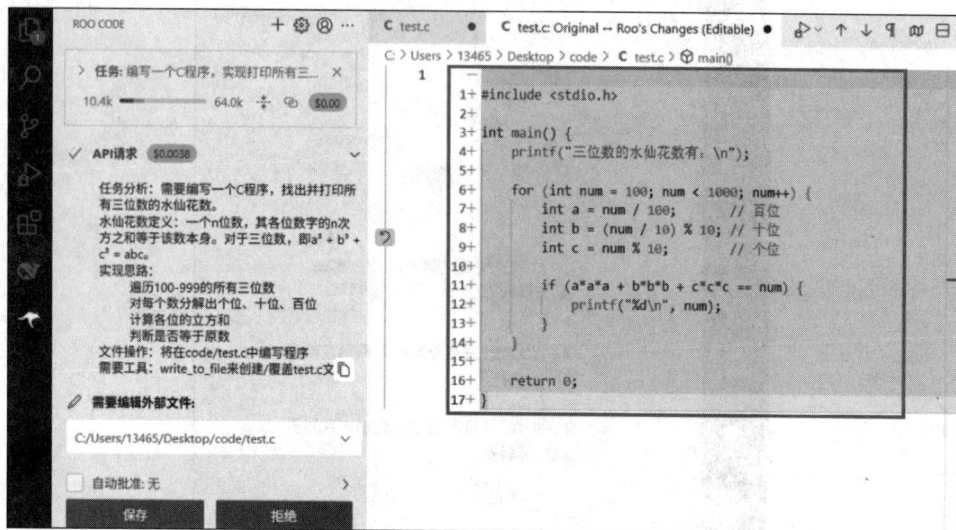

图 11.45　"水仙花数"代码生成

使用 DeepSeek 时，虽然它很强大，但也要记住几个小细节。比如，API Key 是有请求次数限制的，如果你频繁请求，可能会遇到一些限制。在开发中，可以注意调整使用频率，避免超出限制。

总的来说，DeepSeek 结合 Roo Code 插件，是一种非常高效且简单的方式，让我们在 VS Code 里就能直接调用大模型，节省了很多集成的时间，特别适合快速开发和测试。

如果你也是个开发者，赶紧试试把 DeepSeek 接入你的 VS Code 中，看看它在你的开发过程中能发挥什么魔力。

11.4　在 Trae CN 中编写 C 语言程序

11.4.1　Trae CN 简介

2025 年 3 月 3 日，字节跳动正式发布了国内首个 AI 原生集成开发环境（AI IDE）——Trae 国内版（Trae CN）。这一创新产品的推出，为国内开发者带来了前所未有的开发体验，标志着 AI 技术在编程领域的深度应用又迈出了重要一步。

Trae CN 是字节跳动开发的一款将 AI 高度集成于 IDE 环境之中的编程工具，它旨在为开发者提供比传统 AI 插件更加流畅、准确、优质的开发体验。其定位为"智能协作 AI IDE"，以"人机协同、互相增强"为核心理念，深度理解中文开发场景，针对国内开发习惯和需求进行了优化。Trae 集成了豆包、DeepSeek-R1、DeepSeek-V3 等多个大模型。

目前 Trae 国内版提供 Mac（macOS 10.15 及以上）和 Windows 版（Windows 10、Windows 11），后续还会推出 Linux 版，以满足不同系统用户的需求。

11.4.2　Trae 的下载与安装

1. Trae 的下载

进入官方网站,如图 11.46 所示。

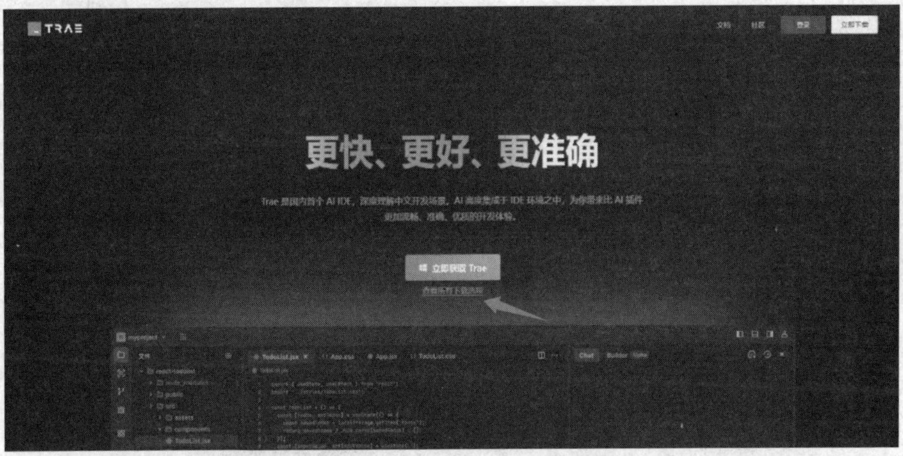

图 11.46　Trae 官方网站界面

Trae 支持的操作系统如图 11.47 所示,选择你自己所需要的版本即可。

图 11.47　Trae 支持的操作系统

2. Trae 的安装

(1) 双击如图 11.48 所示的安装包。

(2) 接着会出现软件许可协议界面,这是很重要的东西,虽然字比较多,但建议大家花点时间仔细看看。要是没问题,选择"我同意此协议",再单击"下一步"按钮,如图 11.49 所示。

285

图 11.48　Trae CN 安装包

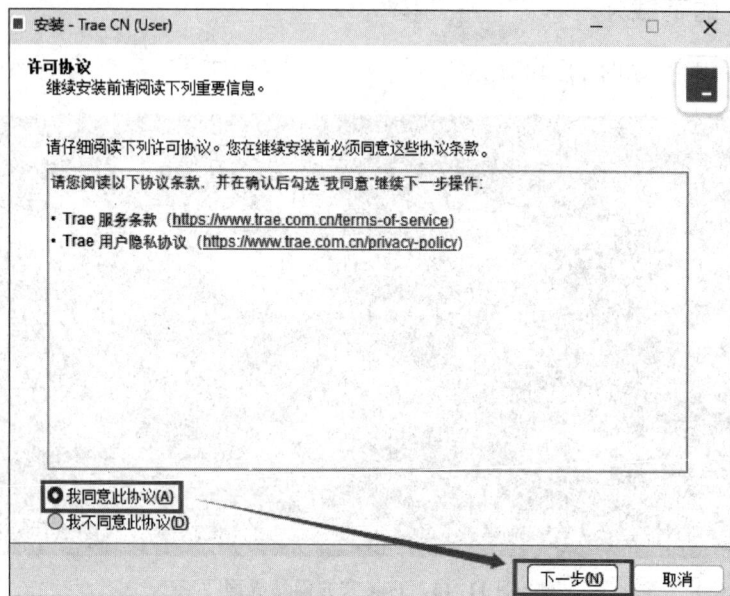

图 11.49　许可协议

（3）根据个人需要修改安装地址（不建议留在源地址，因为会占用 C 盘容量），单击"下一步"按钮，如图 11.50 所示。

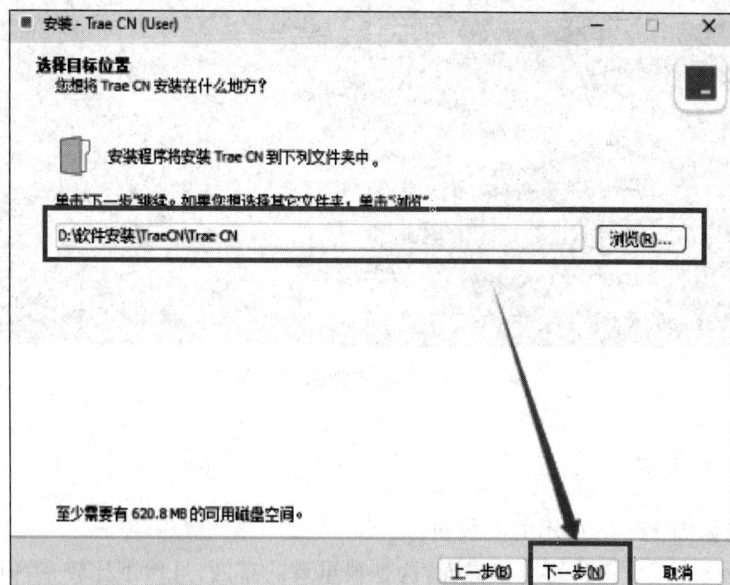

图 11.50　选择安装位置

（4）单击"下一步"按钮，如图 11.51 所示。

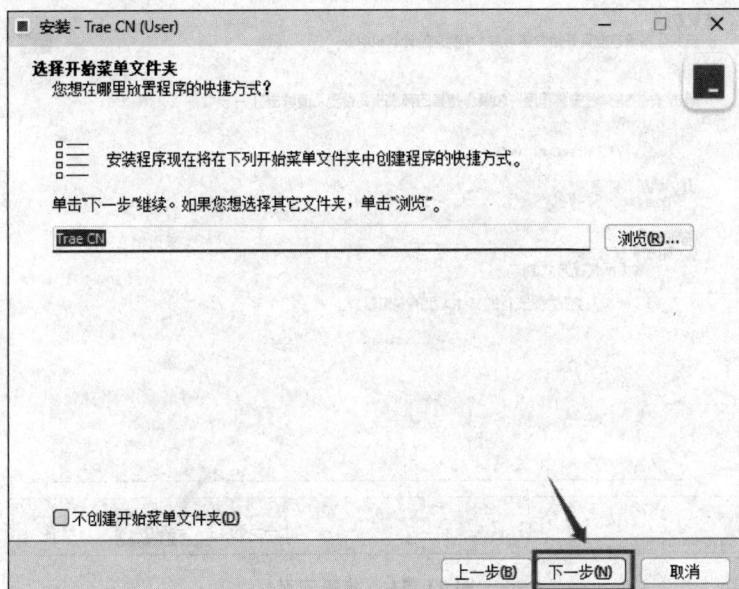

图 11.51　选择开始菜单文件夹

（5）单击"下一步"按钮，可以根据实际选择其他选项，如图 11.52 所示。

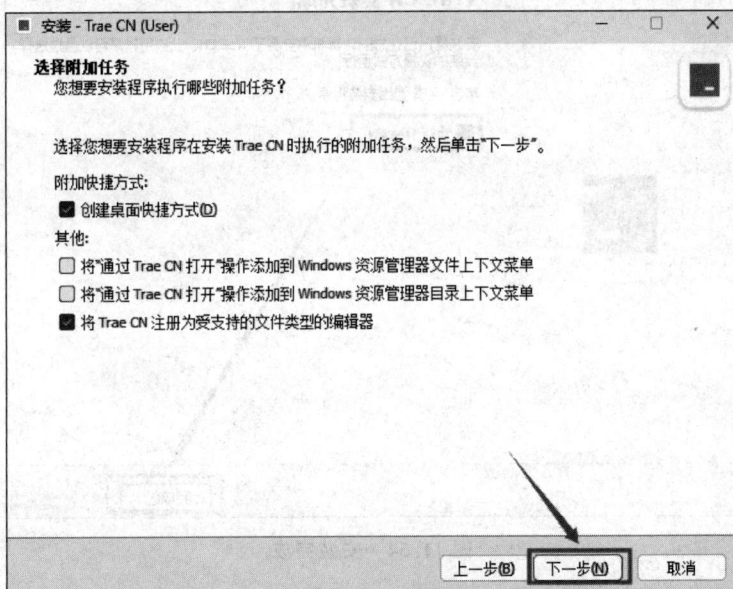

图 11.52　选择附加任务

（6）单击"安装"按钮，如图 11.53 所示。之后便可等待软件完成安装。

（7）安装成功后选择"运行 Trae CN"，再单击"完成"按钮，会自动打开 Trae，如图 11.54 所示。

287

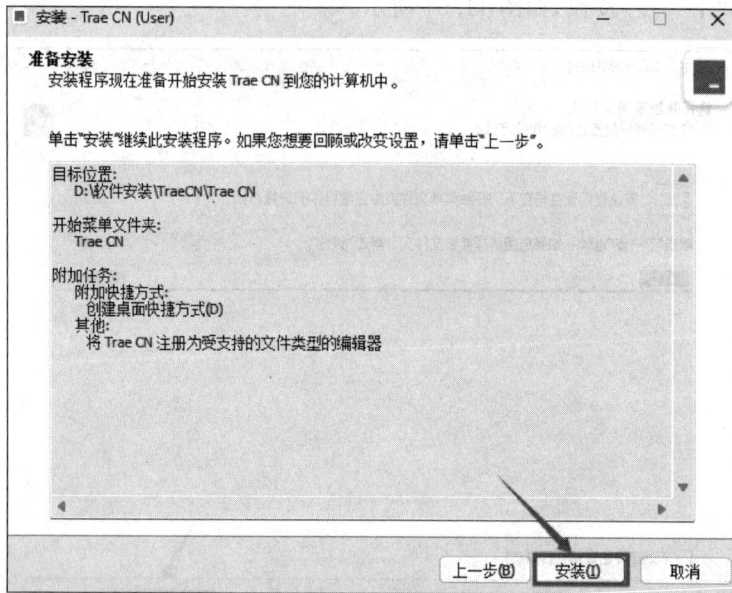

图 11.53　准备安装

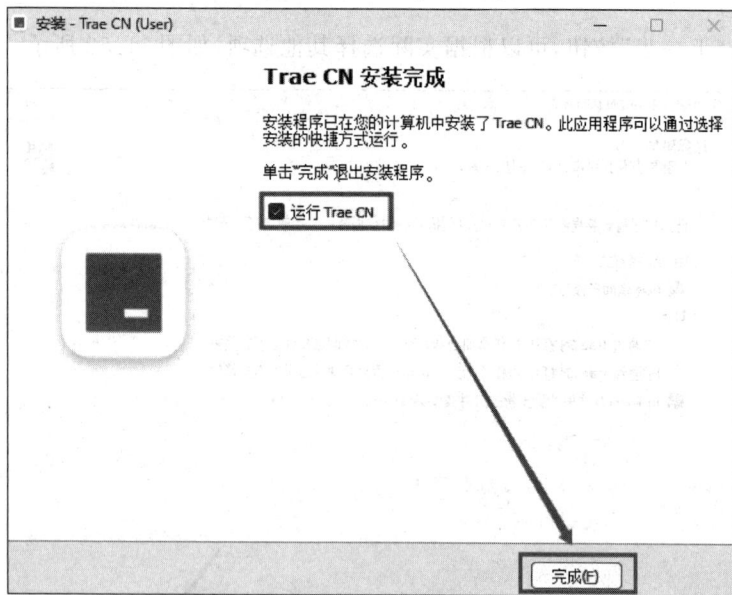

图 11.54　安装完成

3. Trae 初步使用教程

（1）Trae 的页面风格与 VS Code 较为相似，并且在初期设置的时候若本机装载 VS Code，可以直接复制 VS Code 上的插件配置，进行自动装载。安装完成后自动打开如图 11.55 所示界面，单击"开始"按钮即可。

图 11.55 Trae 初步运行界面

（2）选择个人习惯使用的主题，如图 11.56 所示。

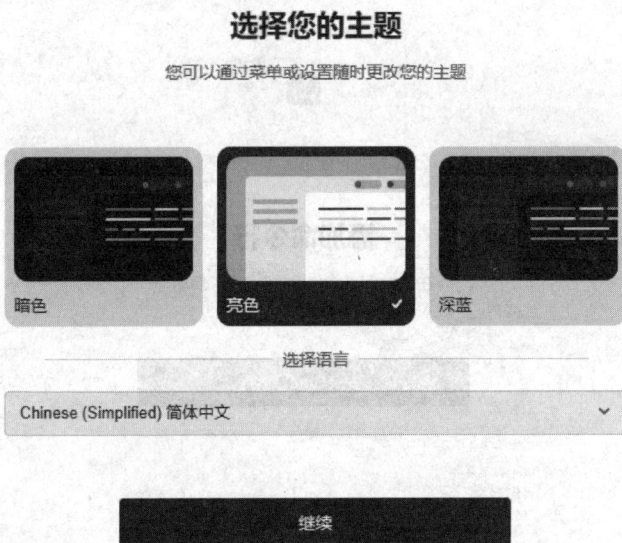

图 11.56 选择主题

（3）若想在 Trae 中正常运行 C 语言程序，必须按照上文的方式进行环境配置，后续直接通过"从 VS Code 导入"配置即可，如图 11.57 所示。若你的 VS Code 上配置数据较多,可能需要稍等片刻。

图 11.57　导入配置

（4）添加 Trae 相关的命令行后,你可以在终端使用命令行,从而更快速地完成 Trae 相关的操作。例如:

① 使用 trae 命令快速唤起 Trae。

② 使用 trae my-react-app 命令在 Trae 中打开一个项目。

单击"安装 `trae` 命令"按钮,如图 11.58 所示,然后完成授权流程。

图 11.58　添加命令行

（5）你需要登录 Trae 以使用 AI 能力,可以使用手机号码或者稀土掘金账号登录 Trae。完成登录之后,你才可以在 Trae 中使用 AI 服务,进入 IDE 界面,如图 11.59 所示。

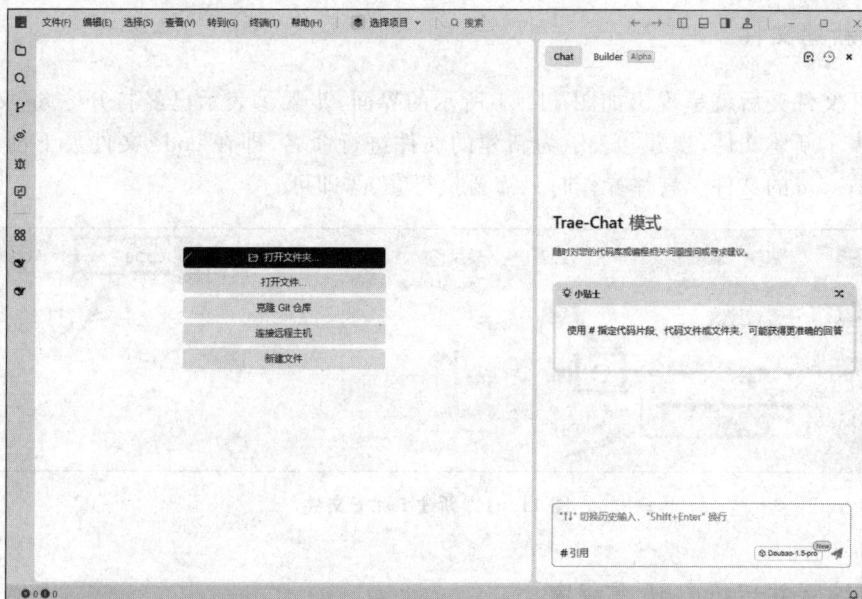

图 11.59　IDE 界面

11.4.3　在 Trae 上编写 C 语言代码并编译成功

1. 打开文件夹

在 Trae CN 上写代码前要先打开文件夹。在写代码前，要想清楚想把代码放在什么地方管理。比如，在 C 盘下创建一个 code 文件夹，把以后写的代码都管理在 code 目录下。

如图 11.60 所示，选择"资源管理器"→"打开文件夹"命令，选择要打开的文件夹 code。

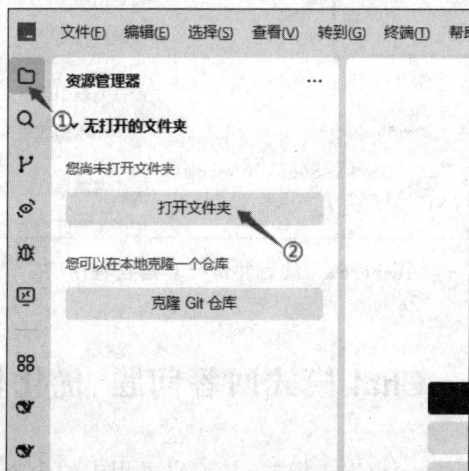

图 11.60　打开文件夹

2. 新建文件

打开文件夹后就呈现出如图 11.61 所示的界面，步骤①表示已经打开 code 文件夹，步骤②表示新建文件，步骤③表示为新建的文件进行命名，即在 code 文件夹下创建了一个名为 test.c 的文件。具体操作时只需要执行②、③即可。

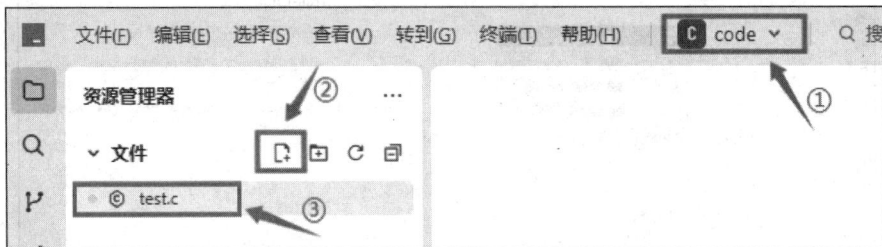

图 11.61　新建 test.c 文件

3. 编写并运行 C 语言程序

接下来就可以正常编写 C 语言程序了。编写完毕之后，右击，在弹出的快捷菜单中选择 Run Code 命令进行代码执行，如图 11.62 所示，执行结果会显示在下方"终端"里（如③所示）。

图 11.62　编写并运行 C 语言程序

11.4.4　利用 Trae-Chat 模式回答问题、优化代码

侧边对话（Trae 提供的一个 Chat 模式）是编码过程中的全能 AI 伙伴，可以用来回答编码问题、讲解代码仓库、生成代码片段、修复错误等。它可以对我们的代码或编程问题

进行提问。通过 Trae-Chat,可以极大地提升开发效率。

　　如图 11.63 所示,底层集成了三种内置模型,分别是 Doubao-1.5-pro、DeepSeek-V3 和 DeepSeek-V3-0324。注:图中的 DeepSeek-Reasoner(R1)是从 VS Code 配置中导入进来的。在下方对话框中输入用户的需求,按 Enter 键后 Chat 模式就会将参考信息以对话的形式呈现出来。

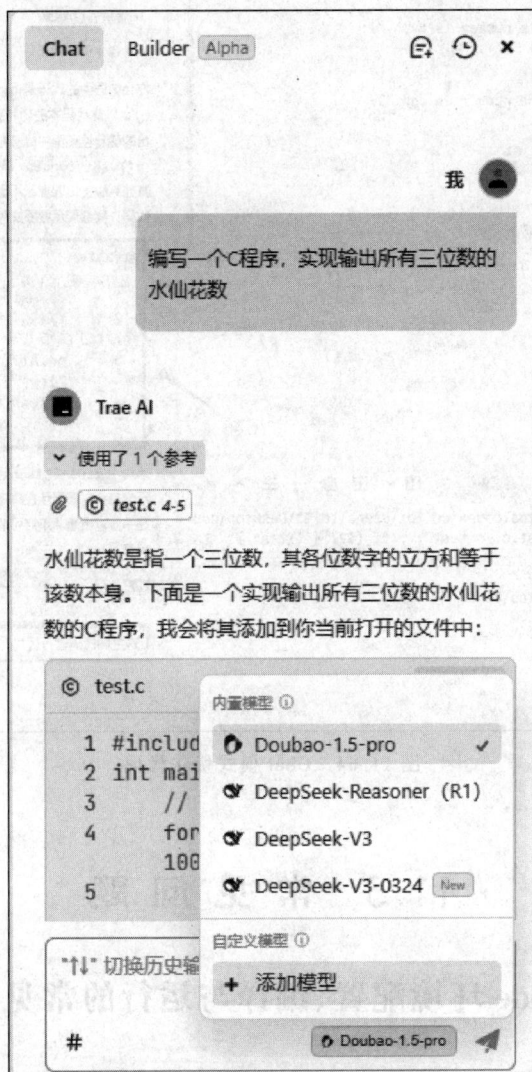

图 11.63　Chat 模式回答编码问题

　　Chat 模式还可以进行代码优化,如图 11.64 所示。图中左侧代码为判断输入数据的奇偶性,在对话框中进行需求描述,即输入"对左侧代码进行优化",按 Enter 键后,Chat 模式就会将优化完毕的代码显示出来。

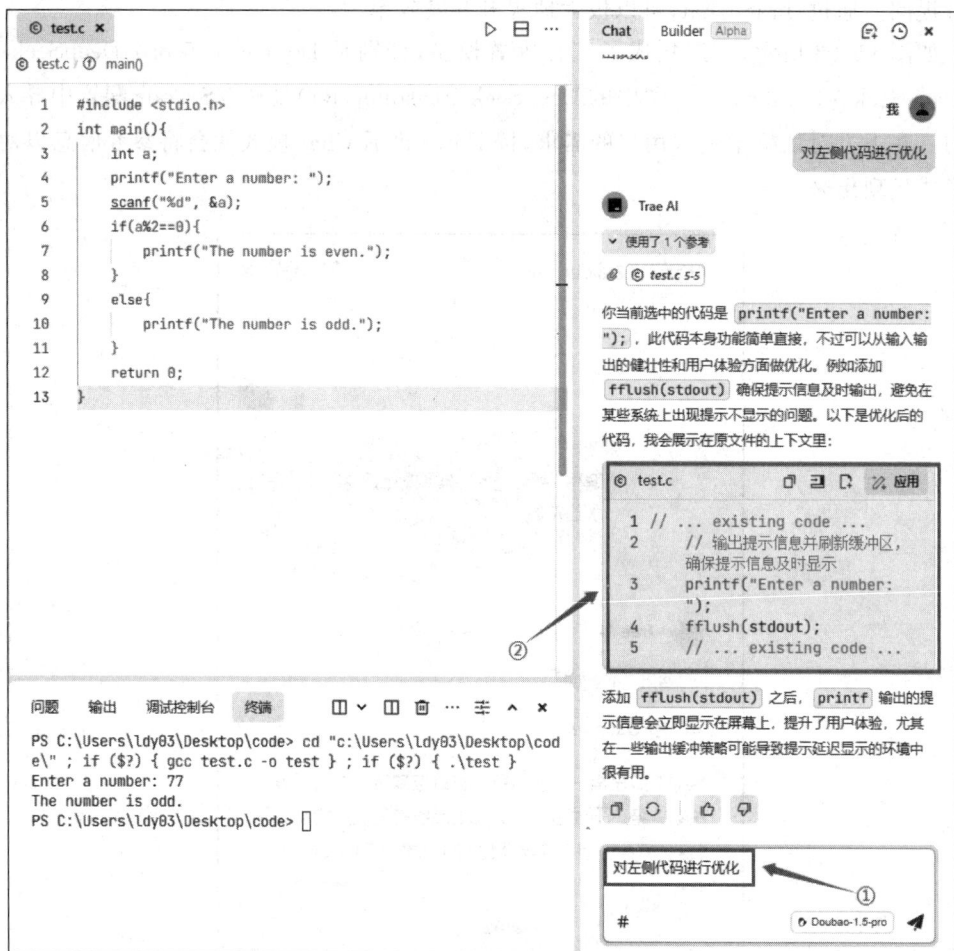

图 11.64　Chat 模式优化代码

11.5　常见问题

11.5.1　VS Code 环境配置、编译与运行的常见问题

1. 环境配置问题

1）插件未安装或配置错误

必须安装 C/C++ 插件（提供语法高亮、调试功能）和 Code Runner 插件（一键运行代码）。若需中文界面，可安装 Chinese(Simplified) 插件。

2）MinGW 配置异常

下载 MinGW-w64 并解压到非中文路径（如 D:\mingw64），将 bin 目录（如 D:\mingw64\

bin)添加到系统环境变量。

验证安装：在终端输入 gcc -v，若提示"无效命令"则环境变量未生效，需重启终端或系统。

2. 编译与运行问题

1)"gcc/g++未识别"报错

检查环境变量是否配置正确，重启 VS Code 或系统使配置生效。

2)终端输出中文乱码

原因：VS Code 终端默认使用 UTF-8 编码，而 Windows 系统终端(CMD/PowerShell)使用 GBK 编码。

解决方案：

(1)编译时添加参数 -fexec-charset＝GBK(仅适用于 GCC)。

(2)改用宽字符输出(如 wprintf(L"中文"))。

(3)直接将 VS Code 默认终端切换为 CMD。

11.5.2　VS Code 中接入本地部署 DeepSeek 服务的常见问题

在局域网其他计算机上，在 VS Code 中接入本地部署 DeepSeek 服务，若连接不成功，可能会出现的问题以及排查方案如下。

(1)网络连接不通畅。若想要在局域网其他计算机能连接上本地部署 DeepSeek 服务，两台机器必须在一个局域网内，必须能 ping 通才可以。

(2)没有配置 Ollama 环境变量，或环境变量的名字或者值配置得不对。注意：所有的标点符号都必须在英文状态下。

(3)配置好 Ollama 的环境变量之后，必须重新启动 Ollama 服务。如果不重新启动，会无法读取到配置的环境变量，就无法提供服务。

职业素养小故事

凌晨 3 点，李然盯着屏幕上的 C 语言代码，额头渗出冷汗。作为 DeepSeek 智能医疗项目组的实习生，他负责优化 CT 影像分析系统的内存管理模块。项目使用 C 语言开发，要求在高并发场景下确保零误差，而他的代码却在压力测试中导致数据溢出。

"内存泄露就像手术刀留在了患者体内。"导师的话突然在耳边响起。李然想起入职培训时，DeepSeek 工程师强调的职业信条："医疗 AI 容不得'差不多'的代码。"他重新翻开《C 陷阱与缺陷》，逐行检查指针操作，发现某处数组越界未被捕获——这个隐患在普通系统中可能被忽略，但在医疗场景下可能引发灾难性误诊。

李然用 Valgrind 工具反复调试了 48 小时，甚至将动态内存分配改为静态池管理。当他颤抖着手单击"重新编译"时，监控屏上的内存曲线终于平稳如直线。晨光中，系统通过 10 万次暴力测试,项目经理指着日志里的零错误记录感叹:"这就是职业工程师的自我修养。"

3 个月后,该系统在西部某三甲医院落地。看着自己写的 memory_pool. c 模块稳定处理着数千张肺炎影像,李然真正理解了 DeepSeek 技术守则中的那句话:"用 C 语言铸造的系统,承载的是生命的重量。"这段经历让他铭记,精湛的技术与严谨的职业态度,才是守护科技伦理的生命线。

第 11 章课后习题

第12章 C语言在人工智能领域的应用

12.1 人工智能概述

12.1.1 什么是人工智能

人工智能(artificial intelligence,AI)是指计算机系统所表现出的一种与人类智能相似的行为能力。这种行为包括学习、推理、规划、理解语言、感知环境、解决问题以及执行任务等,其目标是使计算机能够模拟人类的智能行为,从而提高效率和准确性。

人工智能是通过算法模拟人类智能的技术体系,其本质是对复杂模式的建模与优化。自1956年在达特茅斯会议上正式提出以来,人工智能的定义随着技术发展和研究深入不断演变。从本质上讲,人工智能是指通过分析其环境而具有一定程度的自主性行动,以实现特定目标而显示智能行为的系统。从符号逻辑到深度学习,AI不断突破人类认知边界,但距离真正的通用智能仍很远。

12.1.2 人工智能三大理论框架

人工智能(AI)领域的理论体系复杂多元,但其核心可归纳为三大主流理论框架:符号主义(Symbolism)、连接主义(Connectionism)和行为主义(Behaviorism)。这三种范式分别从逻辑推理、神经模拟与交互适应三个维度探索智能的本质,推动了AI技术的分化和融合。本文将从理论基础、技术路径、实践应用与局限性等方面,系统解析这三大框架的演化逻辑与内在关联。

1. 符号主义:基于逻辑的"理性智能"

符号主义源于认知科学与数学逻辑,其哲学基础可追溯至笛卡尔的"身心二元论"与莱布尼茨的"普遍符号语言"设想。该理论认为,智能的本质是对符号的逻辑操作,人类思维可通过形式化的规则系统模拟。

符号主义将智能视为对符号的操作与处理,认为人类智能的基本单元是符号,认知过程就是符号的运算过程。它从功能角度理解智能,把智能当作一个黑盒,通过"符号"抽象表示现实世界,利用逻辑推理和搜索模拟人类思考,不关注大脑神经网络结构或实际思考机制。

符号主义逻辑性和可解释性强,能清晰表达知识和推理过程,在法律、医疗等对可解释性要求高的领域更易被接受。符号主义也有一定的局限性,它处理复杂、模糊和不确定问题困难,现实世界很多信息难以用精确符号和规则表示,且规则制定和维护烦琐。

2. 连接主义:基于神经网络的"感知智能"

连接主义以生物学启发为根基,主张智能源于大量简单单元(神经元)的分布式连接与自适应学习。连接主义源于对人脑神经系统的仿生学研究,认为智能由大量简单神经元相互连接和信息传递产生。人工神经网络中的神经元通过权重和激活函数模拟人脑神经元信息传递和处理,实现对数据的学习和处理,从而展现智能行为。

连接主义具有强大的自学习和自适应能力,能从大量数据中自动学习特征和模式,处理复杂多变的问题,尤其在数据丰富的领域效果显著。但是它理论模型复杂,需要处理大量参数和进行复杂计算,对数据量和计算资源要求高。模型解释性相对较差,难以理解神经网络内部的决策过程和依据。

3. 行为主义:基于交互的"具身智能"

行为主义学派聚焦智能体与环境的动态交互,通过试错机制和强化信号优化决策策略。强化学习是该范式的典型方法,其核心是价值函数和策略迭代机制,如 AlphaGo 的自我对弈训练过程。这类方法在机器人控制、游戏 AI 等领域展现优势,能够处理动态变化的环境条件。其特点在于关注行为结果而非内部表征,但训练过程存在样本效率低、收敛速度慢等挑战。

12.1.3 图灵测试与人工智能

图灵测试由英国数学家图灵在 1950 年提出,其基本思想是通过人与机器的对话来判断机器是否具有智能。这一测试在人工智能发展历程中具有极其重要的地位。图灵测试的核心设计摒弃了对"意识"的形而上学争论,转而采用行为主义判定标准:如果机器能在文本对话中令 30% 的裁判误判其为人类,即通过测试。这种"黑箱化"的智能判定策略,巧妙绕过了笛卡儿式的心物二元论困境。技术实现层面包含三大要素:自然语言处理(理解与生成)、知识表示(构建领域知识库)、对话策略(模拟人类交流特征)。

图灵测试引发了人们对于人类智能本质的深入思考和激烈辩论。它促使我们去反思人类智能究竟包含哪些方面,以及如何准确地定义智能。在探讨机器是否能通过图灵测试的过程中,我们对自身的思维方式、语言运用以及知识储备等有了更清晰的认识,进而也为人工智能的发展提供了更多的思路和方向。

然而,图灵测试也存在一定的局限性。一方面,它过于简单,机器可能只是单纯地模仿人类的语言和行为模式,而并非真正拥有智能。比如,一些聊天机器人虽然在对话中能够给出看似合理的回答,但可能并不理解问题的真正含义,只是根据预设的算法和大量的数据进行匹配。另一方面,图灵测试忽略了人类智能的许多其他重要方面,如感知、情感和意识等。人类具有丰富的感知能力,能通过视觉、听觉、触觉等多种方式感受世界,还拥有复杂的情感和自我意识,这些都是目前的人工智能很难完全具备的。

尽管图灵测试存在诸多不足,但它在人工智能发展的历史长河中依然有着不可磨灭的功绩。它是人工智能发展的一个重要里程碑,为后续的研究和实践提供了宝贵的经验和启示。在未来,我们需要在图灵测试的基础上不断探索和创新,寻找更加科学合理的方法来评估和推动人工智能的发展,使其更好地服务于人类社会。

12.2　人工智能基础

12.2.1　机器学习

机器学习是一门多领域交叉学科,涉及概率论、统计学、微积分、代数学、算法复杂度理论等众多学科门类,它是实现人工智能的主要方法,通过让机器学习数据中的内在规律性信息,从而获得新的经验和知识,以提高和改善系统自身的性能,使计算机能够像人一样进行决策。

1. 机器学习的定义

机器学习的本质在于利用合适的特征和正确的方法构建特定模型,以完成预测、分类、聚类等特定任务。汤姆·米切尔在其 1997 年出版的著作中给出了一个更为形式化的定义:"假设用 P 来评估一个计算机程序在某个特定任务 T 上的表现,如果一个程序通过利用经验 E 在 T 上获得了性能提升,那么我们就说这个程序从经验 E 中学习到了东西。"简单来说,机器学习就是让计算机从数据中学习并不断改进自身性能的过程。

从应用的视角来看,机器学习致力于研究如何通过计算的手段,利用经验来改善系统自身的性能。在计算机系统中,"经验"通常以"数据"形式存在,因此,机器学习所研究的主要内容,是关于在计算机上从数据中产生"模型"的算法,即"学习算法"。有了学习算法,我们把经验数据提供给它,它就能基于这些数据产生模型;在面对新的情况时,模型会给我们提供相应的判断。

2. 机器学习的分类

(1)监督学习:使用标签好的数据集训练模型,数据集中包含输入和对应的输出标签。例如,在预测房价的任务中,训练数据集中会有房屋的面积、房间数量等特征作为输入,以及相应的实际房价作为输出标签。常见的监督学习算法包括线性回归、逻辑回归、决策树、支持向量机等。

(2)无监督学习:使用未标签的数据集训练模型,算法需要从数据本身发现潜在规律。比如,对客户进行聚类分析,根据客户的消费行为等特征将客户分为不同的群体,但事先并不知道这些群体的具体类别。常见的无监督学习算法有 K 均值聚类、主成分分析等。

(3)半监督学习:使用部分标签的数据集训练模型,结合了监督学习和无监督学习的特点,在数据标记成本较高但又有一定标记数据的情况下较为常用。

(4)强化学习:系统和外界环境不断交互,根据外界反馈决定自身行为,以达到目标的最优化。例如,阿尔法围棋通过与对手不断对弈,根据胜负结果来调整自己的下棋策略,从而提高获胜的概率。

（5）元学习：学习如何学习,旨在让模型能够快速适应新的任务和数据集,提高学习效率。

3. 机器学习的核心概念

（1）训练集与测试集。训练集是用于训练机器学习模型的数据集,它包含了输入和输出的对应关系,模型通过对训练集的学习来调整自身的参数。测试集则是用于评估模型性能的数据集,它不被用于训练模型。通过在测试集上评估模型的性能,可以判断模型是否过拟合或欠拟合,以及模型在新数据上的泛化能力。

（2）特征选择与特征工程。特征是机器学习模型中的变量,用于描述数据。特征选择是选择最有价值的特征以提高模型性能的过程,而特征工程则是创建新的特征或修改现有特征以提高模型性能的过程。良好的特征选择和特征工程可以提高模型的准确性和泛化能力。

（3）过拟合与欠拟合。过拟合是指机器学习模型在训练数据上表现良好,但在新数据上表现较差的现象,这是因为模型过于复杂,对训练数据的噪声或异常情况过于敏感。欠拟合则是指机器学习模型在训练数据和新数据上表现均较差的现象,这是因为模型过于简单,无法捕捉到数据的关键特征。

机器学习是一个充满活力和潜力的领域,随着技术的不断进步,它将在更多的领域发挥重要作用,为人类社会的发展和进步作出更大的贡献。

12.2.2 神经网络

神经网络是一种模仿生物大脑神经元结构和工作方式的计算模型,由大量相互连接的神经元组成,这些神经元通过连接和激活函数实现信息处理和传递。其基本原理是通过对输入数据进行多次迭代计算,逐步逼近最佳预测结果,从而学习从输入到输出的映射关系。

1. 神经网络的基本结构

（1）输入层：负责接收输入数据,通常以向量或矩阵形式表示,是神经网络与外部数据的接口。

（2）隐藏层：位于输入层和输出层之间,可以有一层或多层。隐藏层的神经元接收输入层信息并进行处理,通过激活函数对数据进行非线性变换,从而提取数据的特征和模式。

（3）输出层：生成最终的预测结果或决策,其神经元根据隐藏层的输出计算出相应的输出值。

2．核心概念

（1）神经元：神经网络的基本单元，可接收输入信号，经处理后输出结果。神经元通过权重和偏置参数来表示其连接力度和输出偏差。

（2）权重和偏置：权重表示神经元之间连接的强度，偏置则是神经元的基础输出。它们通过训练不断调整，以最小化预测错误。

（3）激活函数：决定神经元的输出值，常见的有 Sigmoid 函数、Tanh 函数和 ReLU 函数等。激活函数的引入使得神经网络能够处理非线性问题。

（4）损失函数：用于衡量模型预测与实际结果之间的差异，常见的如均方误差（MSE）、交叉熵损失（cross-entropy loss）等，其目标是最小化预测错误，提高模型预测准确性。

3．卷积神经网络

卷积神经网络（convolutional neural networks，CNN）是一种深度学习模型，在图像识别、目标检测、图像分割等计算机视觉领域取得了巨大成功，也在语音识别、自然语言处理等其他领域有着广泛应用。

卷积神经网络的基本结构由输入层、卷积层（convolutional layer）、池化层（pooling layer）、全连接层（fully connected layer）、输出层组成。

1）输入层

输入层是卷积神经网络接收数据的入口，通常接收的是图像数据，其数据格式一般为多维数组。例如，二维的灰度图像可以表示为一个二维数组，而彩色图像则通常表示为一个三维数组，其中第三维代表不同的颜色通道，如 RGB 图像就有红、绿、蓝三个通道。

2）卷积层

卷积层是 CNN 的核心部分，用于从输入图像中提取特征。其核心概念是卷积，每个神经元都有一个滤波器，它是一种权重矩阵，通过对输入图像的局部区域进行加权求和来捕捉不同层次的特征，如边缘、纹理、颜色等。卷积操作可以看作对输入图像的局部特征进行提取，不同的滤波器能捕捉到不同的特征。常见的卷积参数包括卷积核大小、步长、填充和输入/输出通道等。例如，常见的卷积核大小在二维中可为 3×3 像素矩阵；步长定义了卷积核在遍历图像时的移动步长，默认值通常为 1；填充则用于处理样本边界，以保持卷积操作输出尺寸与输入尺寸的关系。

3）池化层

池化层主要用于降维和减少计算量，其核心概念是下采样。通过池化操作可以减少输入图像的尺寸，同时保留其主要特征。常见的池化方式有最大池化和平均池化：最大池化是选择输入区域中的最大值作为输出，平均池化则是选择输入区域的平均值作为输出。

4）全连接层

全连接层用于进行分类任务，其核心概念是多层感知器。全连接层中的每个神经元都有一个权重向量，用于对输入特征进行线性组合，然后通过一个激活函数进行非线性变换,从而将输入特征映射到输出分类。

5) 输出层

输出层根据具体的任务产生相应的输出。例如,在图像分类任务中,输出层的神经元数量通常等于类别数量,每个神经元的输出值代表输入图像属于该类别的概率；在回归任务中,输出层则直接输出预测的数值。

在实际应用中,卷积层和池化层一般会交替连接多个,形成一个深度的网络结构,以逐步提取更抽象、更高级的图像特征。高层特征再经过全连接层和输出层进行特征分类或回归,从而实现对输入图像的各种处理任务,如识别图像中的物体、对图像进行语义分割等。

4. 循环神经网络

循环神经网络(recurrent neural network,RNN)是一类以序列数据为输入,在序列的演进方向进行递归且所有节点(循环单元)按链式连接的递归神经网络。循环神经网络是专门处理序列数据(如文本、语音、时间序列)的核心深度学习模型。其核心特点是循环连接(recurrent connection),允许信息在时间步之间传递,从而捕捉序列中的动态模式和长期依赖关系。

RNN 由输入层、输出层和隐藏层组成,每层有时间反馈循环。在每个时间步,输入数据和上一个时间步的隐藏状态一起作为当前时间步隐藏层的输入,经过计算得到当前时间步的隐藏状态,然后通过输出层得到输出结果。

RNN 的核心是其能够处理序列数据中的长期依赖关系。在每个时间步中,输入数据和上一个时间步的输出会被送入循环单元进行计算,得到当前时间步的输出结果。其具有记忆更新的特性,即由上一时刻的隐含状态和本时刻的输入来共同更新新的记忆,从而可以根据之前的信息对当前的输出产生影响。例如,在处理自然语言时,它可以根据句子中前面的词语来理解后面词语的含义和概率分布。

5. 生成对抗网络

生成对抗网络(generative adversarial networks,GAN)是一种深度学习模型,由生成器(generator)和判别器(discriminator)两个主要部分组成。其核心思想源于博弈论中的零和博弈,通过两者的对抗训练来不断提升生成器的生成能力,使其能够生成逼真的数据。

生成器的任务是接收随机噪声信号作为输入,并尝试生成与真实数据相似的内容,如图像、文本、音频等。判别器则负责判断给定的数据是来自真实数据集还是由生成器生成的。在训练过程中,生成器努力生成能够骗过判别器的数据,而判别器则不断提高自己辨别真伪的能力。

GAN 通过生成器与判别器的对抗博弈,开创了数据生成的新范式。尽管面临模式崩溃、训练不稳定等挑战,但其变体在图像合成、跨模态生成等领域展现了强大潜力。未来,随着扩散模型等新技术的竞争,GAN 或将继续演化,成为多模态生成生态的重要组成部分。

12.2.3　自然语言处理

自然语言处理(natural language processing,NLP)是计算机科学、人工智能和语言学的交叉领域,致力于使计算机能够理解、解释、生成和与人类进行自然语言交流。它的出现源于人们希望计算机能像人类一样理解和处理自然语言,从而实现更智能、高效的人机交互。随着互联网的发展和数据量的爆炸式增长,NLP 变得越发重要,它能帮助人们从海量的文本和语音数据中提取有价值的信息,实现信息的自动化处理和分析。

自然语言处理包括以下方面的核心技术和任务。

(1) 文本处理与分析:包括分词、词性标注、句法分析等。分词是将文本切分成有意义的词语;词性标注为每个词语确定其在句子中的词性;句法分析则关注句子的结构,分析词语之间的语法关系,为语义理解奠定基础。

(2) 语义理解:NLP 的核心环节之一,旨在让计算机理解语言中的含义,包括对上下文的理解、歧义消解以及对隐含信息的挖掘等,使计算机能够更好地理解人类的表达方式。

(3) 自然语言生成:根据给定的信息或意图,自动生成自然语言文本,如文章写作、对话生成等。

(4) 语音识别与合成:语音识别是将口头语言转换成文本;而语音合成则是将文本转换成口头语言,实现人机之间的语音交互。

(5) 机器翻译:实现不同语言之间的自动翻译,需要计算机对源语言的文本进行深入的语义理解,然后生成目标语言的对应文本,涉及跨语言的信息传递和语境适应。

(6) 情感分析:通过分析文本中的情感色彩,了解人们对特定事物或主题的态度,可应用于社交媒体监测、用户反馈分析等领域。

(7) 问答系统:使计算机能够理解用户提出的问题,并以自然语言方式给出准确回答,需要综合运用文本处理、语义理解和知识表示等技术。

12.2.4　计算机视觉

计算机视觉专注于使计算机和系统能够从图像、视频等视觉输入中提取有意义的信息,并据此进行决策或提供建议。它是一门研究如何使机器"看"的科学,即用摄影机和计算机代替人眼对目标进行识别、跟踪和测量等机器视觉,并进一步做图形处理,使计算机处理成为更适合人眼观察或传送给仪器检测的图像。

计算机视觉前沿探索聚焦于脉冲神经网络模拟生物视觉机制,神经符号系统实现可解释推理,物理引擎增强视觉常识理解。计算机视觉的主要任务包括目标检测与识别、图像分类、目标跟踪、场景理解和三维重建。

(1) 目标检测与识别:确定图像或视频中目标的位置,并识别出目标的类别,如在交通场景中检测出车辆、行人、交通标志等。

(2) 图像分类:将图像划分到不同的类别中,如区分风景照片、人物照片、动物照片等。

（3）目标跟踪：在视频中持续跟踪目标的位置和运动状态，常用于监控、自动驾驶等领域。

（4）场景理解：理解图像或视频所呈现的场景内容，包括场景的布局、物体之间的关系等。

（5）三维重建：通过二维图像重建出三维场景，获取物体的深度信息和空间结构。

计算机视觉正从"感知智能"向"认知智能"跨越。当机器不仅能识别图像中的猫，还能理解"猫正在追激光点"的场景语义时，真正的视觉智能将带来颠覆性变革。全球计算机视觉市场规模日益扩大，赋能各种智能制造场景。这项技术不仅是人工智能的感官延伸，更将成为构建数字孪生世界的视觉基座，在虚实融合的时代重新定义"看见"的价值。

12.2.5　专家系统

专家系统(expert system,ES)是人工智能领域的一个重要分支，旨在通过模拟人类专家的决策过程，解决特定领域内的复杂问题。专家系统结合了知识工程、规则推理和符号逻辑，广泛应用于医疗诊断、金融分析、工业控制等领域。尽管近年来深度学习和大数据技术崛起，专家系统在可解释性和知识密集型任务中仍具有独特优势。

从发展历程来看，专家系统的历史可以追溯到 20 世纪 60 年代初。1968 年，人工智能学者爱德华·费根鲍姆等研制出世界上第一个专家系统 Dendral，开启了专家系统的先河。此后，经过不断的发展与迭代，专家系统逐渐从单学科专业性应用型系统发展为多学科综合性系统，乃至如今具有多知识库、多主体的第四代专家系统。

专家系统的核心组成部分是知识库和推理机。知识库中存储着某一特定领域内人类专家的知识，这些知识是专家系统解决问题的基础。而推理机则能够根据用户提供的信息，运用知识库中的知识和规则进行推理和判断，从而得出结论。例如，在医疗领域，专家系统可以根据患者的症状和病史，在知识库中查找相关疾病的知识和诊断规则，通过推理机的分析，辅助医生进行疾病诊断和治疗方案制订。

专家系统的核心优势在于其可解释性决策和知识传承价值，这点在强调透明度的医疗、金融领域尤为重要。但知识获取的"瓶颈效应"仍然存在，构建完备知识库往往需要 $800\sim1500$ 人日的专家协作。最新发展趋势显示：深度知识图谱技术使知识库规模突破百万实体级，强化学习算法赋予系统自适应优化能力，与物联网结合后形成实时决策闭环。未来，认知计算与专家系统的融合将催生新一代认知顾问系统，在复杂决策支持场景发挥更大作用。

在数字化转型浪潮中，专家系统正从"替代专家"向"增强智能"方向演进。当知识工程与深度学习、大数据技术深度耦合，这种融合人类智慧与机器效率的智能形态，将在更多需要专业判断的领域创造价值。其发展不仅关乎技术进步，更是人类拓展认知边界、构建人机协同新范式的重要实践。

专家系统通过模拟人类专家的推理过程，在特定领域内提供了高效、透明的决策支持。尽管面临知识获取与维护的挑战，其可解释性与知识密集型任务中的优势使其在现代 AI 生态中仍占有一席之地。未来,随着神经符号系统与知识图谱技术的发展,专家系统有望在更广泛的场景中焕发新生。

12.3　人工智能领域中的 C 语言应用

12.3.1　使用 C 语言实现线性回归模型

虽然机器学习通常使用 Python 等高级语言,但底层算法(如矩阵运算、梯度下降)常由 C/C++实现。C 语言以其高效的执行速度著称。线性回归模型在处理大规模数据集时,需要进行大量的数值计算,如矩阵运算、求和、求平均值等。C 语言的底层特性使得它能够直接操作内存,减少了不必要的开销。与其他高级语言相比,C 语言可以更快速地完成这些计算任务,尤其是在处理高维数据时,其优势更加明显。

本例使用 C 语言实现一个简单的线性回归模型,用于预测房价(基于虚构的房屋面积与价格数据集)。

【例 12-1】　房屋价格预测系统。

1. 数据说明(虚构数据集)

```
//房屋面积(平方米),价格(万元)
{ 80, 320 },                      //80m² ,320 万
{ 95, 385 },                      //95m² ,385 万
{ 120, 470 },                     //120m² ,470 万
{ 60, 280 },                      //60m² ,280 万
{ 150, 550 }                      //150m² ,550 万
```

2. 代码实现

```c
#include <stdio.h>
#include <stdlib.h>
#include <math.h>
//数据结构定义
typedef struct {
    double area;                  //特征(房屋面积)
    double price;                 //标签(房屋价格)
} HouseData;
typedef struct {
    double slope;                 //θ1(面积系数)
    double intercept;             //θ0(截距)
} LinearModel;
//特征标准化(Z-score 标准化)
void feature_scaling(HouseData * data, int size) {
    double sum = 0, mean, std_dev = 0;
    //计算均值
```

305

```
        for(int i=0; i<size; i++) sum += data[i].area;
        mean = sum / size;
        //计算标准差
        for(int i=0; i<size; i++)
            std_dev += pow(data[i].area - mean, 2);
        std_dev = sqrt(std_dev/size);
        //执行标准化
        for(int i=0; i<size; i++)
            data[i].area = (data[i].area - mean)/std_dev;
    }
//训练线性回归模型
LinearModel train_model(HouseData * data, int size, double alpha, int epochs) {
    LinearModel model = {0, 0};

    for(int epoch=0; epoch<epochs; epoch++) {
        double grad_slope = 0, grad_intercept = 0;
        //计算梯度
        for(int i=0; i<size; i++) {
            double predict = model.slope * data[i].area + model.intercept;
            double error = predict - data[i].price;
            grad_slope += error * data[i].area;
            grad_intercept += error;
        }
        //更新参数
        model.slope -= (alpha/size) * grad_slope;
        model.intercept -= (alpha/size) * grad_intercept;
        //每100次输出损失值
        if(epoch%100 == 0) {
            double loss = 0;
            for(int i=0; i<size; i++)
                loss += pow(model.slope * data[i].area + model.intercept - data[i].price, 2);
            printf("Epoch %4d | Loss: %.2f\n", epoch, loss/(2 * size));
        }
    }

    return model;
}
int main() {
    //初始化数据集
    HouseData dataset[] = {
        {80, 320}, {95, 385}, {120, 470}, {60, 280}, {150, 550}
    };
    int data_size = sizeof(dataset)/sizeof(dataset[0]);
    //数据预处理
    feature_scaling(dataset, data_size);
    //训练参数设置
    double learning_rate = 0.1;
    int training_epochs = 1000;
    //训练模型
    LinearModel model = train_model(dataset, data_size, learning_rate, training_epochs);
```

```
    //输出模型参数
    printf("\nTrained Model: price = %.2f * area + %.2f\n", model.slope, model.
intercept);
    //预测新数据
    double new_area = 100;              //预测 100 平方米房屋价格
    double normalized_area = (new_area - 101)/35.44;       //逆标准化计算(根据实际均值和
标准差)
    double predicted_price = model.slope * normalized_area + model.intercept;
    printf("Predicted price for 100m²: %.2f 万元\n", predicted_price);
    return 0;
}
```

运行结果:

```
Epoch    0   | Loss: 69054.11
Epoch  100   | Loss: 40.44
Epoch  200   | Loss: 40.44
Epoch  300   | Loss: 40.44
Epoch  400   | Loss: 40.44
Epoch  500   | Loss: 40.44
Epoch  600   | Loss: 40.44
Epoch  700   | Loss: 40.44
Epoch  800   | Loss: 40.44
Epoch  900   | Loss: 40.44

Trained Model: price = 98.00 * area + 401.00
Predicted price for 100m²: 398.23万元
_____

Process exited after 0.09574 seconds with return value 0
```

3. 关键代码解析

1) 特征标准化(第 19~33 行)

(1) 数学原理:

$$x' = (x - \mu)/\sigma$$

(2) 作用:消除量纲差异,加速梯度下降收敛。

(3) 实现步骤:

① 计算特征均值 μ。

② 计算标准差 σ。

③ 对每个特征值执行标准化。

2) 梯度下降核心算法(第 36~57 行)

(1) 参数更新公式:

$$\theta 1 := \theta 1 - \alpha * (1/m) * \sum(h\theta(x) - y) * x$$
$$\theta 0 := \theta 0 - \alpha * (1/m) * \sum(h\theta(x) - y)$$

(2) 实现细节:

① 使用批量梯度下降(BGD)算法。

② 每次迭代遍历全部数据。

③ 计算损失函数值用于监控训练过程。

307

3）预测流程（第74～77行）

（1）逆标准化：将输入特征还原到原始数据分布。

（2）预测公式：

price = θ1 * area + θ0

4）主函数

（1）初始化数据集：定义了5个房屋的数据，包括面积和价格。

（2）数据预处理：调用 feature_scaling() 函数对房屋面积进行标准化。

（3）训练参数设置：设定学习率为0.1，训练轮数为1000。

（4）训练模型：调用 train_model() 函数训练模型，并输出最终的模型参数。

（5）预测新数据：对一个房屋进行价格预测。首先需要对新数据进行标准化处理（使用训练数据的均值和标准差），然后利用训练好的模型进行预测。

该例题通过梯度下降算法实现了线性回归模型的训练，并能够对新的房屋面积进行价格预测。代码的关键点在于数据的标准化、模型参数的更新以及损失值的计算。

12.3.2　使用C语言实现神经网络

C语言是一种编译型语言，它生成的机器码可以直接在计算机硬件上高效执行。在神经网络中，尤其是处理大规模数据集和复杂模型时，计算量巨大，C语言能够充分发挥硬件的性能，实现快速的前向传播和反向传播计算。例如，在进行矩阵乘法等核心运算时，C语言可以通过优化的代码结构和算法，减少不必要的开销，提高计算速度。

C语言允许程序员直接控制内存的分配和释放，这对于神经网络的实现非常重要。神经网络通常需要处理大量的数据，如输入数据、权重矩阵、偏置向量等，合理的内存管理可以避免内存泄漏和浪费，提高内存的使用效率。例如，在训练大型神经网络时，可以根据实际需求动态分配和释放内存，确保系统资源的有效利用。

C语言提供了丰富的编程结构和语法，开发人员可以根据具体的需求自定义神经网络的结构和算法。可以灵活地选择激活函数、优化算法和损失函数，实现各种类型的神经网络，如多层感知机、卷积神经网络和循环神经网络等。这种高度的自定义性使得C语言在研究和开发新的神经网络架构和算法时具有很大的优势。

在 Python 和深度学习大行其道的今天，使用C语言实现神经网络似乎显得有些"复古"。然而，这种看似传统的选择会在特定场景下展现出独特的价值。从嵌入式设备到高频交易系统，C语言构建的神经网络凭借其底层控制能力和高效执行特性，依然在人工智能领域占据着不可替代的生态位。

【例12-2】　三层全连接神经网络（输入层—隐藏层—输出层）。

1. 功能描述

（1）神经网络结构的内存管理。

（2）前向传播计算。

（3）反向传播训练。

（4）使用 Sigmoid 激活函数。

（5）基于均方误差的梯度下降优化。

2. 代码实现

```
#include <stdio.h>
#include <stdlib.h>
#include <math.h>
#include <time.h>
/*
```

（1）功能：定义了神经网络的参数结构，包含输入层、隐藏层和输出层的大小，以及对应的权重矩阵和偏置向量。

（2）Ｃ语言知识点：结构体嵌套、指针数组（二维数组实现）。

```
*/
typedef struct {
    int input_size;                    //输入层神经元数
    int hidden_size;                   //隐藏层神经元数
    int output_size;                   //输出层神经元数
    double ** w1;                      //输入层→隐藏层权重矩阵[hidden_size][input_size]
    double ** w2;                      //隐藏层→输出层权重矩阵[output_size][hidden_size]
    double * b1;                       //隐藏层偏置向量[hidden_size]
    double * b2;                       //输出层偏置向量[output_size]
} NeuralNetwork;
/*
```

（1）功能：将线性计算结果转换为非线性输出（0～1 内），导数用于反向传播。

（2）Ｃ语言知识点：数学库函数 exp() 的使用。

```
*/
//Sigmoid 激活函数
double sigmoid(double x) {
    return 1.0 / (1.0 + exp(-x));
}
//Sigmoid 导数
double sigmoid_deriv(double x) {
    return x * (1 - x);
}
/*
```

（1）关键逻辑：初始化神经网络，包括分配内存给权重矩阵和偏置向量，并随机初始化权重以打破对称性，避免神经元死亡。

（2）Ｃ语言知识点：动态内存分配[malloc()]、二维数组指针操作、类型转换。

```
*/
//初始化神经网络
NeuralNetwork * create_network(int in, int hid, int out) {
    NeuralNetwork * net = (NeuralNetwork * )malloc(sizeof(NeuralNetwork));
```

```
        net-> input_size = in;
        net-> hidden_size = hid;
        net-> output_size = out;
        //权重矩阵初始化
        net-> w1 = (double **)malloc(hid * sizeof(double *));
        net-> w2 = (double **) malloc(out * sizeof(double *));
        for(int i = 0; i < hid; i++) {
            net-> w1[i] = (double *) malloc(in * sizeof(double));
            for(int j = 0; j < in; j++)
                net-> w1[i][j] = (double)rand() / RAND_MAX - 0.5;
        }
        for(int i = 0; i < out; i++) {
            net-> w2[i] = (double *) malloc(hid * sizeof(double));
            for(int j = 0; j < hid; j++)
                net-> w2[i][j] = (double)rand() / RAND_MAX - 0.5;
        }
        //偏置初始化
        net-> b1 = (double *) malloc(hid * sizeof(double));
        net-> b2 = (double *) malloc(out * sizeof(double));
        for(int i = 0; i < hid; i++) net-> b1[i] = 0.1;
        for(int i = 0; i < out; i++) net-> b2[i] = 0.1;
        return net;
}
//释放神经网络内存
void free_network(NeuralNetwork * net) {
        for(int i = 0; i < net-> hidden_size; i++) {
            free(net-> w1[i]);
        }
        for(int i = 0; i < net-> output_size; i++)
{
            free(net-> w2[i]);
        }
        free(net-> w1);
        free(net-> w2);
        free(net-> b1);
        free(net-> b2);
        free(net);
}
/*
```

（1）核心操作：矩阵乘法（点积）+ 激活函数。

（2）C 语言知识点：内存管理（及时释放中间变量）、函数返回动态分配内存。

```
*/
//前向传播
double * forward(NeuralNetwork * net, double * input) {
        //隐藏层计算
        double * hidden = (double *) malloc(net-> hidden_size * sizeof(double));
        for(int i = 0; i < net-> hidden_size; i++)
        {
```

```
        hidden[i] = 0;
        for(int j = 0; j < net-> input_size; j++)
            hidden[i] += net-> w1[i][j] * input[j];
        hidden[i] = sigmoid(hidden[i] + net-> b1[i]);
    }
    //输出层计算
    double * output =(double * ) malloc(net-> output_size * sizeof(double));
    for(int i = 0; i < net-> output_size; i++) {
        output[i] = 0;
        for(int j = 0; j < net-> hidden_size; j++)
            output[i] += net-> w2[i][j] * hidden[j];
        output[i] = sigmoid(output[i] + net-> b2[i]);
    }

    free(hidden);
    return output;
}
/ *
```

(1) 数学原理：链式法则＋梯度下降。

(2) Ｃ语言知识点：双重循环实现矩阵运算、内存泄露防范。

```
 * /
//反向传播训练
void train(NeuralNetwork * net, double * input, double * target, double lr) {
    //前向传播
    double * hidden =(double * ) malloc(net-> hidden_size * sizeof(double));
    for(int i = 0; i < net-> hidden_size; i++) {
        hidden[i] = 0;
        for(int j = 0; j < net-> input_size; j++)
            hidden[i] += net-> w1[i][j] * input[j];
        hidden[i] = sigmoid(hidden[i] + net-> b1[i]);
    }
    double * output = (double * ) malloc(net-> output_size * sizeof(double));
    for(int i = 0; i < net-> output_size; i++) {
        output[i] = 0;
        for(int j = 0; j < net-> hidden_size; j++)
            output[i] += net-> w2[i][j] * hidden[j];
        output[i] = sigmoid(output[i] + net-> b2[i]);
    }
    //计算输出层梯度
    double * output_error =(double * ) malloc(net-> output_size * sizeof(double));
    for(int i = 0; i < net-> output_size; i++)
    {
        output_error[i] = (output[i] - target[i]) * sigmoid_deriv(output[i]);
    }
    //计算隐藏层梯度
    double * hidden_error = (double * ) malloc(net-> hidden_size * sizeof(double));
    for(int i = 0; i < net-> hidden_size; i++)
    {
```

```
        double error_sum = 0;
        for(int j = 0; j < net->output_size; j++)
            error_sum += net->w2[j][i] * output_error[j];
        hidden_error[i] = error_sum * sigmoid_deriv(hidden[i]);
    }
    //更新权重和偏置
    //更新 w2
    for(int i = 0; i < net->output_size; i++) {
        for(int j = 0; j < net->hidden_size; j++) {
            net->w2[i][j] -= lr * output_error[i] * hidden[j];
        }
        net->b2[i] -= lr * output_error[i];
    }
    //更新 w1
    for(int i = 0; i < net->hidden_size; i++) {
        for(int j = 0; j < net->input_size; j++) {
            net->w1[i][j] -= lr * hidden_error[i] * input[j];
        }
        net->b1[i] -= lr * hidden_error[i];
    }
    //释放内存
    free(hidden);
    free(output);
    free(output_error);
    free(hidden_error);
}
/*
```

（1）训练逻辑：固定学习率的批量梯度下降。

（2）C 语言知识点：命令行输出格式化[printf()]、模块化设计。

```
*/
//主函数(训练流程示例)
int main() {
    srand(time(NULL));
    //创建网络：输入层为 784(28×28)，隐藏层为 128，输出层为 10
    NeuralNetwork * net = create_network(784, 128, 10);
    //模拟训练数据(实际应从文件读取)
    double input[784] = {0};
    double target[10] = {0,0,1,0,0,0,0,0,0,0};        //标签"2"
    //训练循环
    for(int epoch = 0; epoch < 1000; epoch++) {
        train(net, input, target, 0.01);
        //每 100 次输出损失
        if(epoch % 100 == 0) {
            double * output = forward(net, input);
            double loss = 0;
            for(int i = 0; i < 10; i++)
                loss += pow(output[i] - target[i], 2);
            printf("Epoch %d | Loss: %.4f\n", epoch, loss / 10);
```

```
            free(output);
        }
    }
    //预测示例
    double * result = forward(net, input);
    printf("Prediction: ");
    for(int i = 0; i < 10; i++) printf("%.2f ", result[i]);
    printf("\n");
    //释放内存
    free(result);
    free_network(net);
    return 0;
}
```

运行结果：

```
Epoch 0    | Loss: 0.1294
Epoch 100  | Loss: 0.1294
Epoch 200  | Loss: 0.1256
Epoch 300  | Loss: 0.1256
Epoch 400  | Loss: 0.1256
Epoch 500  | Loss: 0.1256
Epoch 600  | Loss: 0.1231
Epoch 700  | Loss: 0.1231
Epoch 800  | Loss: 0.1202
Epoch 900  | Loss: 0.1202
Prediction: 0.15 0.36 0.58 0.17 0.75 0.17 0.05 0.18 0.32 0.29

Process exited after 0.6205 seconds with return value 0
```

该代码完整地实现了神经网络的基本功能，包括结构定义、初始化、前向传播、反向传播和训练过程。通过这些步骤，可以训练一个简单的神经网络来完成分类任务。该实现通过 C 语言的底层特性，完整展示了神经网络的核心原理，适合用于理解机器学习算法的底层实现机制。

12.3.3　使用 C 语言实现图像边缘检测

边缘检测是图像处理中的一个重要环节，它涉及计算机视觉和模式识别的核心问题。边缘可以理解为图像中亮度变化最显著的区域，通常表示物体的轮廓或是图像的物理边界。在不同的应用领域，如机器人导航、医学图像分析以及工业检测中，边缘检测技术被广泛运用。

边缘检测算法的主要目的是从图像中提取有意义的信息，减少数据量，同时保持图像的重要特征。应用这些算法，可以增强图像的某些特征，如边缘，从而使得图像的内容更容易被进一步的图像分析方法所处理。

1. C 语言图像处理基础

1）图像数据结构的表示

在 C 语言中，图像通常可以表示为一个二维数组，其中每个元素对应图像中的一个像素。图像的每个像素可以包含一个或多个颜色通道。例如，灰度图像只有一个通道，而 RGB 图像则包含三个通道，分别代表红、绿、蓝三种颜色。在处理图像时，我们需要根据不同的格式选择合适的数据结构来存储和操作图像数据。

```
//假设为灰度图
unsigned char image[HEIGHT][WIDTH];        //二维数组表示图像
//假设为 RGB 图像
typedef struct {
    unsigned char r, g, b;
} RGB;
RGB image[HEIGHT][WIDTH];                  //二维结构体数组表示图像
```

2）基本图像处理操作

图像处理的基本操作包括但不限于：图像的读取、显示、保存以及像素值的访问和修改。在 C 语言中实现这些操作，首先需要了解图像文件的格式和结构，然后利用库函数或者自己编写代码来实现这些功能。

```
void load_image(const char * filename, unsigned char ** image, int * width, int * height) {
    //假设使用 libpng 库加载 PNG 文件
    FILE * fp = fopen(filename, "rb");
    if (!fp) {
        perror("Error opening file");
        return;
    }
    //读取图像文件
    //使用 libpng 库函数读取文件头和图像数据到 image 变量中
    //获取图像宽度和高度
    fclose(fp);
}
void save_image(const char * filename, unsigned char ** image, int width, int height) {
    //使用 libpng 库保存图像到 PNG 文件
    FILE * fp = fopen(filename, "wb");
    if (!fp) {
        perror("Error opening file");
        return;
    }
    //保存图像数据到文件
    //使用 libpng 库函数写入文件头和图像数据
    fclose(fp);
}
```

上述代码中展示了如何使用伪代码加载和保存图像文件。注意，这里的代码仅作为示例，实际上需要使用特定的库（如 libpng）来处理图像文件的读写操作。

2. 图像格式转换与处理

在 C 语言中处理图像文件，常见的图像格式包括 BMP、JPEG、PNG 等。每种格式都有其特定的文件结构和编码方式，因此读写这些文件时需要采用不同的策略和方法。比如，BMP 格式较为简单，可以直接操作位图数据；而 JPEG 和 PNG 格式由于压缩算法的复杂性，通常需要借助专门的库来处理。

```
void convert_image_format(const char *input_filename, const char *output_filename) {
    //假设输入为 BMP 文件,输出为 PNG 文件
    unsigned char *input_image = NULL;
    int width, height;
    //读取 BMP 文件
    load_image(input_filename, &input_image, &width, &height);
    //进行图像处理,如调整尺寸等
    //将处理后的图像保存为 PNG 文件
    save_image(output_filename, &input_image, width, height);
}
```

这个例子用伪代码演示了如何将 BMP 格式的图像文件转换成 PNG 格式。实际应用中需要根据具体的库函数来完成图像数据的解码和编码工作。

3. 边缘检测

Sobel 算子是一种用于边缘检测的离散微分算子,它结合了高斯平滑和微分求导。Sobel 算子通过计算图像亮度的梯度近似值来识别边缘,其基础在于图像强度的变化率。Sobel 算子包含了两个卷积核,一个用于水平边缘的检测,另一个用于垂直边缘的检测。这两个卷积核分别对图像中的像素值进行加权求和,通过这种方式,可以增强图像中的边缘。

【例 12-3】 利用 Sobel 算子进行边缘检测。

完整的代码如下:

```
#include <stdio.h>
#include <stdlib.h>
#include <math.h>
#pragma pack(1)                         //确保结构体紧凑排列
//BMP 文件头结构体
typedef struct {
    char type[2];                       //文件类型为"BM"
    int file_size;                      //文件总大小
    short reserved1;                    //保留字段
    short reserved2;
    int offset;                         //图像数据偏移量
} BMPHeader;
//BMP 信息头结构体
typedef struct {
    int header_size;                    //信息头大小
    int width;                          //图像宽度
    int height;                         //图像高度
    short planes;                       //颜色平面数
    short bits_per_pixel;               //每像素位数
    int compression;                    //压缩方式
    int image_size;                     //图像数据大小
    int x_res;                          //水平分辨率
```

```c
    int y_res;                          //垂直分辨率
    int colors;                         //调色板颜色数
    int important_colors;               //重要颜色数
} BMPInfoHeader;
//读取 BMP 文件
unsigned char * read_bmp(const char * filename, BMPHeader * header, BMPInfoHeader * info_
header) {
    FILE * file = fopen(filename, "rb");
    if (!file) return NULL;
    fread(header, sizeof(BMPHeader), 1, file);
    fread(info_header, sizeof(BMPInfoHeader), 1, file);
    //移动到像素数据位置
    fseek(file, header->offset, SEEK_SET);
    //计算每行字节数(考虑 4 字节对齐)
    int row_size = ((info_header->width * info_header->bits_per_pixel + 31) / 32) * 4;
    unsigned char * data = (unsigned char * )malloc(row_size * info_header->height);
    fread(data, 1, row_size * info_header->height, file);
    fclose(file);
    return data;
}

//保存 BMP 文件
void save_bmp(const char * filename, BMPHeader header, BMPInfoHeader info_header, unsigned
char * data) {
    FILE * file = fopen(filename, "wb");
    fwrite(&header, sizeof(BMPHeader), 1, file);
    fwrite(&info_header, sizeof(BMPInfoHeader), 1, file);
    fseek(file, header.offset, SEEK_SET);
    int row_size = ((info_header.width * info_header.bits_per_pixel + 31) / 32) * 4;
    fwrite(data, 1, row_size * info_header.height, file);
    fclose(file);
}

//转换为灰度图像
void convert_to_grayscale(unsigned char * data, BMPInfoHeader info) {
    int channels = info.bits_per_pixel / 8;
    int row_size = ((info.width * info.bits_per_pixel + 31) / 32) * 4;
    for(int y = 0; y < info.height; y++) {
        for(int x = 0; x < info.width; x++) {
            unsigned char * pixel = data + y * row_size + x * channels;
            unsigned char gray = 0.299 * pixel[2] + 0.587 * pixel[1] + 0.114 * pixel[0];
            pixel[0] = pixel[1] = pixel[2] = gray;
        }
    }
}

//Sobel 边缘检测
void sobel_edge_detect(unsigned char * input, unsigned char * output, BMPInfoHeader info) {
```

```
int Gx[3][3] = {{-1, 0, 1}, {-2, 0, 2}, {-1, 0, 1}};
int Gy[3][3] = {{-1, -2, -1}, {0, 0, 0}, {1, 2, 1}};
int row_size = ((info.width * info.bits_per_pixel + 31) / 32) * 4;
int channels = info.bits_per_pixel / 8;
for(int y = 1; y < info.height-1; y++) {
    for(int x = 1; x < info.width-1; x++) {
        int sumX = 0, sumY = 0;
        //3×3 卷积核计算
        for(int i = -1; i <= 1; i++) {
            for(int j = -1; j <= 1; j++) {
                unsigned char val = input[(y+i) * row_size + (x+j) * channels];
                sumX += val * Gx[i+1][j+1];
                sumY += val * Gy[i+1][j+1];
            }
        }
        //计算梯度幅值
        int magnitude = abs(sumX) + abs(sumY);
        magnitude = magnitude > 255 ? 255 : magnitude;
        unsigned char * out_pixel = output + y * row_size + x * channels;
        out_pixel[0] = out_pixel[1] = out_pixel[2] = 255 - magnitude;    //反色显示
    }
}
}
int main() {
    BMPHeader header;
    BMPInfoHeader info_header;
    //读取原始图像
    unsigned char * image_data = read_bmp("input.bmp", &header, &info_header);
    if (!image_data) {
        printf("Error reading file!\n");
        return 1;
    }
    //创建输出缓冲区
    unsigned char * edge_data = (unsigned char * )malloc(info_header.image_size);
    //转换为灰度图像
    convert_to_grayscale(image_data, info_header);
    //执行边缘检测
    sobel_edge_detect(image_data, edge_data, info_header);
    //保存结果
    save_bmp("output.bmp", header, info_header, edge_data);
    //释放内存
    free(image_data);
    free(edge_data);
    return 0;
}
```

运行结果，如图 12.1 所示。

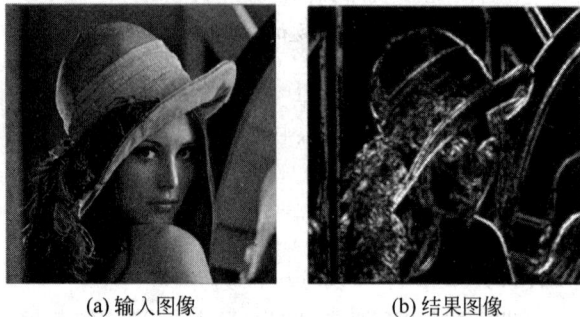

(a) 输入图像　　　　　　　　　(b) 结果图像

图 12.1　运行结果

关键代码解析如下。

（1）结构体定义：定义了 BMPHeader 和 BMPInfoHeader 两个结构体，分别用于存储 BMP 文件头和信息头的数据。

（2）读取 BMP 文件函数 read_bmp。

① 打开指定的 BMP 文件，读取文件头和信息头数据。

② 根据信息头中的宽度、高度和每像素位数计算每行字节数（考虑 4 字节对齐）。

③ 分配内存并读取图像数据。

（3）保存 BMP 文件函数 save_bmp。

① 创建或打开一个 BMP 文件，写入文件头和信息头。

② 写入处理后的图像数据。

（4）转换为灰度图像函数 convert_to_grayscale。

① 遍历图像的每个像素，根据 RGB 值计算灰度值，公式如下：

$$Gray = 0.299 \times R + 0.587 \times G + 0.114 \times B$$

② 将每个像素的 RGB 值都设置为计算得到的灰度值。

（5）Sobel 边缘检测函数 sobel_edge_detect。

① 定义了 Sobel 算子的两个卷积核 Gx 和 Gy。

② 对图像的每个像素（除了边界像素），使用 3×3 的窗口与卷积核进行计算，得到在 x 方向和 y 方向上的梯度值 `sumX` 和 `sumY`。

③ 计算梯度幅值 magnitude=abs(sumX)+abs(sumY)，并将结果限制在 $0 \sim 255$ 内。将梯度幅值赋给输出图像的对应像素，并进行反色显示（255−magnitude）。

整个流程包括读取图像、转换为灰度图像、进行 Sobel 边缘检测以及保存结果图像。通过这些步骤，可以实现对 BMP 图像的有效边缘检测。

图像边缘检测作为计算机视觉的基础任务，其实现效率直接影响实时处理系统的性能。C 语言凭借底层控制能力与硬件级优化空间，在图像边缘检测中展现出独特优势。

C 语言通过指针直接访问图像数据缓冲区，避免 Python 等语言的多层封装损耗。例如，处理灰度图像时，C 语言直接操作指针，十分高效。而 Python＋OpenCV 需通过 NumPy 数组转换，效率远不如 C 语言。由于 C 语言的代码直接编译为机器码，其执行效率高。在图像边缘检测中,简洁高效的代码可以更快地完成处理任务,提高系统的性能。

C 语言允许程序员直接控制内存的分配和释放,在图像边缘检测中,这一特性非常重要。图像数据通常占用大量的内存空间,通过手动管理内存,可以根据实际需求动态分配和释放内存,避免内存泄漏和浪费。例如,在处理大尺寸图像时,可以分块读取和处理图像数据,减少内存的占用。

C 语言是编译型语言,其编译后的代码能够直接在计算机硬件上高效运行。在图像边缘检测中,通常需要对大量的图像像素进行处理,C 语言可以充分利用计算机的硬件资源,快速完成像素的遍历和计算操作。例如,在对高分辨率的图像进行边缘检测时,使用 C 语言编写的程序能够在较短的时间内完成处理,而如果使用解释型语言,可能会花费数倍甚至数十倍的时间。

职业素养小故事

约翰·麦卡锡是计算机科学领域的杰出人物,1956 年他在达特茅斯会议上提出"人工智能"概念,开启了人工智能的新纪元。他设计了函数式程序设计语言 LISP,还提出了时间共享概念,为现代操作系统的发展奠定了基础。

麦卡锡对计算机科学有着强烈的好奇心和执着的探索精神。即使在功成名就之后,他依然不断追求创新,20 世纪六七十年代,他在忙碌的科研之余,还会去驾驶飞机、攀登高山,这种对生活和未知的热爱,也让他在计算机领域始终保持着敏锐的思维和创造力。他的同事评价他总是着眼于未来,不断发明创造,直到生命的最后一刻,他都在为计算机科学的发展贡献自己的力量。

第 12 章课后习题

参 考 文 献

[1] 谭浩强.C 程序设计[M].5 版.北京：清华大学出版社,2017.

[2] 张玉生,刘炎,张亚红.C 语言程序设计[M].上海：上海交通大学出版社,2021.

[3] K. N. King.C 语言程序设计现代方法[M].吕秀锋,黄倩,译.2 版.北京：人民邮电出版社,2021.

[4] 刘三满,白宁,李丽蓉.C 语言程序设计教程[M].北京：清华大学出版社,2021.

[5] 龚本灿,等.C 语言程序设计教程[M].3 版.北京：高等教育出版社,2020.

[6] 明日科技.C 语言从入门到精通[M].4 版.北京：清华大学出版社,2019.

[7] Kernighan B W,Ritchied M. The C Programming Language (2nd Edition)[M].北京：机械工业出版社,2007.

[8] Brian W. Kernighan,Dennis M. Ritchie.C 程序设计语言[M].2 版.徐宝文,李志,译.北京：机械工业出版社,2004.

[9] 严蔚敏,吴伟民.数据结构(C 语言版)[M].北京：清华大学出版社,2018.

[10] 郑莉,董渊.C++语言程序设计[M].5 版.北京：清华大学出版社,2020.

[11] 苏小红,等.新版 C 语言程序设计[M].北京：人民邮电出版社,2020.

[12] 曾怡,等.C 语言程序设计基础教程[M].北京：机械工业出版社,2022.

[13] 王敬华,等.C 语言程序设计案例教程[M].北京：人民邮电出版社,2023.

[14] 刘振安,等.C 语言程序设计实训教程[M].北京：清华大学出版社,2023.

[15] 何钦铭,等.C 语言程序设计[M].2 版.北京：高等教育出版社,2020.

附录 A C 语言 ASCII 码表

ASCII 码值	控制字符	ASCII 码值	控制字符	ASCII 码值	控制字符	ASCII 码值	控制字符
0	NUT	32	(space)	64	@	96	、
1	SOH	33	!	65	A	97	a
2	STX	34	"	66	B	98	b
3	ETX	35	#	67	C	99	c
4	EOT	36	$	68	D	100	d
5	ENQ	37	%	69	E	101	e
6	ACK	38	&	70	F	102	f
7	BEL	39	,	71	G	103	g
8	BS	40	(	72	H	104	h
9	HT	41	)	73	I	105	i
10	LF	42	*	74	J	106	j
11	VT	43	+	75	K	107	k
12	FF	44	,	76	L	108	l
13	CR	45	—	77	M	109	m
14	SO	46	.	78	N	110	n
15	SI	47	/	79	O	111	o
16	DLE	48	0	80	P	112	p
17	DC1	49	1	81	Q	113	q
18	DC2	50	2	82	R	114	r
19	DC3	51	3	83	X	115	s
20	DC4	52	4	84	T	116	t
21	NAK	53	5	85	U	117	u
22	SYN	54	6	86	V	118	v
23	TB	55	7	87	W	119	w
24	CAN	56	8	88	X	120	x
25	EM	57	9	89	Y	121	y
26	SUB	58	:	90	Z	122	z
27	ESC	59	;	91	[	123	{
28	FS	60	<	92	/	124		
29	GS	61	=	93	]	125	}
30	RS	62	>	94	^	126	~
31	US	63	?	95	—	127	DEL

附录 B C 语言运算符优先级

优先级	运算符	名称或含义	使用形式	结合方向	说　　明
1	[]	数组下标	数组名[常量表达式]	左到右	—
	()	圆括号	(表达式)/函数名(形参表)		—
	.	成员选择(对象)	对象.成员名		—
	->	成员选择(指针)	对象指针->成员名		—
2	—	负号运算符	—表达式	右到左	单目运算符
	(类型)	强制类型转换	(数据类型)表达式		—
	++	自增运算符	++变量名/变量名++		单目运算符
	——	自减运算符	——变量名/变量名——		单目运算符
	*	取值运算符	*指针变量		单目运算符
	&	取地址运算符	&变量名		单目运算符
	!	逻辑非运算符	!表达式		单目运算符
	~	按位取反运算符	~表达式		单目运算符
	sizeof	长度运算符	sizeof(表达式)		—
3	/	除	表达式/表达式	左到右	双目运算符
	*	乘	表达式*表达式		双目运算符
	%	余数(取模)	整型表达式/整型表达式		双目运算符
4	+	加	表达式+表达式	左到右	双目运算符
	—	减	表达式—表达式		双目运算符
5	<<	左移	变量<<表达式	左到右	双目运算符
	>>	右移	变量>>表达式		双目运算符
6	>	大于	表达式>表达式	左到右	双目运算符
	>=	大于或等于	表达式>=表达式		双目运算符
	<	小于	表达式<表达式		双目运算符
	<=	小于或等于	表达式<=表达式		双目运算符
7	==	等于	表达式==表达式	左到右	双目运算符
	!=	不等于	表达式!=表达式		双目运算符
8	&	按位与	表达式&表达式	左到右	双目运算符
9	^	按位异或	表达式^表达式	左到右	双目运算符
10	|	按位或	表达式|表达式	左到右	双目运算符
11	&&	逻辑与	表达式&&表达式	左到右	双目运算符
12	||	逻辑或	表达式||表达式	左到右	双目运算符
13	?:	条件运算符	表达式1?表达式2:表达式3	右到左	三目运算符

续表

优先级	运算符	名称或含义	使用形式	结合方向	说　　明
14	=	赋值运算符	变量=表达式	右到左	—
	/=	除后赋值	变量/=表达式		—
	*=	乘后赋值	变量 * =表达式		—
	%=	取模后赋值	变量%=表达式		—
	+=	加后赋值	变量+=表达式		—
	−=	减后赋值	变量−=表达式		—
	<<=	左移后赋值	变量<<=表达式		—
	>>=	右移后赋值	变量>>=表达式		—
	&=	按位与后赋值	变量&=表达式		—
	^=	按位异或后赋值	变量^=表达式		—
	|=	按位或后赋值	变量|=表达式		—
15	,	逗号运算符	表达式,表达式,…	左到右	从左向右顺序运算

附录 C　C 语言常用函数

一、数学函数

调用数学函数时,要求在源文件中包含♯include < math. h>命令行。具体数学函数如表 C.1 所示。

表 C.1　数学函数

函数原型说明	功　能	返回值	说　明
int abs(int x)	求整数 x 的绝对值	计算结果	—
double fabs(double x)	求双精度实数 x 的绝对值	计算结果	—
double acos(double x)	计算 cos—1(x)的值	计算结果	x 在—1~1 范围内
double asin(double x)	计算 sin—1(x)的值	计算结果	x 在—1~1 范围内
double atan(double x)	计算 tan—1(x)的值	计算结果	—
double atan2(double x)	计算 tan—1(x/y)的值	计算结果	—
double cos(double x)	计算 cos(x)的值	计算结果	x 的单位为弧度
double cosh(double x)	计算双曲余弦 cosh(x)的值	计算结果	—
double exp(double x)	求 ex 的值	计算结果	—
double fabs(double x)	求双精度实数 x 的绝对值	计算结果	
double floor(double x)	求不大于双精度实数 x 的最大整数	计算结果	
double fmod(double x,double y)	求 x/y 整除后的双精度余数	计算结果	
double frexp (double val, int * exp)	把双精度 val 分解成尾数和以 2 为底的指数 n,即 val＝x * 2n,n 存放在 exp 所指的变量中	返回位数 x 0.5≤x<1	—
double log(double x)	求 lnx	计算结果	x>0
double log10(double x)	求 log10x	计算结果	x>0
double modf (double val, double * ip)	把双精度 val 分解成整数部分和小数部分,整数部分存放在 ip 所指的变量中	返回小数部分	—
double pow(double x,double y)	计算 xy 的值	计算结果	—
double sin(double x)	计算 sin(x)的值	计算结果	x 的单位为弧度
double sinh(double x)	计算 x 的双曲正弦函数 sinh(x)的值	计算结果	—
double sqrt(double x)	计算 x 的开方	计算结果	x≥0
double tan(double x)	计算 tan(x)	计算结果	—
double tanh(double x)	计算 x 的双曲正切函数 tanh(x)的值	计算结果	—

二、字符函数

调用字符函数时,要求在源文件中包含♯include < ctype. h >命令行。具体字符函数如表 C.2 所示。

表 C.2　字符函数

函数原型说明	功　能	返　回　值
int isalnum(int ch)	检查 ch 是否为字母或数字	是则返回 1;否则返回 0
int isalpha(int ch)	检查 ch 是否为字母	是则返回 1;否则返回 0
int iscntrl(int ch)	检查 ch 是否为控制字符	是则返回 1;否则返回 0
int isdigit(int ch)	检查 ch 是否为数字	是则返回 1;否则返回 0
int isgraph(int ch)	检查 ch 是否为 ASCII 码值在 ox21～ox7e 内的可打印字符(即不包含空格字符)	是则返回 1;否则返回 0
int islower(int ch)	检查 ch 是否为小写字母	是则返回 1;否则返回 0
int isprint(int ch)	检查 ch 是否为包含空格符在内的可打印字符	是则返回 1;否则返回 0
int ispunct(int ch)	检查 ch 是否为除了空格、字母、数字之外的可打印字符	是则返回 1;否则返回 0
int isspace(int ch)	检查 ch 是否为空格、制表或换行符	是则返回 1;否则返回 0
int isupper(int ch)	检查 ch 是否为大写字母	是则返回 1;否则返回 0
int isxdigit(int ch)	检查 ch 是否为十六进制数	是则返回 1;否则返回 0
int tolower(int ch)	把 ch 中的字母转换成小写字母	返回对应的小写字母
int toupper(int ch)	把 ch 中的字母转换成大写字母	返回对应的大写字母

三、字符串函数

调用字符串函数时,要求在源文件中包含♯include < string. h >命令行。具体字符串函数如表 C.3 所示。

表 C.3　字符串函数

函数原型说明	功　能	返　回　值
char ＊ strcat(char ＊ s1,char ＊ s2)	把字符串 s2 接到 s1 后面	s1 所指地址
char ＊ strchr(char ＊ s,int ch)	在 s 所指字符串中,找出第一次出现字符 ch 的位置	返回找到的字符的地址,找不到则返回 NULL
int strcmp(char ＊ s1,char ＊ s2)	对 s1 和 s2 所指字符串进行比较	s1<s2,返回负数;s1==s2,返回 0;s1>s2,返回正数
char ＊ strcpy(char ＊ s1,char ＊ s2)	把 s2 指向的字符串复制到 s1 指向的空间	s1 所指地址
unsigned strlen(char ＊ s)	求字符串 s 的长度	返回字符串中字符(不计最后的'\0')个数
char ＊ strstr(char ＊ s1,char ＊ s2)	在 s1 所指字符串中,找出字符串 s2 第一次出现的位置	返回找到的字符串的地址,找不到则返回 NULL

四、输入/输出函数

调用输入/输出函数时，要求在源文件中包含 ♯ include < stdio. h >命令行。具体输入/输出函数如表 C.4 所示。

表 C.4　输入/输出函数

函数原型说明	功　　能	返　回　值
void clearer(FILE * fp)	清除与文件指针 fp 有关的所有出错信息	无
int fclose(FILE * fp)	关闭 fp 所指的文件,释放文件缓冲区	出错返回非 0,否则返回 0
int feof (FILE * fp)	检查文件是否结束	遇文件结束则返回非 0,否则返回 0
int fgetc (FILE * fp)	从 fp 所指的文件中取得下一个字符	出错则返回 EOF,否则返回所读字符
char * fgets (char * buf, int n, FILE * fp)	从 fp 所指的文件中读取一个长度为 n−1 的字符串,将其存入 buf 所指存储区	返回 buf 所指地址,若遇文件结束或出错则返回 NULL
FILE * fopen (char * filename, char * mode)	以 mode 指定的方式打开名为 filename 的文件	成功,返回文件指针(文件信息区的起始地址),否则返回 NULL
int fprintf (FILE * fp, char * format, args,…)	把 args,…的值以 format 指定的格式输出到 fp 指定的文件中	实际输出的字符数
int fputc(char ch, FILE * fp)	把 ch 中字符输出到 fp 指定的文件中	成功则返回该字符,否则返回 EOF
int fputs(char * str, FILE * fp)	把 str 所指字符串输出到 fp 所指文件中	成功则返回非负整数,否则返回−1(EOF)
int fread(char * pt,unsigned size, unsigned n, FILE * fp)	从 fp 所指文件中读取长度 size 为 n 个数据项并存到 pt 所指文件	读取的数据项个数
int fscanf (FILE * fp, char * format,args,…)	从 fp 所指的文件中按 format 指定的格式把输入数据存入到 args,…所指的内存中	已输入的数据个数,遇文件结束或出错则返回 0
int fseek (FILE * fp, long offer, int base)	移动 fp 所指文件的位置指针	成功则返回当前位置,否则返回非 0
long ftell (FILE * fp)	求出 fp 所指文件当前的读写位置	读写位置,出错则返回 −1L
int fwrite (char * pt, unsigned size,unsigned n, FILE * fp)	把 pt 所指向的 n * size 字节输入 fp 所指文件中	输出的数据项个数
int getc (FILE * fp)	从 fp 所指文件中读取一个字符	返回所读字符,若出错或文件结束则返回 EOF

续表

函数原型说明	功　　能	返　回　值
int getchar(void)	从标准输入设备中读取下一个字符	返回所读字符,若出错或文件结束则返回－1
char * gets(char * s)	从标准设备读取一行字符串并放入 s 所指存储区,用'\0'替换读入的换行符	返回 s,出错则返回 NULL
int printf(char * format,args,...)	把 args,...的值以 format 指定的格式输出到标准输出设备	输出字符的个数
int putc (int ch, FILE * fp)	同 fputc	同 fputc
int putchar(char ch)	把 ch 输出到标准输出设备	返回输出的字符,若出错则返回 EOF
int puts(char * str)	把 str 所指字符串输出到标准设备,将'\0'转换成回车换行符	返回换行符,若出错,返回 EOF
int rename(char * oldname,char * newname)	把 oldname 所指文件名改为 newname 所指文件名	成功返回 0,出错返回－1
void rewind(FILE * fp)	将文件位置指针置于文件开头	无
int scanf(char * format,args,...)	从标准输入设备按 format 指定的格式把输入数据存入 args,...所指的内存中	已输入的数据的个数

五、动态分配函数和随机函数

调用动态分配函数和随机函数时,要求在源文件中包含＃include < stdlib. h >命令行。具体动态分配函数和随机函数如表 C.5 所示。

表 C.5　动态分配函数和随机函数

函数原型说明	功　　能	返　回　值
void * calloc(unsigned n,unsigned size)	分配 n 个数据项的内存空间,每个数据项的大小为 size 字节	分配内存单元的起始地址;如不成功,返回 0
void * free(void * p)	释放 p 所指的内存区	无
void * malloc(unsigned size)	分配 size 字节的存储空间	分配内存空间的地址;如不成功,返回 0
void * realloc(void * p,unsigned size)	把 p 所指内存区的大小改为 size 字节	新分配内存空间的地址;如不成功,返回 0
int rand(void)	产生 0～32767 内的随机整数	返回一个随机整数
void exit(int state)	程序终止执行,返回调用过程,state 为 0 则正常终止,非 0 则非正常终止	无